21 世纪高等院校计算机辅助设计规划教材

AutoCAD 2017 中文版

机械设计实例教程

张永茂　王继荣　等编著

U0310689

机 械 工 业 出 版 社

本书介绍了利用 AutoCAD 2017 中文版设计蜗轮减速箱的全过程，包括绘制蜗轮减速箱中所有零件的零件图和装配图，以及创建各零件的三维实体。蜗轮减速箱虽是较复杂的部件，但也包含一些简单的零件。本书将简单零件和复杂零件的设计结合起来，将理论知识与实际操作结合起来，在实际绘图过程中循序渐进地讲解了利用 AutoCAD 2017 中文版进行机械设计时各种常用命令的操作方法和绘图技巧。本书内容丰富、图文并茂、结构层次清晰。书中对每一个实例的绘图步骤均做了详细说明，读者极易上手，并可举一反三进行同类零部件的设计。

本书涉及的零部件极为典型，对每个实例都做了精心的设计，具有极强的实用性和指导性。

本书适合从事各种机械设计的工程技术人员、工科大中专院校学生阅读使用，也适合于各类计算机培训学校和机械设计爱好者选用。

本书配有电子教案，需要的教师可登录 www.cmpedu.com 免费注册，审核通过后下载，或联系编辑索取（QQ：2966938356，电话：010 - 88379739）。

图书在版编目（CIP）数据

AutoCAD 2017 中文版机械设计实例教程/张永茂等编著 . —3 版 . —北京：机械工业出版社，2017.3
21 世纪高等院校计算机辅助设计规划教材
ISBN 978-7-111-56314-3

Ⅰ. ①A… Ⅱ. ①张… Ⅲ. ①机械设计 – 计算机辅助设计 – AutoCAD 软件 – 高等学校 – 教材 Ⅳ. ①TH122

中国版本图书馆 CIP 数据核字（2017）第 050425 号

机械工业出版社（北京市百万庄大街 22 号 邮政编码 100037）
策划编辑：和庆娣 责任编辑：和庆娣
责任校对：张艳霞 责任印制：常天培
涿州市星河印刷有限公司印刷

2017 年 4 月第 3 版·第 1 次印刷
184mm×260mm·19.5 印张·477 千字
0001 – 3000 册
标准书号：ISBN 978-7-111-56314-3
定价：49.90 元

前　言

　　AutoCAD 是美国 Autodesk 公司开发生产的专门用于计算机绘图的软件，自 1982 年 R1.0 版本问世以来，已经进行了 20 多次升级，功能越来越强大和完善，已被广泛应用于机械、建筑、电子、纺织、船舶、航空航天、石油化工、家居、广告等工程设计和制造领域，成为工程技术人员的必备工具。

　　本书介绍了利用 AutoCAD 2017 中文版进行"机械设计"课程设计——蜗轮减速箱的全过程，包括绘制蜗轮减速箱的零件图和装配图，以及创建各零件的三维实体。

　　蜗轮减速箱在各类机械传动中极为常见，主要由蜗轮或者齿轮、轴、轴承、通气器、油标、箱体和箱盖等组成。蜗轮减速箱虽是中等复杂的部件，但也包含一些简单的零件。本书将简单零件和复杂零件的设计结合起来，将理论知识与实践操作结合起来，在实际绘图过程中循序渐进地讲解了利用 AutoCAD 2017 中文版进行机械设计时各种常用命令的操作方法和绘图技巧。本书内容丰富、图文并茂、结构层次清晰，读者极易上手，并可举一反三进行同类零部件的设计。

　　本书涉及的零部件极为典型，对每个实例都做了精心的设计，具有极强的实用性和指导性。每个操作命令在首次使用时，本书都对其操作步骤做了详尽介绍，该命令再次使用时，一般只介绍启动该命令的方法，但对含有重要设计数据的操作命令仍做详细说明。这样既可以照顾到初级用户，又可以减少内容的重复。

　　本书内容先易后难、由浅入深，第 1 章和第 2 章分别介绍了绘制样板图形和将常用符号创建为块的方法，为绘制二维图形做准备；从第 3 章到第 6 章介绍了绘制蜗轮减速箱中各种零件图的方法，包括标准件、简单零件、常用零件和典型零件；第 7 章详细地介绍了将绘制的零件图拼装成蜗轮减速箱装配图的方法；从第 8 章到第 11 章介绍了创建蜗轮减速箱中各种零件三维实体的方法。通过本书的学习，读者能够快速掌握实用绘图技巧、提高绘图能力，并熟练地使用 AutoCAD 2017 进行机械设计工作。

　　本书主要由张永茂、王继荣编写，参与编写的还有张少鹏、王学菊、谢强、张桂平、王青侠、谢水丽、冯近龙、张鹏德、曲健。

　　由于时间和水平所限，书中疏漏之处在所难免，敬请读者指正！

编　者

目　　录

第1章 绘图准备——绘制样板图形

本章将介绍在利用 AutoCAD 2017 中文版绘图之前需要进行的准备工作，包括熟悉 Auto-CAD 2017 中文版的界面、设置图层、设置文字样式、设置标注样式和创建 A3 样板图形。

1.1 熟悉 AutoCAD 2017 中文版的界面

启动 AutoCAD 2017 中文版后，弹出如图 1-1 所示的"开始"选项卡，它包括"创建"和"了解"两个选项栏。

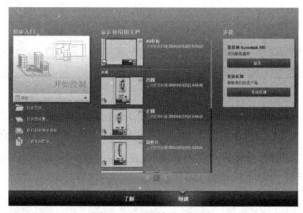

图 1-1 "开始"选项卡

单击"创建"选项栏中的"开始绘制"按钮，进入绘图界面，并打开一个空白图形文件"drawing1. dwg"。单击"样板"按钮，在弹出的下拉列表中选择一个样板图形即可打开该样板图形。单击"打开文件"按钮，可以打开已经保存的图形文件。单击"最近使用的文档"栏中的任何一个图形文件即可打开该图形文件。

在"了解"选项栏中，可以通过观看视频，了解 AutoCAD 2017 中文版的新功能。

由于 AutoCAD 2017 中文版没有经典绘图界面，需要在"草图与注释"界面绘制二维图形，在"三维建模"界面创建三维实体。这两个界面中的操作命令按钮分布在一系列面板上，面板不同于传统直观的工具栏，而是集中在功能区、分布在不同的选项卡中，并且大量使用下拉菜单的形式，从而使面板中的命令按钮更为集中紧凑。

"草图与注释"界面如图 1-2 所示，该界面中常用的面板包括"默认"选项卡中的"绘图""修改""建模""图层""注释""块""剪贴板"等面板；"注释"选项卡中的"文字""标注""引线""表格"等面板；"视图"选项卡中的"界面"面板。其中"注释"面板中集中了"文字""标注"和"表格"命令按钮以及"文字样式""标注样式""多重引线样式"和"表格样式"命令按钮，在各类样式的下拉列表中可以选择不同的样式将其切换为当前样式。

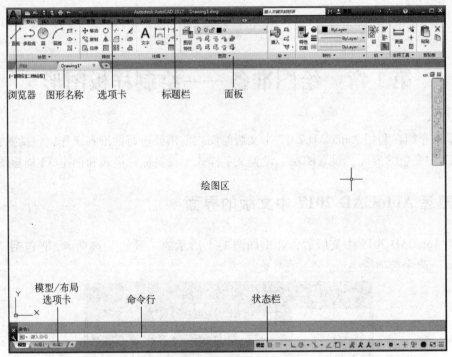

浏览器　图形名称　选项卡　　　　标题栏　　　面板

绘图区

模型/布局　　　命令行　　　　　状态栏
选项卡

图 1-2　"草图与注释"界面

绘制二维图形时，绘图区右上角的"视口立方体"ViewCube 图标没有实际用途，可通过单击"视图"选项卡中"视口工具"面板上的 ViewCube 按钮将其关闭。

单击状态栏中的"切换工作空间" ✿按钮，在弹出的下拉菜单中选择"三维建模"选项，切换到"三维建模"界面，如图 1-3 所示。

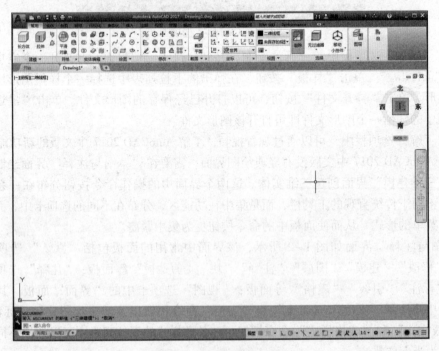

图 1-3　"三维建模"界面

"三维建模"界面中常用的面板包括"常用"选项卡中的"建模""实体编辑""绘图""修改""坐标""视图""图层"等面板；"实体"选项卡中的"图元""实体""布尔值""实体编辑""截面"等面板；"可视化"选项卡中的"视图""坐标""模型视口""视觉样式""材质""渲染"等面板。

在界面最上方的标题栏中有几个命令按钮经常用到，它们分别是"新建""打开""保存""另存为""打印""撤销"和"重做"按钮。

1.2 设置图层

利用 AutoCAD 2017 中文版绘图时，可将不同的对象置于不同的图层上，这样既有利于分辨不同的对象，也便于编辑对象。

操作步骤

一、创建图层

1. 单击"图层"面板中"图层特性" 按钮，弹出"图层特性管理器"对话框。单击对话框中的"新建图层" 按钮或按〈Enter〉键，新建一个图层，系统默认该图层的名称为"图层 1"，如图 1-4 所示。

2. 在图层的名称栏输入"边界线"，即将"图层 1"命名为"边界线"。

3. 在显示边界线层颜色的区域单击，弹出如图 1-5 所示的"选择颜色"对话框，从中选择 30 号颜色，即橙色，单击"确定"按钮。

4. 边界线的线型是连续线型，保留线型的默认设置 Continuous 不变。

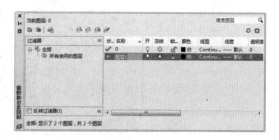

图 1-4 新建图层

5. 在显示边界线线宽的区域单击，弹出如图 1-6 所示的"线宽"对话框。按照工程制图国家标准的规定，粗实线的线宽取 0.75 mm，其他所有对象的线宽取 0.25 mm。在"线宽"对话框中选择 0.25 mm，单击"确定"按钮。

图 1-5 "选择颜色"对话框

图 1-6 "线宽"对话框

6. 按照上述方法可再创建边框层、标注层、粗实线层、点画线层、双点画线层、文字层、细实线、虚线层，并分别设置它们的颜色、线型和线宽。设置点画线层、双点画线层、虚线层的线型时，单击该图层的线型 Continuous 区域，弹出如图 1-7 所示的"选择线型"对话框。在默认情况下，该对话框中只有一种线型，即连续线型 Continuous。要设置非连续线型，需单击对话框中的"加载"按钮，弹出如图 1-8 所示的"加载或重载线型"对话框。按住〈Ctrl〉键，依次选择 ACAD_ISO04W100、ACAD_ISO05W100、HIDDEN2 三种线型，单击"确定"按钮，即可将三种非连续线型加载到"选择线型"对话框中。

图 1-7 "选择线型"对话框

图 1-8 "加载或重载线型"对话框

将点画线层的线型设置为 ACAD_ISO04W100，将双点画线层的线型设置为 ACAD_ISO05W100，将虚线层的线型设置为 HIDDEN2。

创建图层的结果如图 1-9 所示，其中文字层的颜色设置为 14 号色，即棕色。

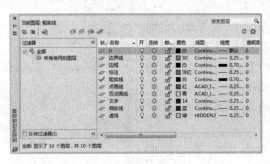
图 1-9 创建图层的结果

二、保存图层

1. 单击"图层特性管理器"对话框左上方的"图层状态管理器"按钮，弹出如图 1-10 所示的"图层状态管理器"对话框。

2. 单击对话框中的"新建"按钮，弹出如图 1-11 所示的"要保存的新图层状态"对话框。

图 1-10 "图层状态管理器"对话框

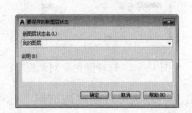
图 1-11 "要保存的新图层状态"对话框

3. 在"新图层状态名"文本框中输入图层状态的名字"我的图层",单击"确定"按钮,回到"图层状态管理器"对话框,对话框中原先灰显的按钮全部亮显,如图1-12所示。

4. 单击"输出"按钮,弹出如图1-13所示的"输出图层状态"对话框,设置保存路径后,单击"保存"按钮,即可将设置的图层输出保存为"我的图层.las"文件。

图1-12 "图层状态管理器"对话框   图1-13 "输出图层状态"对话框

1.3 设置文字样式

操作步骤

1. 单击"注释"面板"文字样式" A 按钮,弹出如图1-14所示的"文字样式"对话框,系统默认的文字样式名为txt.shx。

2. 单击标题栏中的"新建"按钮,弹出"新建文字样式"对话框。在"样式名"文本框中输入"字母和数字样式",如1-15所示。

图1-14 "文字样式"对话框   图1-15 "新建文字样式"对话框

3. 单击"确定"按钮,返回"文字样式"对话框。在"字体名"下拉列表中选择simplex.shx选项,在"高度"文本框中输入5,在"宽度比例"文本框中输入0.7,在"倾斜角度"文本框中输入15,如图1-16所示,单击"应用"按钮。

4. 单击"新建"按钮,弹出"新建文字样式"对话框。在"样式名"文本框中输入

"汉字样式"，单击"确定"按钮。

5. 在"字体名"下拉列表中选择"仿宋"选项，保留"高度"文本框的5.000和"宽度比例"文本框的0.7000不变，在"倾斜角度"文本框中输入0，如图1-17所示。

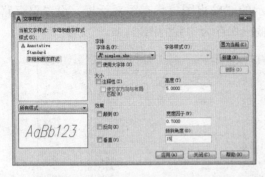 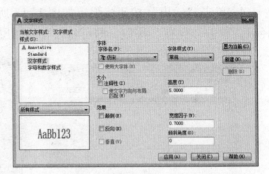

图1-16 创建"字母和数字样式"　　　图1-17 创建"汉字样式"

6. 单击"应用"按钮，再单击"关闭"按钮或单击对话框标题栏中的关闭■按钮，关闭"文字样式"对话框，完成文字样式的创建。

1.4 设置标注样式

操作步骤

一、创建机械标注样式

1. 单击"注释"面板中的"标注样式管理器" ▱ 按钮，弹出如图1-18所示的"标注样式管理器"对话框。

2. 单击"新建"按钮，弹出如图1-19所示的"创建新标注样式"对话框。

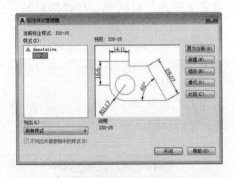 

图1-18 "标注样式管理器"对话框　　图1-19 "创建新标注样式"对话框

3. 在"新样式名"文本框中输入"机械标注样式"，单击"继续"按钮，弹出"新建标注样式"对话框并打开"线"选项卡，在"基线间距"文本框中输入12，即基线标注时尺寸线之间的距离为12 mm；在"超出尺寸线"文本框中输入3，即尺寸界线超出尺寸线3 mm；在起点偏移量文本框中输入0，即尺寸界线的起点和标注对象之间无偏移，如图1-20所示。

4. 打开"符号和箭头"选项卡，在箭头大小文本框中输入4，即箭头的长度为4 mm；

在"折弯角度"文本框中输入60，即半径折弯标注时尺寸线的折弯角度为60°；其他选项保留默认设置，如图1-21所示。

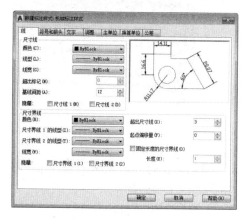

图1-20 设置"线"选项卡　　　　　图1-21 设置"符号和箭头"选项卡

5. 打开"文字"选项卡，在"文字样式"下拉列表框中选择"字母和数字样式"；在"从尺寸线偏移"文本框中输入1，即文字与尺寸线之间的间距为1 mm；在"文字对齐"选项组中选中"ISO标准"单选按钮，即当标注文字在尺寸界线以内，将位于尺寸线的正中上方，当标注文字在尺寸界线以外，将位于一条水平引线上。其他选项保留默认设置，如图1-22所示。

6. 打开"主单位"选项卡，在"线性标注"选项组的"精度"下拉列表框中选择0.0，即线性尺寸精确到小数点后一位。其他选项保留默认设置，如图1-23所示。

图1-22 设置"文字"选项卡　　　　　图1-23 设置"主单位"选项卡

其余选项卡保留默认设置不变，单击"新建标注样式"对话框中的"确定"按钮，完成设置。在"标注样式管理器"对话框中显示出该样式，如图1-24所示。

二、修改机械标注样式

1. 在"标注样式管理器"对话框的"样式"列表框中选择"机械标注样式"，单击"新建"按钮，弹出"创建新标注样式"对话框，在"用于"下拉列表中选中"线性标注"选项，如图1-25所示。

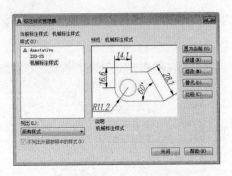

图1-24 创建"机械标注样式" 　　　　　图1-25 选择"线性标注"选项

2. 单击"继续"按钮，弹出"新建标注样式"对话框，打开"文字"选项卡，在"文字对齐"选项组中选中"与尺寸线对齐"单选按钮，如图1-26所示。

单击"确定"按钮，返回"标注样式管理器"对话框，在"机械标注样式"中增加了"线性"标注样式，如图1-27所示。

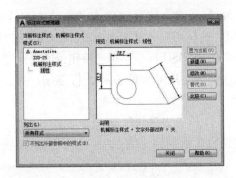

图1-26 设置"线性"标注文字的对齐方式 　　图1-27 创建"线性"标注样式

三、创建角度标注样式

1. 在"标注样式管理器"对话框的"样式"列表框中选中"机械标注样式"，单击"新建"按钮，弹出"创建新标注样式"对话框，在"用于"下拉列表中选中"角度标注"选项，参见图1-25。

2. 单击"继续"按钮，弹出"新建标注样式"对话框，打开"文字"选项卡，在"文字位置"选项组的"垂直"下拉列表中选择"外部"，在"文字对齐"选项组中选中"水平"单选按钮，即将角度标注文字位于尺寸线外部且水平书写。"文字"选项卡的设置如图1-28所示。

3. 打开"调整"选项卡，在"调整选项"选项组中选中"文字"单选按钮，在"文字位置"选项组中选中"尺寸线上方，带引线"单选按钮，即当尺寸文字在尺寸界线内放不下时，将其置于一条水平引线上。"调整"选项卡的设置如图1-29所示。

4. 单击"确定"按钮，返回"标注样式管理器"对话框，在"机械标注样式"中增加了"角度"标注样式。选中"机械标注样式"中的"角度"标注样式，右击，在弹出的快捷菜单中选择"重命名"选项，如图1-30示。将"角度"标注样式重命名为"角度标注样式"，按〈Enter〉键后该样式成为一个独立的标注样式，如图1-31所示。

8

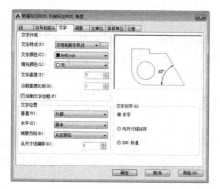

图1-28 设置"角度标注"文字的对齐方式

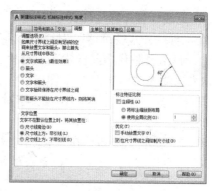

图1-29 设置"调整"选项卡

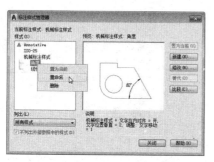

图1-30 重命名"角度"的标注样式

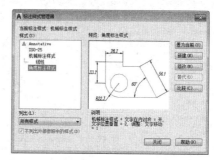

图1-31 创建"角度标注样式"

四、创建径向标注补充样式

1. 在"标注样式管理器"对话框的"样式"列表框中选中"机械标注样式",单击"置为当前"按钮,将"机械标注样式"设置为当前样式。单击"替代"按钮,弹出"替代当前样式"对话框,打开"调整"选项卡,在该选项卡的"调整选项"选项组中选中"文字"单选按钮,即当标注文字在尺寸界线内放不下时将置于尺寸界线外,此时如果箭头能在尺寸界线内放下就被置于尺寸界线内,否则置于尺寸界线外;在"优化"选项组中选中"手动放置文字"复选框(同时取消勾选"在尺寸界线之间绘制尺寸线"复选框),即在放置标注文字时可根据具体情况人工调整其位置。"调整"选项卡的设置如图1-32所示。

2. 单击"确定"按钮,返回"标注样式管理器"对话框,在样式列表框中显示"样式替代"。选中<样式替代>使其亮显,右击,在弹出的快捷菜单中选择"重命名"选项,将<样式替代>重新命名为"径向标注补充样式",该样式和原有的标注样式并列显示在样式列表框中,如图1-33所示。

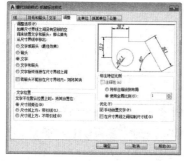

图1-32 设置"调整"选项卡

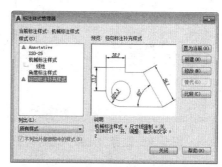

图1-33 创建"径向标注补充样式"

五、创建线性直径标注样式

1. 在"标注样式管理器"对话框中将"机械标注样式"设置为当前样式。单击"替代"按钮，弹出"替代当前样式"对话框，打开"主单位"选项卡，在"前缀"文本框中用英文输入法输入"%%C"，如图1-34所示。

2. 打开"文字"选项卡，在"文字对齐"选项组选中"与尺寸线对齐"单选按钮，参见图1-28。

3. 单击"确定"按钮，在"标注样式管理器"对话框中将<样式替代>重新命名为"线性直径标注样式"，该样式和原有的标注样式并列显示在样式列表框中，如图1-35所示。

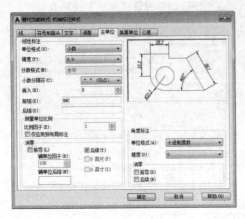 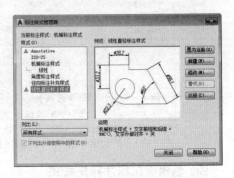

图1-34　在"主单位"选项卡中添加"前缀"　　　　图1-35　创建"线性直径标注样式"

六、创建隐藏标注样式

1. 在"标注样式管理器"对话框中将"机械标注样式"设置为当前样式。单击"替代"按钮，弹出"替代当前样式"对话框，打开"线"选项卡，在"尺寸线"选项组的"隐藏"选项中勾选"尺寸线2"复选框，在"尺寸界线"选项组的"隐藏"选项中勾选"尺寸界线2"复选框，即同时隐藏第二个尺寸线和第二个尺寸界线，如图1-36所示。

2. 单击"确定"按钮，返回"标注样式管理器"对话框，将<样式替代>重新命名为"隐藏标注样式"，该样式和原有的尺寸样式并列显示在样式列表框中，如图1-37所示。

 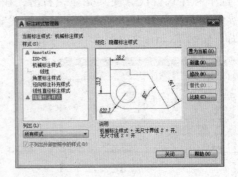

图1-36　选择"隐藏"选项　　　　图1-37　创建"隐藏标注样式"

1.5　创建 A3 样板图形

绘图步骤

一、绘制图框

1. 将"边界线"层设置为当前层，利用"矩形"命令绘制边界线。

> 命令:_rectang　　（单击"绘图"面板中的"矩形"□按钮）
> 指定第一个角点或 ［倒角(C)/标高(E)/圆角(F)/厚度(T)/宽度(W)］:0,0 ✓　（输入矩形左下角点的坐标，即坐标原点，按〈Enter〉键）
> 指定另一个角点或 ［面积(A)/尺寸(D)/旋转(R)］:420,297 ✓（输入矩形右上角点的坐标，按〈Enter〉键）

2. 将"边框"层设置为当前层，利用"矩形"命令绘制边框。

> 命令:_rectang　　（单击"绘图"面板中的"矩形"□按钮）
> 指定第一个角点或 ［倒角(C)/标高(E)/圆角(F)/厚度(T)/宽度(W)］:25,5 ✓　（输入矩形左下角点的坐标，按〈Enter〉键）
> 指定另一个角点或 ［面积(A)/尺寸(D)/旋转(R)］:from ✓　　（输入 from 按〈Enter〉键，利用"捕捉自"指定角点的位置）
> 基点:　　（捕捉边界线的右上角点）
> ＜偏移＞:@-5,-5 ✓（输入边框的右上角点相对于边界线的右上角点的坐标，按〈Enter〉键）

3. 在命令行中输入 Z 按〈Enter〉键，输入 A 按〈Enter〉键，将图形全部显示，如图 1-38 所示。

二、绘制标题栏

标题栏的格式如图 1-39 所示。

图 1-38　绘制图框

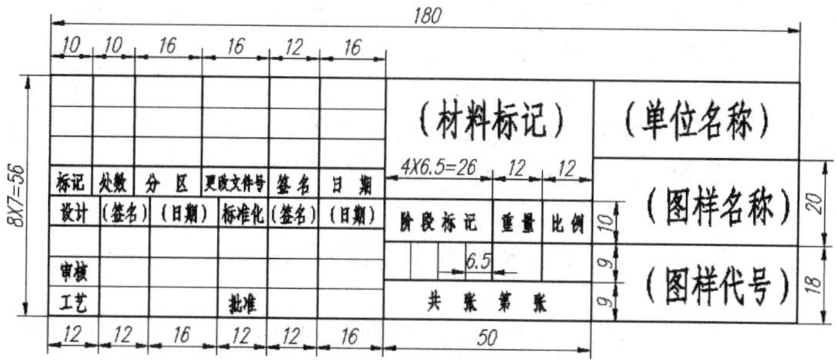

图 1-39　标题栏

1. 将"粗实线"层设置为当前层，利用"矩形"命令绘制标题栏外框。

> 命令:_rectang　　（单击"绘图"面板中的"矩形"□按钮）
> 指定第一个角点或 ［倒角(C)/标高(E)/圆角(F)/厚度(T)/宽度(W)］:（在适当位置单击，指定标题栏左下角点 A 的位置）
> 指定另一个角点或 ［面积(A)/尺寸(D)/旋转(R)］:@180,56 ✓　　（输入标题栏的右上角点 C 相对于 A 点的坐标，按〈Enter〉键）

2. 打开状态栏中的"对象捕捉"□按钮和"对象捕捉追踪"∠按钮，单击"对象捕捉"按钮右侧的下拉按钮，在弹出的下拉菜单中勾选"端点""中点""圆心""象限点""交点""范围"和"垂足"选项，如图1-40所示。也可以在弹出的下拉菜单中选择"设置"选项，系统弹出"草图设置"对话框，并打开"对象捕捉"选项卡，勾选这7个复选框，如图1-41所示。单击"确定"按钮。

 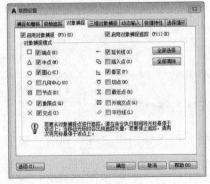

图1-40 状态栏快捷菜单   图1-41 设置"对象捕捉"选项卡

3. 利用"直线"命令绘制内格线EF。

> 命令:_line   (单击"绘图"面板中的"直线"∕按钮)
> 指定第一点:130↙(将光标移到端点D处，出现端点捕捉标记后，向右移动光标，出现水平追踪轨迹，输入追踪距离130，按〈Enter〉键，捕捉到E点)
> 指定下一点或[放弃(U)]:   (向下移到光标，在AB边上捕捉垂足F)
> 指定下一点或[放弃(U)]:↙ (按〈Enter〉键，结束"直线"命令)

4. 利用"偏移"命令向左偏移直线EF。

> 命令:_offset   (单击"修改"面板中的"偏移"⊜按钮)
> 当前设置:删除源=否 图层=源 OFFSETGAPTYPE=0
> 指定偏移距离或[通过(T)/删除(E)/图层(L)]<1.0000>:50↙(输入偏移距离50，按〈Enter〉键)
> 选择要偏移的对象，或[退出(E)/放弃(U)]<退出>: (单击直线EF)
> 指定要偏移的那一侧上的点，或[退出(E)/多个(M)/放弃(U)]<退出>: (在EF的左侧单击，得到直线GH)
> 选择要偏移的对象，或[退出(E)/放弃(U)]<退出>:↙(按〈Enter〉键，结束"偏移"命令)

5. 利用"直线"命令，连续连接AD的中点I、GH的中点J和EF的中点K，如图1-42所示。

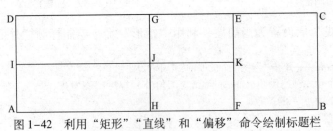

图1-42 利用"矩形""直线"和"偏移"命令绘制标题栏

6. 单击"修改"面板中的"偏移"⬛按钮,利用"偏移"命令分别向左连续偏移直线 EF,偏移距离为12,得到直线 LM 和 NO。向左连续偏移直线 NO,偏移距离为6.5。分别向下偏移直线 JK,偏移距离分别为10和19,得到直线 PQ 和 RS。过 Q 点绘制水平线 QT,T 点是在 BC 边上捕捉的垂足。向上偏移直线 QT,偏移距离为20。向左偏移直线 GH 八次,偏移距离分别为12、28、40、44、56、60、68 和70。向上、向下连续偏移直线 IJ 各3次,偏移距离为7。偏移直线的结果如图1-43所示。

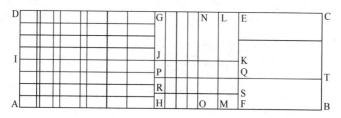

图1-43 利用"偏移"命令绘制标题栏

7. 利用图层"匹配"命令将上方和下方偏移出来的4条水平线和连续偏移出来的3条竖直线的图层修改为"细实线"层。

命令:_laymch   (单击"图层"面板中的"匹配"⬛按钮)
选择要更改的对象:
选择对象:找到1个
选择对象:找到1个,总计2个
选择对象:找到1个,总计3个
选择对象:找到1个,总计4个
选择对象:找到1个,总计5个
选择对象:找到1个,总计6个
选择对象:找到1个,总计7个   (依次单击7条偏移出来的直线)
选择对象:↙   (按〈Enter〉键,结束选择对象)
选择目标图层上的对象或〔名称(N)〕:N↙(输入 N,按〈Enter〉键,选择"名称"选项,弹出如图1-44所示的"更改到图层"对话框,在该对话框的图层列表中单击"细实线")
4个对象更改到图层"细实线"

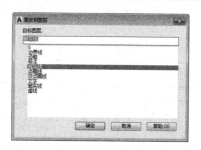

图1-44 "更改到图层"对话框

(注:如果图形中有目标层上的对象,则直接单击该对象即可)

8. 利用"修剪"命令,修剪标题栏的中部区域。

命令:_trim （单击"修改"面板中的"修剪" ≠ 按钮）
当前设置:投影 = UCS,边 = 无
选择剪切边 ...
选择对象或 <全部选择>:　　　　　　（单击直线 JK）
找到 1 个
选择对象:　（单击直线 PQ）
找到 1 个,总计 2 个
选择对象:　（单击直线 RS）
找到 1 个,总计 3 个
选择对象:↙（按〈Enter〉键,结束选择修剪边界对象）
选择要修剪的对象,或按住 Shift 键选择要延伸的对象,或[栏选(F)/窗交(C)/投影(P)/边(E)/
删除(R)/放弃(U)]:　　（在 EFGH 区域右上方单击）
指定对角点:　　　　　　（向左下方移动光标,拖出的虚线绿色拾取窗口与左侧 5 条竖直内
格线相交,如图 1-45 所示,在适当位置单击）
选择要修剪的对象,或按住 Shift 键选择要延伸的对象,或[栏选(F)/窗交(C)/投影(P)/边(E)/
删除(R)/放弃(U)]:　　（在"阶段标记"区域右上方单击）
指定对角点:　　　　　　（向左下方移动光标,拖出的虚线拾取窗口与左侧 3 条细竖直内格
线相交,在适当位置单击）
选择要修剪的对象,或按住 Shift 键选择要延伸的对象,或[栏选(F)/窗交(C)/投影(P)/边(E)/
删除(R)/放弃(U)]:　　（在"共　张第　张"区域右上方单击）
指定对角点:　　　　　　（向左下方移动光标,拖出的虚线拾取窗口与左侧 5 条竖直内格线
相交,在适当位置单击）
选择要修剪的对象,或按住 Shift 键选择要延伸的对象,或[栏选(F)/窗交(C)/投影(P)/边(E)/
删除(R)/放弃(U)]:↙　　（按〈Enter〉键,结束"修剪"命令,修剪出标题栏的中部区域,如图 1-46
所示）

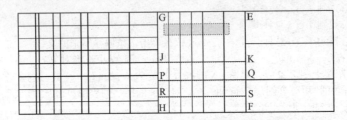

图 1-45　利用虚线相交拾取框选择修剪对象

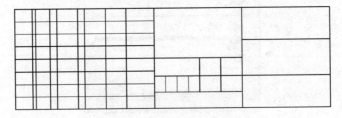

图 1-46　修剪出标题栏的中部区域

9. 单击"修改"面板中的"修剪" ≠ 按钮,利用"修剪"命令,修剪标题栏的左侧区
域,选择直线 IJ 为修剪边界对象,修剪结果如图 1-47 所示。

10. 关闭状态栏中的"对象捕捉"□按钮,将"文字"层设置为当前层。单击"注释"
面板的"单行文字" A 按钮,在标题栏中输入文字"标记",如图 1-48 所示。

14

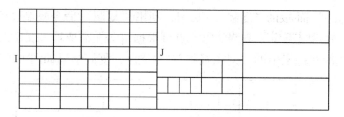

图1-47 修剪标题栏的结果

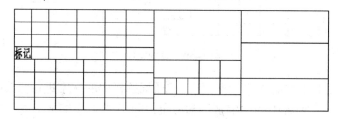

图1-48 输入单行文字

```
命令:_dtext
当前文字样式: 汉字样式 当前文字高度: 5.0000
指定文字的起点或［对正(J)/样式(S)］:  （在适当位置单击）
指定文字的旋转角度 <0>:↙      （按〈Enter〉键,文字不旋转）
```

在绘图区的输入框内输入"标记"后按〈Enter〉键。再次按〈Enter〉键,结束"单行文字"命令。

11. 利用"文字缩放"命令修改文字的高度。

```
命令:_scaletext  （单击"文字"面板中的"缩放"回按钮）
选择对象:    （单击文字"标记"）
找到 1 个
选择对象:↙   （按〈Enter〉键,结束选择文字缩放对象）
输入缩放的基点选项
［现有(E)/左(L)/中心(C)/中间(M)/右(R)/左上(TL)/中上(TC)/右上(TR)/左中(ML)/正
中(MC)/右中(MR)/左下(BL)/中下(BC)/右下(BR)］<现有>:↙  （按〈Enter〉键,缩放基
点为现有的文字起点）
指定新高度或［匹配对象(M)/缩放比例(S)］<5>:3.5 ↙  （输入新高度3.5,按〈Enter〉键）
```

12. 单击"修改"面板的"移动"✛按钮,将文字"标记"调整到标题栏适当的位置,如图1-49所示。

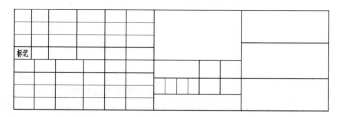

图1-49 缩放、移到文字

13. 单击"修改"面板的"复制"按钮，利用"复制"命令复制文字"标记"，复制的基点可在适当位置单击确定，复制的第二点可根据目测在需要输入文字的表格内适当位置单击确定（注意关闭状态栏中的"对象捕捉"按钮），复制结果如图 1-50 所示。

图 1-50　复制文字

15. 分别双击复制出来的文字"标记"，按照标题栏中的文字进行修改，输入新的文字。

16. 单击"文字"面板中的"缩放"按钮，利用"文字缩放"命令将文字"更改文件号"的高度修改为 3。

17. 分别单击"修改"面板的"移动"按钮，调整标题栏中文字的位置，完成绘制标题栏，如图 1-51 所示。

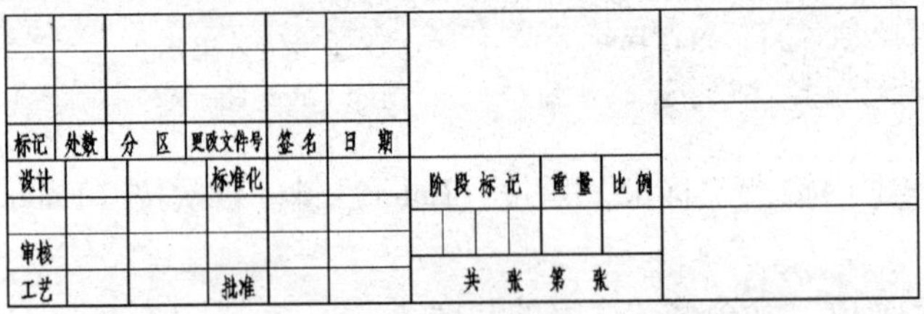

图 1-51　绘制标题栏

18. 按〈Enter〉键，再次启动"移动"命令，在标题栏的左上方单击后，移动光标，拖出实线蓝色拾取窗口包围标题栏，在适当位置单击，将标题栏全部选中。捕捉标题栏的右下角点为移动的基点，捕捉边框的右下角点为移动的第二点，即可将标题栏移到边框的右下角。

完成绘制的图框和标题栏如图 1-52 所示。

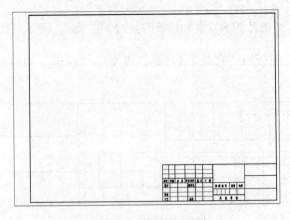

图 1-52　图框和标题栏

三、创建样板图形

1. 单击标题栏中的"另存为"  按钮，或单击界面左上角的浏览器按钮，在弹出的菜单中选择"另存为"选项，弹出"图形另存为"对话框，在"文件名"文本框中输入"A3 样板"，在"文件类型"下拉列表框中选择"AutoCAD 图形样板（∗.dwt）"选项，如图 1-53 所示。

2. 单击"保存"按钮，弹出如图 1-54 所示"样板说明"对话框，在"说明"框中输入"A3 样板"，单击"确定"按钮，完成 A3 样板图形的创建。

图 1-53　保存样板图形文件

图 1-54　"样板说明"对话框

第2章 创建常用符号块

本章介绍如何将机械绘图中常用的符号创建为块，常用符号包括表面粗糙度符号、基准符号、箭头和沉孔标注符号。

2.1 表面粗糙度符号

表面粗糙度符号如图2-1所示。其中图2-1a为表面粗糙度基本符号，图2-1b为加工面表面粗糙度符号，图2-1c为非加工面表面粗糙度符号。

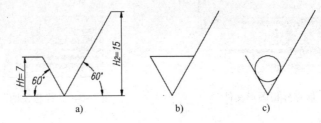

图2-1 表面粗糙度符号

绘图步骤

一、恢复图层

1. 单击标题栏中的"新建" 按钮，或单击界面左上角的浏览器按钮，在弹出的菜单中选择"新建"选项，弹出"选择样板"对话框，在"打开"下拉列表中选择"无样板打开－公制（M）"选项，如图2-2所示，新建一个空白的、未做任何设置的图形文件。

图2-2 "选择样板"对话框

2. 在命令行输入 linetype 按〈Enter〉键，弹出如图 2-3 所示的"线型管理器"对话框，单击"加载"按钮，弹出"加载或重载线型"对话框，按住〈Ctrl〉键，依次选择 ACAD_ISO04W100、ACAD_ISO05W100、HIDDEN2 三种线型，单击"确定"按钮，即可将三种非连续线型加载到"线型管理器"对话框中。

3. 单击"图层"面板中"图层特性管理器" 按钮，弹出"图层特性管理器"对话框。单击对话框左上方的"图层状态管理器" 按钮，或在"图层特性管理器"对话框中的图层列表框内右击，在弹出的快捷菜单中选择"恢复图层状态"选项，弹出"图层状态管理器"对话框。

4. 单击对话框"输入"按钮，弹出如图 2-4 所示的"输入图层状态"对话框。

5. 在"文件类型"下拉列表中选择"图层状态（＊las）"选项，在 AutoCAD 2017 中文版的

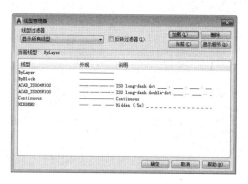

图 2-3　"线型管理器"对话框

文件列表中选中"我的图层"，单击"打开"按钮，弹出如图 2-5 所示的图层输入提示框，并询问是否立即恢复图层状态。

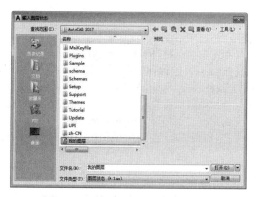

图 2-4　"输入图层状态"对话框

图 2-5　图层输入提示框

6. 单击"恢复状态"按钮，"我的图层"所保存的图层的状态和特性便被恢复过来。关闭"图层特性管理器"对话框，即可开始绘图。

二、绘制表面粗糙度符号

1. 打开状态栏中的"正交" 按钮和"对象捕捉" 按钮。

2. 将"细实线"层设置为当前层，利用"直线"命令绘制一条水平细实线。

命令：_line	（单击"绘图"面板中的"直线" 按钮）
指定第一点：	（在绘图区适当位置单击）
指定下一点或［放弃(U)］：	（向右移动光标，在适当位置单击）
指定下一点或［放弃(U)］：↙	（按〈Enter〉键，结束"直线"命令）

3. 利用"偏移"命令偏移水平细实线。

4. 在命令行输入 Z 按〈Enter〉键,输入 W 按〈Enter〉键,利用"窗口缩放"命令将图形放大显示。

5. 利用"直线"命令绘制倾斜细实线,如图 2-6 所示。

6. 单击"修改"面板中的"修剪"按钮,修剪细实线。

7. 单击"修改"面板中的"删除"按钮,删除下方和上方水平细实线,得到表面粗糙度符号,如图 2-7a 所示。

8. 在命令行输入 Z 按〈Enter〉键,输入 P 按〈Enter〉键,利用"缩放上一个"命令返回上一个显示窗口。

9. 利用"复制"命令复制如图 2-7a 所示的图形。

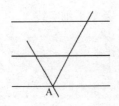

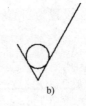

a)　　　　b)　　　　c)

图 2-6　绘制水平和倾斜细实线　　　　图 2-7　绘制表面粗糙度符号

命令:_copy （单击"修改"面板中的"复制" 按钮）
选择对象：（在图 2-7a 所示图形的左上方适当位置单击）
指定对角点:（向右下方移动光标,拖出一个实线拾取框包围如图 2-7a 所示图形,在适当位置单击）
找到 3 个
选择对象:↘（按〈Enter〉键,结束选择对象）
指定基点或［位移（D）］＜位移＞:　　　　　　　　　　　　　（捕捉如图 2-7a 所示图形的尖点为基点）
指定第二个点或 ＜使用第一个点作为位移＞:　　　　　　　　　（在适当位置单击）
指定第二个点或 ＜使用第一个点作为位移＞:　　　　　　　　　（在适当位置单击）
指定第二个点或［退出（E）/放弃（U）］＜退出＞:✓　　　　　（按〈Enter〉键,结束"复制"命令）

10. 绘制等边三角形的内切圆，如图 2-7b 所示。

命令:_circle　　　　　（单击"绘图"面板"圆"下拉菜单中的"相切,相切,相切" 按钮）
指定圆的圆心或［三点（3P）/两点（2P）/相切、相切、半径（T）］:_3p
指定圆上的第一个点:_tan 到
指定圆上的第二个点:_tan 到
指定圆上的第三个点:_tan 到　　　　　（依次单击等边三角形的三条直线）

11. 单击"修改"面板中的"删除" 按钮，删除两个复制出图形中的水平直线，即可绘出图 2-7b 和 2-7c 所示的表面粗糙度符号。

三、创建、保存块

1. 单击"块"面板中的"创建块" 按钮，弹出如图 2-8 所示的"块定义"对话框，在"名称"下拉文本框中输入"表面粗糙度基本符号"。

2. 单击"基点"选项栏中的"拾取点" 按钮，在绘图区域内捕捉图 2-7c 所示表面粗糙度符号的下尖点为插入基点后，返回对话框。

3. 单击"对象"选项组中的"选择对象" 按钮，在绘图区域内选择该表面粗糙度符号，按〈Enter〉键后，返回对话框，单击"确定"按钮，即可将图 2-7c 所示表面的粗糙度符号定义为块。

4. 在命令行中输入 Wblock 按〈Enter〉键，即可启动"保存块"命令，系统弹出如图 2-9 所示的"写块"对话框。该对话框包括"源"选项组和"目标"选项组。

图 2-8 "块定义"对话框

图 2-9 "写块"对话框

在"源"选项组选中"块"单选按钮，从其下拉列表框中选择"表面粗糙度基本符号"块。在"目标"选项组指定输出文件的名称和保存路径，单击"确定"按钮，即可保存"表面粗糙度基本符号"块。

四、创建表面粗糙度完整符号块

属性是块上的注释文字。完整的表面粗糙度符号包括表面粗糙度基本符号加水平线,在水平线下标注带字母 RA 的表面粗糙度值,以表示实际加工表面的轮廓算术平均偏差,或在水平线下标注字母 X 简化表面粗糙度的标注,我们可以先将带 RA 粗糙度值和字母 X 定义为属性,再创建带属性的块。

操作步骤如下。

(1)将"细实线"层设置为当前层,打开状态栏中的"正交"┗按钮和"对象捕捉"┑按钮。

(2)分别单击"绘图"面板中的"直线"╱按钮,分别在图 2-7a 和图 2-7b 所示的图形中过较长的倾斜直线的上方端点绘制长度为 20 的水平线,如图 2-10a 和 2-10b 所示。在图 2-7c 所示的图形中过较长的倾斜直线的上方端点绘制长度为 5 的水平线,如图 2-10c 所示。

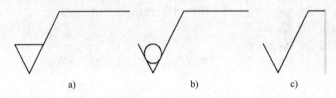

a)　　　　　　　b)　　　　　　　c)

图 2-10　绘制表面粗糙度完整符号

(3)将"文字"层设置为当前层,在"注释"面板中的"文字样式"下拉列表中将"字母与数字样式"设置为当前样式。

(4)单击"块"面板中的"定义属性"按钮,或选择菜单"绘图"→"块"→"定义属性"选项,弹出"属性定义"对话框,如图 2-11 所示。

(5)在"属性"面板的"标记"文本框中输入 RA,在"提示"文本框可保持空白,在"默认"文本框中输入 RA。单击"确定"按钮,回到绘图区,此时光标处于属性 RA 的左下角,在图 2-10a 的长水平线左端点的下方适当位置单击(可打开状态栏中的"对象捕捉"□按钮和"对象捕捉追踪"∠按钮,插入点位于该端点下方 6.5 左右,如图 2-12 所示),指定属性的插入点。

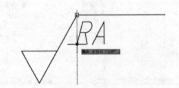

图 2-11　"属性定义"对话框　　　图 2-12　在绘图区指定属性的插入点

(6)单击"块"面板中的"创建块"按钮,弹出"块定义"对话框,在"名称"下拉列表框中输入"加工面表面粗糙度完整符号",如图 2-13 所示。

（7）单击"基点"选项栏中的"拾取点"⊞按钮，在绘图区域内捕捉图2-12所示表面粗糙度符号的下尖点为插入基点后，回到对话框。

（8）单击"对象"选项栏中的"选择对象"⊞按钮，在绘图区域内选择该粗糙度符号和属性，按〈Enter〉键后，返回对话框。

（9）单击"确定"按钮，弹出如图2-14所示的"编辑属性"对话框，在"RA"文本框中再次输入Ra，单击"确定"按钮，即可创建加工面表面粗糙度完整符号块，如图2-15所示。

图2-13 "块定义"对话框

图2-14 "编辑属性"对话框

（10）利用"WBLOCK"命令可将带属性的块保存为"加工面表面粗糙度完整符号.dwg"。

（11）用同样方法可以创建非加工面表面粗糙度完整符号块和简化标注表面粗糙度符号块，分别如图2-16和图2-17所示。

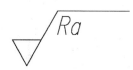

图2-15 加工面表面粗糙度
完整符号块

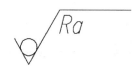

图2-16 加工面表面粗糙度
完整符号块

图2-17 简化标注
表面粗糙度符号块

2.2 箭头

箭头在机械图样中一般用于表示投影方向，如图2-18所示，其中宽度取1.3是为了与标注尺寸时的箭头样式统一。

绘图步骤

1. 新建空白图形文件，加载线型，恢复图层（参见2.1节操作）。
2. 打开状态栏中的"正交"┗按钮和"对象捕捉"□按钮。
3. 将"细实线"层设置为当前层，利用"直线"命令绘制箭头，如图2-19所示。

命令：_line （单击"绘图"面板中的"直线"╱按钮）
指定第一点： （在适当位置单击）

指定下一点或[放弃(U)]:10↙　　　　　（向上移到光标，输入直线的长度10，按〈Enter〉键）
指定下一点或[放弃(U)]:@0.65,-4↙（输入第三点相对于第二点的坐标，按〈Enter〉键）
指定下一点或[放弃(U)]:@-1.3,0↙（输入第四点相对于第三点的坐标，按〈Enter〉键）
指定下一点或[放弃(U)]:　　　　　　（捕捉垂直线的上方端点即第二点，按〈Enter〉键）
指定下一点或[放弃(U)]:↙　　　　　（按〈Enter〉键，结束"直线"命令）

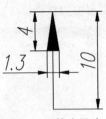

图 2-18　箭头尺寸

图 2-19　绘制箭头

4. 利用"图案填充"命令进行实体填充。

命令:_hatch　　　　（单击"绘图"面板中的"图案填充"按钮）
拾取内部点或[选择对象(S)/放弃(U)/设置(T)]:　　　　（弹出"图案填充创建"选项卡,在"图案"选项栏中选择 SOLID 选项,如图 2-20 所示,在等腰三角形区域内单击）
正在选择所有对象…
正在选择所有可见对象…
正在分析所选数据…
正在分析内部孤岛…
拾取内部点或[选择对象(S)/放弃(U)/设置(T)]:
　　　　　　　　　　　　（按〈Enter〉键或单击"关闭图案填充创建"按钮）

填充结果如图 2-21 所示。

图 2-20　"图案填充创建"选项卡

图 2-21　实体填充结果

5. 单击"块"面板中的"块"按钮，捕捉箭头中的竖直线的下方端点为基点，将绘制的箭头定义为"箭头"块。

6. 利用"WBLOCK"命令可将该块保存为"箭头.dwg"。

2.3　基准符号

基准符号如图 2-22 所示。

绘图步骤

1. 新建空白图形文件，加载线型，恢复图层（参见 2.1 节操作）。

2. 打开状态栏中的"正交"和"对象捕捉"。

3. 将"细实线"层设置为当前层，单击"绘图"面板中的"直线"按钮，绘制等边三角形和垂直细实线。

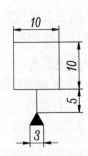

图 2-22　基准符号

24

```
命令:_line        (单击"绘图"面板中的"直线"╱按钮)
指定第一个点:      (在适当位置单击)
指定下一点或[放弃(U)]:3╱           (向左移动光标,输入水平线的长度3,按〈Enter〉键)
指定下一点或[放弃(U)]:@3<60╱       (输入下一点的相对坐标,按〈Enter〉键)
指定下一点或[闭合(C)/放弃(U)]:c╱  (输入c按〈Enter〉键,选择"闭合"选项)


命令:_line
指定第一点:                          (捕捉等边三角形的上方顶点)
指定下一点或[放弃(U)]:5╱            (向上移动光标,输入垂直线的长度5,按〈Enter〉键)
指定下一点或[放弃(U)]:╱             (按〈Enter〉键,结束"直线"命令)
```

4. 绘制正方形。

```
命令:_rectang     (单击"绘图"面板的"矩形"□按钮)
指定第一个角点或[倒角(C)/标高(E)/圆角(F)/厚度(T)/宽度(W)]:from╱  (输入from按
〈Enter〉键,利用"捕捉自"指定角点的位置)
基点:              (捕捉垂直线的上方端点为基点)
<偏移>:@-5,0╱    (输入正方形的左下角点与基点的相对坐标,按〈Enter〉键)
指定另一个角点或[面积(A)/尺寸(D)/旋转(R)]:@10,10╱    (输入正方形右上角点相对
于左下角点的坐标,按〈Enter〉键)
```

5. 单击"绘图"面板的"图案填充"▨按钮,弹出"图案填充创建"选项卡,在"图案"面板中选择 SOLID 选项,在等边三角形内单击,按〈Enter〉键,回到对话框单击"确定"按钮或按〈Enter〉键,即可对等边三角形进行实体填充。

6. 关闭状态栏中的"正交"└按钮和"对象捕捉"□按钮,将"标注"层设置为当前层。单击"块"面板中的"定义属性"◈按钮,或选择菜单"绘图"→"块"→"定义属性"选项,弹出"属性定义"对话框。在"属性"面板的"标记"文本框中输入 A,在"值"文本框中输入 A,单击"确定"按钮,回到绘图区,在基准符号的正方形内适当位置单击,指定属性的插入点,完成定义基准符号的属性"A",如图 2-23 所示。

图 2-23 带属性的
基准符号

7. 单击"绘图"面板中的"创建块"◊按钮,捕捉基准符号中等边三角形水平边的中点为基点,将带属性"A"的基准符号定义为块。

8. 利用 WBLOCK 命令可将基准符号块保存为"基准符号.dwg"。

第 3 章 标准件的绘制

本章介绍如何绘制蜗轮减速箱中的标准件，这些标准件包括轴承、柱端紧定螺钉、油标及其组件。

3.1 轴承

蜗轮减速箱中有两种型号的圆锥滚子轴承，分别是"轴承 30202 GB/T 297"和"轴承 30203 GB/T 297"。圆锥滚子轴承的主要尺寸 d、D、T、B、C 可查国家标准，其他尺寸按比例绘制，如图 3-1 所示，其中 A = (D − d)/2，$\alpha \approx 15°$。

"轴承 30202 GB/T 297"零件图如图 3-2 所示。由于轴承是标准件，所以在减速箱的技术文件中实际上没有轴承零件图，绘制该图的目的是为了在绘制装配图时方便插入。

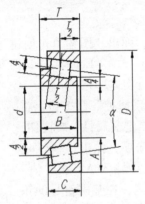

图 3-1　圆锥滚子轴承比例图

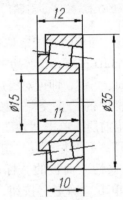

图 3-2　轴承 30202 GB/T 297

现以"轴承 30202　GB/T 297"为例，说明绘制圆锥滚子轴承的方法。

绘图步骤

1. 新建空白图形文件，加载线型，恢复图层（参见 2.1 节操作）。

2. 单击标题栏中的"另存为"  按钮，或单击界面左上角的浏览器按钮，在弹出的菜单中选择"另存为"选项，弹出如图 3-3 所示的"另存为"对话框。

在"文件名"文本框中输入"轴承 30202"，单击"保存"按钮，创建图形文件"轴承 30202.dwg"。

图 3-3　"另存为"对话框

3. 打开状态栏中的"正交" ┗ 按钮，将"粗实线"层设置为当前层，利用"直线"命令绘制轮廓线。

命令:_line　　　（单击"绘图"面板中的"直线"✏按钮）
指定第一点：（在适当位置单击）
指定下一点或［放弃(U)］:12.5↙　　　（向上移动光标,输入直线的长度12.5,按〈Enter〉键）
指定下一点或［放弃(U)］:2↙　　　（向右移动光标,输入直线的长度2,按〈Enter〉键）
指定下一点或［闭合(C)/放弃(U)］:5↙　　　（向上移动光标,输入直线的长度5,按〈Enter〉键）
指定下一点或［闭合(C)/放弃(U)］:10↙　　　（向右移动光标,输入直线的长度10,按〈Enter〉键）
指定下一点或［闭合(C)/放弃(U)］:17.5↙　（向下移动光标,输入直线的长度17.5,按〈Enter〉键）
指定下一点或［闭合(C)/放弃(U)］:↙　　　（按〈Enter〉键,结束"直线"命令）

4. 在绘图区空白处右击，在弹出的快捷菜单中选择"缩放"选项，在绘图区垂直向上移动光标将图形放大显示。在绘图区空白处右击，在弹出的快捷菜单中选择"平移"选项，移动光标调整图形的显示位置。

5. 打开状态栏中的"对象捕捉"▢按钮和"对象捕捉追踪"∠按钮，将"点画线"层设置为当前层，单击"绘图"面板中的"直线"✏按钮。将光标移到 A 点出现端点捕捉标记后向左水平移动光标，在 A 点左侧约 3 mm 处单击。然后向右移到光标，超出右侧轮廓线约 3 mm 时单击，如图 3-4 所示。

6. 单击"图层"面板中的"上一个图层"❧按钮，将"粗实线"层设置为当前层，利用"拉长"命令拉长直线 BC，如图 3-5 所示。

图 3-4　绘制轮廓线和点画线　　　图 3-5　拉长直线，绘制内圈

命令:_lengthen　（单击"修改"面板中的"拉长"✏按钮）
选择对象或［增量(DE)/百分数(P)/全部(T)/动态(DY)］:dy↙　　（输入 dy,按〈Enter〉键,选择"动态"选项）
选择要修改的对象或［放弃(U)］:　　（在 C 点附近单击直线 BC）
指定新端点:　　（在适当位置单击）
选择要修改的对象或［放弃(U)］:↙　（按〈Enter〉键,结束"拉长"命令）

7. 利用"直线"命令绘制内圈轮廓线，如图 3-5b 所示。

命令:_line　　　（单击"绘图"面板中的"直线"✏按钮）
指定第一点:tt↙　　　（输入 tt 按〈Enter〉键,利用"临时追踪点捕捉"指定点的位置）
指定临时对象追踪点　　（捕捉 A 点为临时对象追踪点）
指定第一点:7.5↙　　　　（向上移动光标,出现追踪轨迹后输入追踪距离7.5,按〈Enter〉键）
指定下一点或［放弃(U)］:11↙（向右移动光标,输入水平线的长度11,按〈Enter〉键）
指定下一点或［放弃(U)］:　（向下移动光标,在点画线上捕捉垂足）
指定下一点或［闭合(C)/放弃(U)］:↙　（按〈Enter〉键,结束"直线"命令）

8. 按〈Enter〉键再次启动"直线"命令，绘制内圈其余轮廓线，如图 3-6 所示。

命令:_line
指定第一点:　　（捕捉 D 点）

指定下一点或 [放弃(U)]:2.5↙	（向上移动光标,输入竖直线的长度2.5,按〈Enter〉键）
指定下一点或 [放弃(U)]:11↙	（向左移动光标,输入水平线的长度11,按〈Enter〉键）
指定下一点或 [闭合(C)/放弃(U)]:↙	（按〈Enter〉键,结束"直线"命令）

9. 利用"偏移"命令偏移出一条辅助线,如图3-7所示。

命令:_offset　　　　　（单击"修改"面板中的"偏移"◈按钮）
当前设置:删除源＝否　图层＝源　OFFSETGAPTYPE＝0
指定偏移距离或 [通过(T)/删除(E)/图层(L)] <2.0000>:6↙（输入偏移距离6,按〈Enter〉键）
选择要偏移的对象,或 [退出(E)/放弃(U)] <退出>:　（选择右侧垂直线为偏移对象）
指定要偏移的那一侧上的点,或 [退出(E)/多个(M)/放弃(U)] <退出>:　（在右侧垂直线的左方单击）
选择要偏移的对象,或 [退出(E)/放弃(U)] <退出>:↙（按〈Enter〉键,结束"偏移"命令）

图3-6　绘制内圈轮廓线

图3-7　偏移辅助线

10. 将"点画线"层设置为当前层,利用"直线"命令绘制滚子中心线。

命令:_line　　（单击"绘图"面板中的"直线"╱按钮）
指定第一点:　（捕捉E点）
指定下一点或 [放弃(U)]:@9<-7.5↙　（输入第二点相对于E点的坐标,按〈Enter〉键）
指定下一点或 [放弃(U)]:↙　（按〈Enter〉键,结束"直线"命令）

11. 利用"拉长"命令拉长绘制的中心线,如图3-8所示。

命令:_lengthen（单击"修改"面板中的"拉长"╱按钮）
选择对象或 [增量(DE)/百分数(P)/全部(T)/动态(DY)]:dy↙（输入dy按〈Enter〉键,选择"动态"选项）
选择要修改的对象或 [放弃(U)]:　（在E点附近单击点画线）
指定新端点:　（在轮廓线外约3mm处单击）
选择要修改的对象或 [放弃(U)]:↙　（按〈Enter〉键,结束"拉长"命令）

12. 利用"偏移"命令对称偏移滚子的中心线。

命令:_offset　　　　　（单击"修改"面板中的"偏移"◈按钮）
当前设置:删除源＝否　图层＝源　OFFSETGAPTYPE＝0
指定偏移距离或 [通过(T)/删除(E)/图层(L)] <2.0000>:2.5↙　　（输入偏移距离2.5,按〈Enter〉键）
选择要偏移的对象,或 [退出(E)/放弃(U)] <退出>:　（选择滚子的中心线为偏移对象）
指定要偏移的那一侧上的点,或 [退出(E)/多个(M)/放弃(U)] <退出>:（在滚子中心线上方单击）
选择要偏移的对象,或 [退出(E)/放弃(U)] <退出>:　（选择滚子的中心线为偏移对象）
指定要偏移的那一侧上的点,或 [退出(E)/多个(M)/放弃(U)] <退出>:（在滚子中心线下方单击）
选择要偏移的对象,或 [退出(E)/放弃(U)] <退出>:↙　（按〈Enter〉键,结束"偏移"命令）

13. 单击"图层"面板中的"匹配"按钮，利用"图层匹配"命令将两条中心线变为粗实线，如图 3-9 所示。

图 3-8 绘制滚子中心线

图 3-9 偏移滚子中心线

14. 将"粗实线"层设置为当前层，利用"直线"命令绘制滚子轮廓线，如图 3-10 所示。

命令:_line   （单击"绘图"面板中的"直线"按钮）
指定第一点:from   （输入 from 按〈Enter〉键，利用"捕捉自"指定点的位置）
基点: （捕捉 E 点为基点）
<偏移>:@3<-7.5   （输入 F 点相对于 E 点的坐标，按〈Enter〉键）
下一点或［放弃(U)］:_per 到   （输入 per 按〈Enter〉键，单击"对象捕捉"面板中的"捕捉到垂足"按钮，在 F 点上方的倾斜线上捕捉垂足）
指定下一点或［放弃(U)］:   （按〈Enter〉键，结束"直线"命令）

15. 利用"拉长"命令将绘制的直线拉长一倍。

命令:_lengthen   （单击"修改"面板中的"拉长"按钮）
选择对象或［增量(DE)/百分数(P)/全部(T)/动态(DY)］:p   （输入 p 按〈Enter〉键，选择"百分数"选项）
输入长度百分数 <100.0000>:200   （输入长度百分数 200，即拉长一倍，按〈Enter〉键）
选择要修改的对象或［放弃(U)］:   （在 F 点附近单击刚绘制的轮廓线）
选择要修改的对象或［放弃(U)］:   （按〈Enter〉键，结束"拉长"命令）

16. 利用"偏移"命令对称偏移出滚子的另一条轮廓线，如图 3-11 所示。

命令:_offset   （单击"修改"面板中的"偏移"按钮）
当前设置:删除源=否 图层=源 OFFSETGAPTYPE=0
指定偏移距离或［通过(T)/删除(E)/图层(L)］<2.0000>:6   （输入偏移距离 6，按〈Enter〉键）
选择要偏移的对象，或［退出(E)/放弃(U)］<退出>:   （选择刚绘制的轮廓线为偏移对象）
指定要偏移的那一侧上的点，或［退出(E)/多个(M)/放弃(U)］<退出>:   （在刚绘制的轮廓线的左方单击）
选择要偏移的对象，或［退出(E)/放弃(U)］<退出>:   （按〈Enter〉键，结束"偏移"命令）

图 3-10 绘制滚子轮廓线

图 3-11 拉长并偏移轮廓线

17. 单击"修改"面板中的"删除"按钮，删除辅助线。单击"修改"面板中的"修剪"按钮，修剪多余的轮廓线。先选择外圈的左右轮廓线为修剪边界，修剪滚子上方轮廓线。再次单击"修剪"按钮，选择滚子左右两条轮廓线为修剪边界，修剪其他轮廓线，如图 3-12 所示。

29

18. 利用"镜像"命令镜像出下半部分图形，如图3-13和图3-14所示。

命令:_mirror（单击"修改"面板中的"镜像"⚠按钮）
选择对象：（从图形的右上方单击向左下方移动光标,拉出虚线拾取框,如图3-13所示）
指定对角点：（在适当位置单击选择除水平点画线以外的所有对象）
找到 13 个
选择对象:↙（按〈Enter〉键,结束选择镜像对象）
指定镜像线的第一点：（捕捉水平点画线左端点）
指定镜像线的第二点：（捕捉水平点画线右端点）
是否删除源对象? ［是(Y)/否(N)］ <N>:↙（按〈Enter〉键,不删除源对象,结束"镜像"命令）

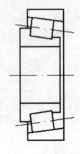

图3-12 修剪轮廓线　　　　图3-13 用虚线拾取框选择对象　　　　图3-14 镜像出轴承的轮廓

19. 单击"绘图"面板中"图案填充"█按钮，弹出"图案填充创建"选项卡。在"图案"选项栏中选择 ANSI31 选项，在"特性"选项栏的"角度"文本框中输入0，在"比例"文本框中输入0.5，如图3-15所示。在视图需要填充的区域内单击，然后按〈Enter〉键，或单击"图案填充创建"选项卡中的"关闭图案填充创建"按钮，即可完成图案填充，如图3-16所示。

图3-15 "图案填充创建"选项卡

20. 单击标题栏中的"保存"█按钮，或单击界面左上角的浏览器按钮，在弹出的菜单中选择"保存"选项，保存绘制的图形。

完成绘制"轴承 30202 GB/T 297"。

"轴承 30203　GB/T 297"零件图的绘制和上述操作类似，不再赘述，可参见图3-17。

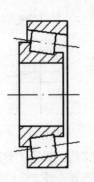
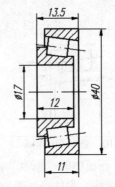

图3-16 图案填充　　　　图3-17 轴承 30203　GB/T 297

3.2 柱端紧定螺钉

柱端紧定螺钉在减速箱中的作用是旋合在蜗轮轴前轴承盖上，柱端顶在压盖上，通过旋转柱端紧定螺钉，可以调整蜗轮轴的前后位置，使蜗轮和蜗杆、锥齿轮和锥齿轮轴保持正确的啮合状态。

柱端紧定螺钉的型号为"螺钉 M6×16 GB/T 75"，其结构尺寸如图 3-18 所示。

绘图步骤

1. 新建空白图形文件，加载线型，恢复图层（参见2.1 节操作）。

2. 单击标题栏中的"另存为" 按钮，或单击界面左上角的浏览器按钮，在弹出的菜单中选择"另存为"选项，创建"紧定螺钉.dwg"图形文件。

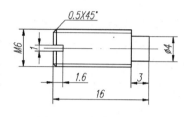

图 3-18 柱端紧定螺钉

3. 打开状态栏中的"正交" 按钮、"对象捕捉" 按钮和"对象捕捉追踪" 按钮，将"粗实线"层设置为当前层，利用"直线"命令连续绘制上半部分轮廓线。

命令:_line　　（单击"绘图"面板中的"直线" 按钮）
指定第一点：（在适当位置单击）
指定下一点或 [放弃(U)]:0.5↙　（向上移动光标，输入垂直线的长度 0.5，按〈Enter〉键）
指定下一点或 [放弃(U)]:1.6↙　（向左移动光标，输入水平线的长度 1.6，按〈Enter〉键）
指定下一点或 [闭合(C)/放弃(U)]:2.5↙（向上移动光标，输入垂直线的长度 2.5，按〈Enter〉键）

指定下一点或 [闭合(C)/放弃(U)]:13↙（向右移动光标，输入水平线的长度 13，按〈Enter〉键）
指定下一点或 [闭合(C)/放弃(U)]:1↙　（向下移动光标，输入垂直线的长度 1，按〈Enter〉键）
指定下一点或 [闭合(C)/放弃(U)]:3↙　（向右移动光标，输入水平线的长度 3，按〈Enter〉键）
指定下一点或 [闭合(C)/放弃(U)]:2↙　（向下移动光标，输入垂直线的长度 2，按〈Enter〉键）
指定下一点或 [闭合(C)/放弃(U)]:↙　（按〈Enter〉键，结束"直线"命令）

4. 将"点画线"层设置为当前层，利用"直线"命令、对象捕捉模式和对象捕捉追踪模式绘制螺钉的轴线，如图 3-19 所示。

5. 单击"修改"面板中的"偏移" 按钮，向下偏移长度为 13 的水平轮廓线，偏移距离为 0.5。

6. 单击"图层"面板中的"匹配" 按钮，利用"图层匹配"命令将偏移出来的直线变为细实线，如图 3-20 所示。

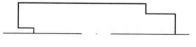

图 3-19 绘制轮廓线和轴线

图 3-20 偏移轮廓线

7. 利用"倒角"命令绘制倒角，如图 3-21 所示。

命令:_chamfer　　（单击"修改"面板中的"倒角" 按钮）

（"修剪"模式）当前倒角距离 1 = 0.0000, 距离 2 = 0.0000

选择第一条直线或 [放弃(U)/多段线(P)/距离(D)/角度(A)/修剪(T)/方式(E)/多个(M)]:d↙

（输入"d"，按〈Enter〉键，选择"距离"选项）

指定第一个倒角距离 ＜0.0000＞:0.5↙（输入倒角距离 0.5，按〈Enter〉键）

指定第二个倒角距离 ＜1.0000＞:0.5↙（输入倒角距离 0.5，按〈Enter〉键）

选择第一条直线或 [放弃(U)/多段线(P)/距离(D)/角度(A)/修剪(T)/方式(E)/多个(M)]:

（单击左侧竖直轮廓线）

选择第二条直线，或按住 Shift 键选择要应用角点的直线：　　（单击上方水平轮廓线）

8. 将"粗实线"层设置为当前层，单击"绘图"面板中的"直线" ╱ 按钮，绘制倒角轮廓线和轴肩轮廓线，两条垂直线的端点为在一字槽轮廓线和轴线上捕捉的垂足，如图 3-22 所示。

9. 单击"修改"面板中的"镜像" ⚎ 按钮，镜像出下半部分对称图形，如图 3-23 所示。

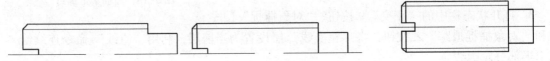

图 3-21　绘制倒角　　图 3-22　绘制倒角轮廓线和轴肩轮廓线　图 3-23　镜像出柱端紧定螺钉图形

10. 单击标题栏中的"保存" ⊟ 按钮，保存绘制的图形。

完成绘制柱端紧定螺钉。

3.3　油标及其组件

油标在蜗轮减速箱中的作用是指示减速箱内润滑油水平面的高度。

油标分为杆式油标、螺旋式油标、管状油标、圆形油标和长形油标，本书所绘制的减速箱采用的是圆形油标，其型号是"油标 12　GB/T 1160"。由于油标是标准件，在装配图中只需画出其外形即可，如图 3-24 所示。

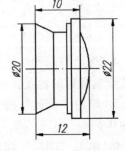

图 3-24　圆形油标外形图

绘图步骤

一、绘制油标

油标的外形图上下对称，因此可以先绘制上半部分轮廓线，再利用镜像命令镜像出下半半部分。右端的球面轮廓线可以利用圆弧命令绘制。

绘图步骤如下。

1. 新建空白图形文件，加载线型，恢复图层（参见 2.1 节操作）。

2. 单击标题栏中的"另存为" ⊟ 按钮，或单击界面左上角的浏览器按钮，在弹出的菜单中选择"另存为"选项，创建"油标.dwg"图形文件。

3. 打开状态栏中的"正交" ∟ 按钮、"对象捕捉" ▢ 按钮和"对象捕捉追踪" ∠ 按钮，将"粗实线"层设置为当前层，利用"直线"命令连续绘制上半部分轮廓线。

命令:_line   （单击"绘图"面板中的"直线" ✐ 按钮）
指定第一点：（在绘图区适当位置单击）
指定下一点或 [放弃(U)]:10 ✐   （向上移动光标,输入竖直线的长度10,按〈Enter〉键）
指定下一点或 [放弃(U)]:@4,−2 ✐ （向右移动光标,输入相对坐标4,−2,按〈Enter〉键）
指定下一点或 [闭合(C)/放弃(U)]:3 ✐ （向右移动光标,输入水平的长度3,按〈Enter〉键）
指定下一点或 [闭合(C)/放弃(U)]:2 ✐ （向上移动光标,输入竖直线的长度2,按〈Enter〉键）
指定下一点或 [闭合(C)/放弃(U)]:1 ✐ （向右移动光标,输入水平线的长度1,按〈Enter〉键）
指定下一点或 [闭合(C)/放弃(U)]:1 ✐ （向上移动光标,输入竖直线的长度1,按〈Enter〉键）
指定下一点或 [闭合(C)/放弃(U)]:2 ✐ （向右移动光标,输入水平线的长度2,按〈Enter〉键）
指定下一点或 [闭合(C)/放弃(U)]:11 ✐ （向下移动光标,输入竖直线的长度11,按〈Enter〉键）
指定下一点或 [闭合(C)/放弃(U)]: ✐ （按〈Enter〉键,结束"直线"命令）

4. 将"点画线"层设置为当前层,利用"直线"命令、"对象捕捉模式"和"对象捕捉追踪模式"绘制油标的轴线,如图3-25所示。

5. 将"粗实线"层设置为当前层,利用"直线"命令和"对象捕捉"中的"端点捕捉"和"垂足捕捉",绘制油标外形图上半部分的竖直轮廓线,如图3-26所示。

   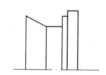

图3-25　绘制轮廓线和轴线　　　　　图3-26　绘制竖直轮廓线

6. 单击"修改"面板中的"镜像" ⚏ 按钮,镜像出对称的下半部分图形,如图3-27所示。

7. 利用"直线"命令过端点A及其对称点绘制两条水平辅助线。

8. 单击"修改"面板中的"偏移" ⚏ 按钮,将最右侧竖直线向右偏移2,偏移出一条竖直辅助线,如图3-28所示。

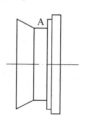   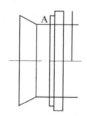

图3-27　镜像图形　　　　　　图3-28　绘制辅助线

9. 利用"圆弧"命令绘制球面轮廓线,如图3-29所示。

命令:_arc   （单击"绘图"面板中的"圆弧" ✐ 按钮）
指定圆弧的起点或 [圆心(C)]：   （捕捉交点B）
指定圆弧的第二个点或 [圆心(C)/端点(E)]：（捕捉交点C）
指定圆弧的端点：   （捕捉交点D）

10. 单击"修改"面板中的"删除" ✐ 按钮,将三条辅助线删除,即可绘制出油标外形图,如图3-30所示。

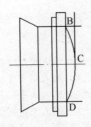

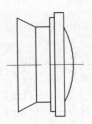

图 3-29　绘制球面轮廓线　　　　　　图 3-30　删除辅助线

二、绘制油标组件

为了防止漏油，油标需要套上 O 形密封圈后，才能装配在箱体上。在装配图中密封圈只需绘制断面，因此，油标组件的外形图需要在油标的外形图上绘制两个圆，然后涂黑即可。

1. 单击"修改"面板中的"复制" ^ᵃ按钮，复制出两个油标外形图，以备绘制油标组件和装配状态的油标组件使用。

2. 利用"圆"命令绘制一个 φ3 的圆，如图 3-32 所示。

命令:_circle　　　　　　　　　　　　（单击"绘图"面板中的"圆" ⊙按钮）
指定圆的圆心或［三点(3P)/两点(2P)/切点、切点、半径(T)］:1.5 ↙　　（将光标移到中间水平轮廓线的中点处，出现中点捕捉标记后向上移动光标，出现追踪轨迹，如图 3-31 所示。输入追踪距离 1.5，按〈Enter〉键）
指定圆的半径或［直径(D)］:1.5 ↙　　（输入半径 1.5，按〈Enter〉键）

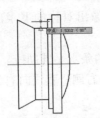

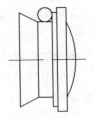

图 3-31　利用对象捕捉追踪绘制圆　　　　　图 3-32　绘制圆

3. 关闭状态栏中的"正交" ∟按钮，利用"复制"命令复制圆，如图 3-33 所示。

命令:_copy　　　　　　　　　　　　（单击"修改"面板中的"复制" ᵃ按钮）
选择对象:　　　　　　　　　　　　　（单击圆）
找到 1 个
选择对象:↙　　　　　　　　　　　　（按〈Enter〉键，结束选择复制对象）
指定基点或位移:　　　　　　　　　　（捕捉圆的上象限点为复制基点）
指定位移的第二点或 ＜用第一点作位移＞:（捕捉下方水平轮廓线的中点）
指定位移的第二点:↙　　　　　　　　（按〈Enter〉键，结束"复制"命令）

4. 利用"延伸"命令将竖直轮廓线延伸至两个圆上。

命令:_extend　　　　　　　　　　　　（单击"修改"面板中的"延伸" ⸍按钮）
当前设置:投影 = UCS,边 = 无
选择边界的边 …
选择对象或 ＜全部选择＞:　　　　　　（单击圆）

找到 1 个

选择对象： （单击另一个圆）

找到 1 个，总计 2 个

选择对象：✓ （按〈Enter〉键，结束选择边对象）

选择要延伸的对象，或按住 Shift 键选择要修剪的对象，或［栏选（F）/窗交（C）/投影（P）/边（E）/放弃（U）］

（在 E 点附近单击竖直轮廓线）

选择要延伸的对象，或按住 Shift 键选择要修剪的对象，或［栏选（F）/窗交（C）/投影（P）/边（E）/放弃（U）］： （在 F 点附近单击竖直轮廓线）

选择要延伸的对象，或按住 Shift 键选择要修剪的对象，或［栏选（F）/窗交（C）/投影（P）/边（E）/放弃（U）］：✓ （按〈Enter〉键，结束"延伸"命令）

5. 单击"绘图"面板中"图案填充"⬚按钮，弹出"图案填充创建"选项卡。在"图案"选项栏中选择 SOLID 选项，在两个圆内单击，然后按〈Enter〉键，或单击"图案填充创建"选项卡中的"关闭图案填充创建"按钮，将两个圆涂黑，如图 3-35 所示。

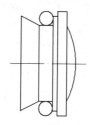 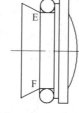 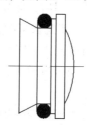

图 3-33　复制圆　　　图 3-34　延伸轮廓线　　　图 3-35　将圆涂黑

三、绘制装配状态时的油标组件

由于密封圈的外径大于油标孔的直径，所以油标装配在箱体上后，密封圈将被挤扁，可以用椭圆近似绘制。

1. 利用"椭圆"命令绘制一个长轴为 3、短轴为 2 的椭圆，如图 3-36 所示。

命令：_ellipse （单击"绘图"面板中的"椭圆"⬭按钮）

指定椭圆的轴端点或［圆弧（A）/中心点（C）］:C✓ （输入 C，按〈Enter〉键）

指定椭圆的中心点:1✓ （将光标移到中间水平轮廓线的中点处，出现中点捕捉标记后向上移动光标，出现追踪轨迹后输入追踪距离 1，按〈Enter〉键）

指定轴的端点:1.5✓ （向右移动光标，输入长轴半径 1.5，按〈Enter〉键）

指定另一条半轴长度或［旋转（R）］:1✓ （输入短半径 1，按〈Enter〉键）

2. 利用"复制"命令复制椭圆，结果如图 3-37 所示。

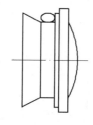 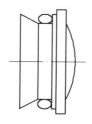

图 3-36　绘制椭圆　　　　　　图 3-37　复制椭圆

3. 利用"延伸"命令将竖直轮廓线延伸至两个椭圆上，延伸方法与将竖直轮廓线延伸至两个圆上相同，如图 3-38 所示。

4. 单击"绘图"面板中"图案填充"██按钮，弹出"图案填充创建"选项卡。在"图案"选项栏中选择 SOLID 选项，在两个椭圆内单击，然后按〈Enter〉键，或单击"图案填充创建"选项卡中的"关闭图案填充创建"按钮，将两个圆涂黑，如图 3-39 所示。

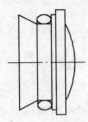 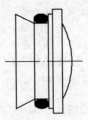

图 3-38　延伸轮廓线　　　　　图 3-39　将椭圆涂黑

5. 完成以上绘图后，需要分别进行保存。单击"修改"面板中的"删除"██按钮，将油标组件外形图和装配状态的油标外形图删除。将剩下的油标外形图保存为"油标.dwg"。

6. 在命令行中输入 OOPS 按〈Enter〉键，恢复被删除的图形，单击"修改"面板中的"删除"██按钮，将油标外形图和装配状态的油标外形图删除。将剩下的油标组件外形图保存为"油标组件.dwg"。

7. 在命令行中输入 OOPS 按〈Enter〉键，恢复被删除的图形，单击"修改"面板中的"删除"██按钮，将油标外形图和油标外形图删除。将剩下的装配状态的油标外形图保存为"油标装配状态.dwg"。

完成绘制油标。

第4章　简单零件的绘制

本章介绍如何绘制蜗轮减速箱中的简单零件，这些零件包括调整片、套圈、挡圈、压盖、加油孔盖、通气器、蜗杆轴右轴承盖、蜗杆轴左轴承盖、蜗轮轴前轴承盖、蜗轮轴后轴承盖和齿轮轴轴承盖。

4.1　调整片

调整片在蜗轮减速箱中的作用是调整锥齿轮在蜗轮轴的位置，确保两个锥齿轮能够正确啮合。

调整片零件图以4:1的比例绘制在A4图纸上，如图4-1所示。

绘图步骤

一、创建 A4 样板图形

1. 单击标题栏"打开" 📂按钮，或单击界面左上角的浏览器按钮，在弹出的菜单中选择"打开"选项，弹出如图4-2所示的"选择文件"对话框。在"文件类型"下拉列表框中将文件类型设置为"图形样板（*.dwt）"，在"样板"显示框中选择"A3样板"，单击"打开"按钮。

2. 重新设置绘图界线。

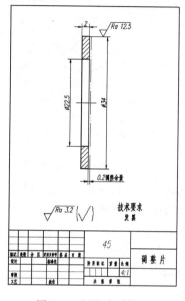

图 4-1　调整片零件图

```
命令:_limits                    （在命令行输入 limits,按〈Enter〉键）
重新设置模型空间界限:
指定左下角点或［开(ON)/关(OFF)］<0.0000,0.0000>:✓（按〈Enter〉键,默认坐标原点为绘
                                                    图界线左下角点）
指定右上角点 <420.0000,297.0000>:210,297 ✓（输入绘图界线右上角点坐标,按〈Enter〉键）
```

图 4-2　"选择文件"对话框

3. 单击"修改"面板中的"删除" ✐按钮，删除边界线和边框。

4. 将"边界线"层设置为当前层，利用"矩形"命令重新绘制边界线。

> 命令:_rectang　（单击"绘图"面板中的"矩形"▭按钮）
> 指定第一个角点或［倒角(C)/标高(E)/圆角(F)/厚度(T)/宽度(W)］:0,0✓　　（输入边界线第一角点坐标，按〈Enter〉键，以坐标原点为边界线左下角点）
> 指定另一个角点或［面积(A)/尺寸(D)/旋转(R)］:210,297✓（输入边界线右上角点坐标，按〈Enter〉键）

5. 将"边框层"设置为当前层，打开状态栏中的"对象捕捉"▢按钮，再次按〈Enter〉键启动"矩形"命令，绘制新边框。

> 命令:_rectang
> 指定第一个角点或［倒角(C)/标高(E)/圆角(F)/厚度(T)/宽度(W)］:25,5✓　（输入第一角点的坐标，按〈Enter〉键）
> 指定另一个角点或［面积(A)/尺寸(D)/旋转(R)］:from✓　（输入 from 按〈Enter〉键，利用"捕捉自"指定角点的位置）
> 基点:　（捕捉边界线的右上角点为捕捉基点）
> <偏移>:@-5,-5✓　（输入边框的右上角点相对于基点的坐标，按〈Enter〉键）

6. 单击"修改"面板中的"移动"✛按钮，选择标题栏为移到对象，捕捉标题栏的右下角点为基点，捕捉边框的右下角点为位移第二点将标题栏移到边框的右下角。

7. 在命令行输入 Z 按〈Enter〉键，再输入 A 按〈Enter〉键，将图形全部显示在绘图区，如图 4-3 所示。

8. 单击标题栏中的"另存为"🖫按钮，或单击界面左上角的浏览器按钮，在弹出的菜单中选择"另存为"选项，弹出"图形另存为"对话框，在"文件类型"下拉列表框中选择"AutoCAD 图形样板（＊.dwt）"选项，在"文件名"文本框中输入"A4样板"，单击"保存"按钮。弹出"样板说明"对话框，在"说明"栏中输入"A4样板"，单击"确定"按钮。

完成创建 A4 样板图形。

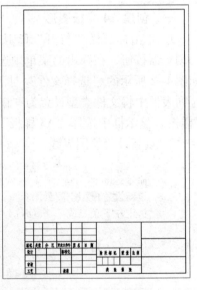

图 4-3　A4 样板图形

二、绘制并缩放视图

1. 单击标题栏中的"另存为"🖫按钮，或单击界面左上角的浏览器按钮，在弹出的菜单中选择"另存为"选项，弹出"图形另存为"对话框，在"文件名"文本框中输入"调整片"。单击"保存"按钮，创建文件"调整片.dwg"。

2. 将"粗实线"层设置为当前层，利用"矩形"命令绘制调整片外轮廓线。

命令:_rectang   （单击"绘图"面板中的"矩形"¬按钮）
指定第一个角点或［倒角（C）/标高（E）/圆角（F）/厚度（T）/宽度（W）］：   （在适当位置单击）
指定另一个角点或［面积（A）/尺寸（D）/旋转（R）］:@2,34↙   （输入另一角点相对
于第一角点的坐标,按〈Enter〉键）

3. 在命令行输入 Z 按〈Enter〉键，再输入 W 按〈Enter〉键，利用"窗口缩放"命令将矩形放大显示。

4. 将"点画线"层设置为当前层，打开状态栏中的"对象捕捉"✐按钮和"对象捕捉追踪"✐按钮，单击"绘图"面板中的"直线"✐按钮，利用"直线"命令、对象捕捉模式和对象捕捉追踪模式绘制调整片的轴线。

5. 单击"图层"面板中的"上一个图层"◈按钮，将"粗实线"层设置为当前层，利用"直线"命令绘制内孔轮廓线。

命令:_line   （单击"绘图"面板中的"直线"✐按钮）
指定第一点:tt↙   （输入 tt 按〈Enter〉键,利用"临时追踪点捕捉"指定点的位置）
指定临时对象追踪点: （捕捉 A 点为临时追踪点）
指定第一点:11.25↙   （向上移动光标,出现追踪轨迹后输入追踪距离 11.25,按〈Enter〉键）
指定下一点或［放弃（U）］:   （向右移动光标,在对边上捕捉垂足）
指定下一点或［放弃（U）］:↙   （按〈Enter〉键,结束"直线"命令）

6. 单击"修改"面板中的"偏移"▱按钮，向下偏移内孔轮廓线，偏移距离为 22.5，得到另一条内孔轮廓线，如图 4-4 所示。

7. 将"双点画线"层设置为当前层，打开状态栏中的"正交"▭按钮，利用"直线"命令绘制修正余量辅助线（修正余量 0.2 过小，可夸大绘制），如图 4-5 所示。

图 4-4   绘制轮廓线和轴线   图 4-5   绘制修正余量辅助线

命令:_line   （单击"绘图"面板中的"直线"✐按钮）
指定第一点:0.5↙   （将光标移到矩形的右上角点,出现端点捕捉标记后向右移动光标,出现水平追踪轨迹后,输入追踪距离 0.5,按〈Enter〉键）
指定下一点或［放弃（U）］:34↙   （向下移动光标,输入竖直辅助线的长度 34,按〈Enter〉键）
指定下一点或［放弃（U）］:↙   （按〈Enter〉键,结束"直线"命令）

8. 在命令行输入 Z 按〈Enter〉键，输入 P 按〈Enter〉键，利用"缩放上一个"命令返回到上一个显示窗口。

9. 单击"修改"面板中的"缩放"▱按钮，将视图放大 4 倍，如图 4-6 所示。

```
命令:_scale
选择对象:
指定对角点:
找到 7 个                              (用拾取框包围视图)
选择对象:↙                            (按〈Enter〉键,结束选择缩放对象)
指定基点:                             (在适当位置单击)
指定比例因子或［参照(R)］:4↙           (输入比例因子4,按〈Enter〉键)
```

10. 单击调整片的轴线,出现3个蓝色夹点后再右击,在弹出的快捷菜单中选择"特性"选项,在弹出的"特性"面板中单击"线型比例"选项,在"线型比例"文本框中输入0.5,如图4-7所示。

11. 关闭"特性"面板,按〈Esc〉键,取消夹点,调整片的轴线显示为点画线(因为点画线过短,原来点画线显示为细实线)。

12. 单击"修改"面板中的"移动"✤按钮,调整放大后的图形的位置。

13. 单击"绘图"面板中"图案填充"按钮,弹出"图案填充创建"选项卡。在"图案"选项组中选择 ANSI31 选项,在"特性"选项组的"角度"文本框中输入0,在"比例"文本框中输入1。在视图需要填充的区域内单击,然后按〈Enter〉键,或单击"图案填充创建"选项卡中的"关闭图案填充创建"按钮,即可完成图案填充,如图4-8所示。

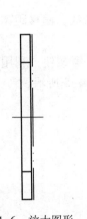

图4-6　放大图形　　　　　图4-7　"特性"面板　　　　图4-8　修改线型比例、添加图案填充

三、在缩放后的视图上标注尺寸

1. 单击"注释"面板中的"标注样式管理器"按钮,在"样式"列表中选择"机械标注样式",单击"修改"按钮,打开"标注样式管理器"对话框中的"调整"选项卡,将其测量比例因子修改为绘图比例的倒数即0.25。同样方法将"线性直径标注样式"的测量比例因子修改为绘图比例的倒数即0.25。

2. 将"标注"层设置为当前层,将"线性直径标注样式"设置为当前样式。利用"线性标注"命令标注尺寸 $\phi34$。

```
命令:_dimlinear                     (单击"标注"面板中的"线性标注"按钮)
指定第一条延伸线原点或＜选择对象＞:(捕捉矩形的右上角点)
指定第二条延伸线原点:              (捕捉矩形的左下角点)
```

指定尺寸线位置或［多行文字（M）/文字（T）/角度（A）/水平（H）/垂直（V）/旋转（R）］：（在适当位置单击）

标注文字＝34

3. 重复"线性标注"命令，可以标注出直径尺寸φ22.5。

4. 将"机械标注样式"设置为当前样式，重复"线性标注"命令，可以标注出厚度尺寸2，如图4-9所示。

四、在标注文字中添加汉字

1. 单击"注释"面板中的"线性标注"╠按钮，指定尺寸界线的两个原点，输入"m"后按〈Enter〉键，弹出"文字编辑器"，在文字编辑器中用Simplex字体输入0.2，用仿宋体输入"调整余量"。此时"调整余量"4个字是倾斜的，选中这4个汉字，在"格式"下拉菜单中将"倾斜角度"文本框中的15修改为0，按〈Enter〉键后4个汉字变正，如图4-10所示，单击"关闭文字编辑器"按钮。

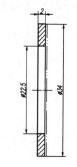

图4-9　调整片的尺寸标注

图4-10　在"文字编辑器"中同时输入数字和汉字

在适当位置单击指定标注位置，即可标注出尺寸"0.2调整余量"，如图4-11所示。

五、在视图上标注表面粗糙度

单击"块"面板中的"插入"₵按钮，在弹出的下拉列表中选择"加工面粗糙度完整符号"选项，如图4-12所示。

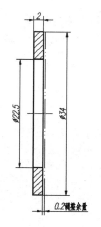

图4-11　在尺寸中添加汉字

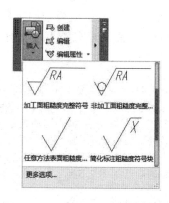

图4-12　"插入"下拉列表

命令：_insert

指定插入点或［基点（B）/比例（S）/旋转（R）］：

在绘图区利用延长捕捉或对象捕捉追踪指定插入点，即将光标移到尺寸 $\phi34$ 上方尺寸界线的右端点处，出现端点捕捉标记后，向左水平移动光标，出现水平延长轨迹或水平追踪轨迹后在尺寸界线上适当位置单击，弹出"编辑属性"对话框后，在属性 Ra 文本框中输入"Ra 12.5"，如图 4-13 所示，单击"确定"按钮。标注结果如图 4-14 所示。

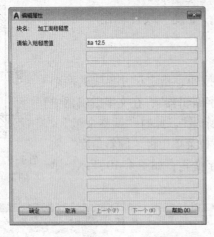

图 4-13　在"编辑属性"对话框中输入属性

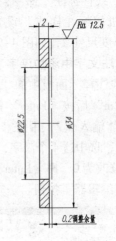

图 4-14　在视图上标注表面粗糙度

六、标注大多数表面粗糙度

国家标准规定在零件图的标题栏附近标注大多数表面粗糙度。

1. 单击"块"面板中的"插入"按钮，在弹出的下拉列表中选择"加工面粗糙度完整符号"选项，在标题栏上方位置单击，弹出"编辑属性"对话框后，在属性 Ra 文本框中输入"Ra 3.2"，单击"确定"按钮。

2. 单击"块"面板中的"插入"按钮，在弹出的下拉列表中选择"任意方法表面粗糙度基本符号"。利用对象捕捉追踪将其插入点指定在属性为 Ra 3.2 的粗糙度符号的插入点的正右方 35 处。

3. 打开状态栏中的"对象捕捉"按钮和"对象捕捉追踪"按钮，将"细实线"层设置为当前层。分别单击"绘图"面板中的"圆弧"按钮，利用"圆弧"命令在"任意方法表面粗糙度基本符号"的两侧绘制两个圆弧（相当于括号）。

```
命令:_arc
圆弧创建方向:逆时针(按住〈Ctrl〉键可切换方向)
指定圆弧的起点或 [圆心(C)]:5✓　(将光标移到任意加工方法表面粗糙度基本符号的尖点
处,出现端点捕捉标记后,向左移动光标,出现水平追踪轨迹后输入追踪距离5,按〈Enter〉键)
指定圆弧的第二个点或 [圆心(C)/端点(E)]:@ -1,7.5✓　　(输入圆弧的第二点相对于第
一点的坐标,按〈Enter〉键)
指定圆弧的端点:@1,7.5✓　　(输入圆弧的第三点相对于第二点的坐标,按〈Enter〉键)
```

调整片大多数表面粗糙度标注结果如图 4-15 所示。

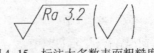

图 4-15　标注大多数表面粗糙度

七、输入技术要求

1. 将"文字"层设置为当前层,将"汉字样式"设置为当前样式,利用"多行文字"命令输入技术要求。

命令:_mtext　　　（单击"注释"面板中的"多行文字"**A**按钮）
当前文字样式:"汉字样式"　文字高度:　5　注释性:　否
指定第一角点:　（在标题栏上方适当位置单击）
指定对角点或〔高度(H)/对正(J)/行距(L)/旋转(R)/样式(S)/宽度(W)〕　　　（向右上方移动光标,拖出一个矩形窗口,在适当位置单击）

2. 弹出如图4-16所示的"文字编辑器"对话框,用仿宋体输入"技术要求　发黑",其中"技术要求"4个字的高度设置为7。单击"关闭文字编辑器"按钮,即可将技术要求输入到零件图中。

图4-16　利用"文字格式"对话框输入技术要求

八、填写零件图标题栏

1. 关闭状态栏中的"对象捕捉"□按钮,单击"注释"面板中的"单行文字"**A**按钮,在零件图标题栏中输入零件名称"调整片"。

2. 将"字母和数字样式"设置为当前样式,单击"单行文字"**A**按钮,在标题栏中输入比例"4:1"、材料"45"。

3. 单击"文字"面板中的"缩放"按钮,利用"文字缩放"命令将"调整片"3个字和材料名称"45"的高度放大为7。

4. 单击"修改"面板中的"移动"按钮,调整输入的文字在标题栏中的位置。

5. 单击标题栏中的"保存"按钮,保存绘制的零件图。

完成绘制调整片。

4.2　套圈

套圈在蜗轮减速箱中的作用是装配在锥齿轮轴的两个轴承之间,限定两个轴承的轴向距离,从而使锥齿轮轴平稳转动。

套圈零件图是用4:1的比例绘制在A4图纸上,如图4-17所示。由于套圈零件图与调整片零件图非常相似,所以这里不再介绍绘图过程,仅给出零件图供参考。

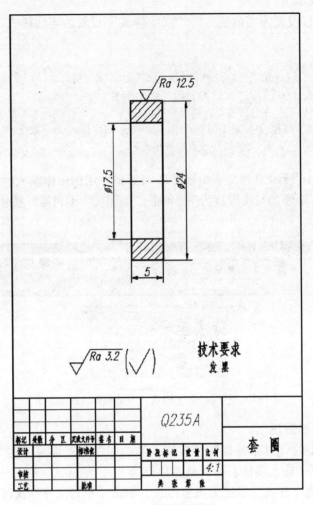

图 4-17 套圈零件图

4.3 挡圈

挡圈在蜗轮减速箱中的作用是装配在锥齿轮轴上，固定锥齿轮轴的位置。

挡圈零件图是用 4∶1 的比例绘制在 A4 图纸上，如图 4-18 所示。

绘图步骤

一、绘制视图

1. 单击标题栏中的"打开" 📂 按钮，在弹出的"选择文件"对话框的"文件类型"下拉列表框中将文件类型设置为"图形样板（∗.dwt）"，在"样板"显示框中选择"A4 样板"，单击"打开"按钮。

2. 单击标题栏中的"另存为" 💾 按钮，创建文件"挡圈.dwg"。

3. 打开状态栏中的"正交" ∟ 按钮和"对象捕捉" 🔲 按钮，将"粗实线"层设置为当前层，利用"直线"命令绘制主视图上半部分的外轮廓线。

44

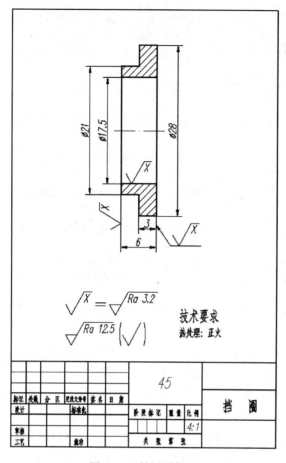

图4-18 挡圈零件图

命令：_line （单击"绘图"面板中的"直线" ✏ 按钮）
指定第一点：（在适当位置单击）
指定下一点或［放弃(U)］:10.5↙ （向上移动光标,输入垂直线的长度10.5,按〈Enter〉键）
指定下一点或［放弃(U)］:3↙ （向右移动光标,输入水平线的长度3,按〈Enter〉键）
指定下一点或［闭合(C)/放弃(U)］:3.5↙ （向上移动光标,输入垂直线的长度3.5,按〈Enter〉键）
指定下一点或［闭合(C)/放弃(U)］:3↙ （向右移动光标,输入水平线的长度3,按〈Enter〉键）
指定下一点或［放弃(U)］:14↙ （向下移动光标,输入垂直线的长度14,按〈Enter〉键）
指定下一点或［放弃(U)］:↙ （按〈Enter〉键,结束"直线"命令）

4. 在命令行输入 Z 按〈Enter〉键，再输入 W 按〈Enter〉键，利用"窗口缩放"命令将图形放大显示。

5. 将"点画线"层设置为当前层，利用"直线"命令、对象捕捉模式和对象捕捉追踪模式绘制轴线。

6. 单击"图层"面板中的"上一个" ✏ 按钮，"粗实线"层被设置为当前层，利用"直线"命令绘制内轮廓线，如图4-19所示。

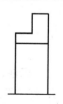

图4-19 绘制轮廓线和轴线

命令:_line	(单击"绘图"面板中的"直线" /按钮)
指定第一点:tt↙	(输入 tt 按〈Enter〉键,利用"临时追踪点捕捉"指定点的位置)
指定临时对象追踪点:	(捕捉左侧垂直线的下端点为临时追踪点)
指定第一点:8.75↙	(上移光标,输入追踪距离 8.75,按〈Enter〉键)
指定下一点或 [放弃(U)]:	(向右移动光标,在对边上捕捉垂足)
指定下一点或 [放弃(U)]:↙	(按〈Enter〉键,结束"直线"命令)

7. 利用"镜像"命令镜像出下半部分对称图形,如图 4-20 所示。

命令:_mirror	(单击"修改"面板中的"镜像" △ 按钮)
选择对象:	
指定对角点:	(用虚线拾取窗口选择上半部分轮廓线为镜像对象)
找到 6 个	
选择对象:↙	(按〈Enter〉键,结束选择镜像对象)
指定镜像线的第一点:	(捕捉轴线的左端点)
指定镜像线的第二点:	(捕捉轴线的右端点)
是否删除源对象?[是(Y)/否(N)] <N>:↙ (按〈Enter〉键,不删除源对象,并结束"镜像"命令)

8. 在命令行输入 Z 按〈Enter〉键,输入 P 按〈Enter〉键,利用"缩放上一个"命令返回到上一个显示窗口。

9. 单击"修改"面板中的"缩放" 按钮,将图形放大 4 倍。

10. 单击"修改"面板中的"移动" 按钮,调整放大后的图形的位置。

11. 将"细实线"层设置为当前层,单击"绘图"面板中"图案填充" 按钮,弹出"图案填充创建"选项卡。在"图案"选项组中选择 ANSI31 选项,在"特性"选项组的"角度"文本框中输入 0,在"比例"文本框中输入 1。在视图需要填充的区域内单击,然后按〈Enter〉键,或单击"图案填充创建"选项卡中的"关闭图案填充创建"按钮,即可完成图案填充,如图 4-21 所示。

图 4-20　镜像结果

图 4-21　图案填充

二、标注尺寸

1. 将"标注"层设置为当前层,将"线性直径标注样式"的测量比例因子修改为 0.25,利用该样式可以标注出直径尺寸 $\phi 17.5$、$\phi 21$ 和 $\phi 28$。

2. 将"机械标注样式"的测量比例因子修改为 0.25,利用该样式可以标注出长度尺寸 3 和 6,如图 4-22 所示。

3. 利用"等距标注"命令，将直径尺寸 φ17.5 与 φ21、长度尺寸 3 与 6 的间距调整为 12，如图 4-23 所示，请注意该图中的尺寸间距与图 4-22 中的不同。

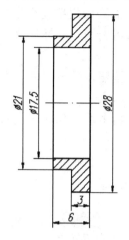

图 4-22 标注尺寸   图 4-23 调整标注间距

命令：_DIMSPACE   （单击"标注"面板中的"等距标注"按钮）
选择基准标注：   （单击直径尺寸 φ17.5）
选择要产生间距的标注：   （单击直径尺寸 φ21）
找到 1 个
选择要产生间距的标注：↙   （按〈Enter〉键，结束选择要产生间距的标注）
输入值或［自动（A）］<自动>:12↙（输入间距值 12，按〈Enter〉键）

三、标注左端面粗糙度

在直径为 φ17.5 最低素线上标注表面粗糙度的方法与在调整片视图上标注表面粗糙度的方法相同，不再赘述。

在左端面标注表面粗糙度，需要将表面粗糙度符号旋转 90°，操作步骤如下。

单击"块"面板中的"插入"按钮，在弹出的下拉列表中选择"更多选项"，弹出"插入"对话框，单击"浏览"按钮，在弹出的"选择图形文件"对话框中，打开保存的"简化标注粗糙度符号"块，勾选"统一比例"复选框，在"比例"文本框中输入 1，"角度"文本框中的 90 保留不变，如图 4-24 所示，单击"确定"按钮。

图 4-24 在"插入"对话框中设置插入比例

在绘图区捕捉尺寸 6 的左尺寸界线的中点，弹出"编辑属性"对话框中，保留属性文本框中的设置不变，单击"确定"按钮，即可标注出左端面的表面粗糙度。

四、利用"多重引线"命令标注表面粗糙度

按照国家标准的规定，表面粗糙度符号处于表面轮廓线左方和上方时（不包括30°禁区内），可以直接标注在轮廓线或轮廓线的延长线上。而表面粗糙度符号处于表面轮廓线右方和下方时（包括30°禁区内），则应标注在轮廓线的指引线上。标注这类粗糙度，可以利用"多重引线"命令标注，操作步骤如下。

1. 单击"注释"面板中的"多重引线样式" 按钮，弹出"多重引线样式管理器"对话框，如图4-25所示。

2. 单击对话框中的"新建"按钮，弹出"创建新多重引线样式"对话框，在"新样式名"文本框中输入"我的引线"，如图4-26所示。

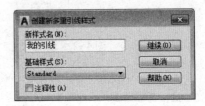

图4-25 "多重引线样式管理器"对话框　　　　图4-26 "创建新多重引线样式"对话框

3. 单击对话框中的"继续"按钮，弹出"修改多重引线样式"对话框，打开"引线格式"选项卡，在"箭头"选项组的"大小"文本框中输入4，其他保留默认设置不变，如图4-27a所示。

4. 打开"引线结构"选项卡，选中"最大引线点数"复选框，并在其后的文本框中输入"3"，其他保留默认设置不变，如图4-27b所示。

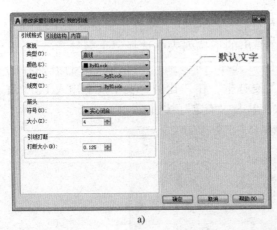
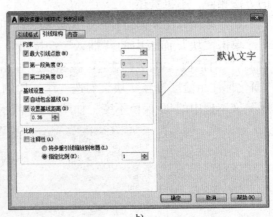

a)　　　　　　　　　　　　　　　　　　b)

图4-27 "修改多重引线样式"对话框
a)"引线格式"选项卡　b)"引线结构"选项卡

5. 打开"内容"选项卡，在"多重引线类型"下拉列表中选择"块"选项，在"源块"下拉列表中选择"用户块"选项，弹出"选择自定义内容块"对话框，在其下拉列表中选择"简化标注粗糙度符号"选项，如图4-28所示，单击"选择自定义内容块"对话框

中的"确定"按钮，返回"修改多重引线样式"对话框在"内容"选项卡的"附着"下拉列表中选择"插入点"选项，该选项卡的设置如图4-29所示。

图4-28 "选择自定义内容块"对话框

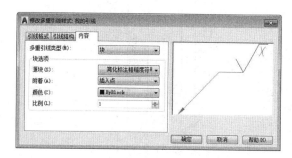

图4-29 设置"内容"选项卡

6. 单击"注释"面板中的"引线" 按钮，利用"多重引线"命令标注挡圈右端面表面粗糙度。

```
命令:_mleader
指定引线箭头的位置或 [引线基线优先(L)/内容优先(C)/选项(O)]<选项>：    (利用对象
捕捉追踪或临时对象追踪点在挡圈右端面轮廓线适当位置单击)
指定下一点：    (向右下方移动光标,在适当位置单击)
指定引线基线的位置:@5,0↙    (输入第三点相对于第二点的相对坐标,按〈Enter〉键)
```

指定多重引线的第三点后，弹出"编辑属性"对话框，保留属性X不变，单击"确定"按钮。

7. 单击"绘图"面板中的"直线"按钮 ，过多重引线的第三点向右绘制长度为15的水平辅助线。

在挡圈视图上标注表面粗糙度的结果如图4-30所示。

五、标注简化表面粗糙度符号说明

标注简化表面粗糙度符号需要在零件图下方进行说明，操作步骤如下。

1. 单击"修改"面板中的"复制"按钮 ，利用"复制"命令将属性为"X"的简化标注表面粗糙度符号复制到零件图下方适当位置。

2. 单击"块"面板中的"插入" 按钮，在弹出的下拉菜单中选择"更多选项"，利用"插入"命令插入"简化标注粗糙度符号"块，旋转角度为0°。利用对象捕捉追踪将插入点指定在复制出的简化标注粗糙度符号尖点的正右方30处，属性Ra设置为Ra 3.2。

3. 将"标注"层设置为当前层，单击"绘图"面板中的"直线"按钮 ，利用"直线"命令在以上两个粗糙度符号之间适当位置绘制长度为7的水平线。

4. 单击"修改"面板中的"偏移"按钮 ，利用"偏移"命令偏移出另一条水平线，两条直线的距离为2，以上操作的结果如图4-31所示。

5. 标注大多数表面粗糙度的方法和调整片零件图相同，不再重复。

6. 输入技术要求和填写标题栏的方法和调整片零件图相同，不再重复。

7. 单击"标准"面板中的"保存" 按钮，保存绘制的零件图。

完成绘制挡圈。

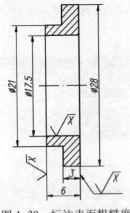

图 4-30 标注表面粗糙度   图 4-31 简化表面粗糙度符号说明

4.4 压盖

压盖在蜗轮减速箱中的作用是装配在蜗轮轴的前端，通过旋转蜗轮轴前轴承盖上的紧定螺钉来推动压盖，实现对蜗轮轴位置的调整和固定。

压盖零件图是用 4:1 的比例绘制在 A4 图纸上，如图 4-32 所示。

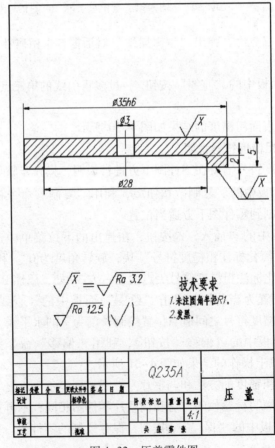

图 4-32 压盖零件图

50

绘图步骤

一、绘制视图

绘图步骤如下。

1. 打开 A4 样板图形。

2. 单击标题栏中的"另存为" 📄 按钮，创建文件"压盖.dwg"。

3. 将"粗实线"层设置为当前层，利用"矩形"命令绘制主视图外轮廓线。

> 命令:_rectang　（单击"绘图"面板中的"矩形"□按钮）
> 指定第一个角点或[倒角(C)/标高(E)/圆角(F)/厚度(T)/宽度(W)]:（在适当位置单击）
> 指定另一个角点或[面积(A)/尺寸(D)/旋转(R)]:@35,5↙　（输入另一角点相对于第一角点的坐标,按〈Enter〉键）

4. 在命令行输入 Z 按〈Enter〉键，再输入 W 按〈Enter〉键，利用"窗口缩放"命令将矩形放大显示。

5. 将"点画线"层设置为当前层，打开状态栏中的"对象捕捉" □ 按钮和"对象捕捉追踪" ∠ 按钮。利用"直线"命令和对象捕捉模式和对象捕捉追踪模式绘制压盖的轴线。

6. 单击"图层"面板中的"上一个图层" 📄 按钮，将"粗实线"层设置为当前层，打开状态栏中的"正交" ∟ 按钮，利用"直线"命令绘制 $\phi28$ 的内孔轮廓线，如图 4-33 所示。

> 命令:_line　（单击"绘图"面板中的"直线"╱按钮）
> 指定第一点:　（单击"对象捕捉"面板中的"临时追踪点捕捉" ⌐ 按钮）
> _tt 指定临时对象追踪点:　（捕捉矩形的下方水平边的中点为临时追踪点）
> 指定第一点:14↙　（向左移动光标,输入追踪距离14,按〈Enter〉键）
> 指定下一点或[放弃(U)]:2↙　（向上移动光标,输入垂直线的长度2,按〈Enter〉键）
> 指定下一点或[放弃(U)]:28↙　（向右移动光标,输入水平线的长度28,按〈Enter〉键）
> 指定下一点或[放弃(U)]:　（向下移动光标,在矩形的下方水平边上捕捉垂足）
> 指定下一点或[放弃(U)]:↙　（按〈Enter〉键,结束"直线"命令）

7. 利用"圆角"命令绘制内孔圆角，如图 4-34 所示。

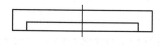

图 4-33　绘制轮廓线和轴线

图 4-34　绘制圆角

> 命令:_fillet　（单击"修改"面板中的"圆角" ╱ 按钮）
> 当前设置:模式=修剪,半径=0.0000
> 选择第一个对象或[放弃(U)/多段线(P)/半径(R)/修剪(T)/多个(M)]:r↙　（输入r按〈Enter〉键,选择"半径"选项）
> 指定圆角半径<0.0000>:1↙　（输入圆半径1,按〈Enter〉键）
> 选择第一个对象或[放弃(U)/多段线(P)/半径(R)/修剪(T)/多个(M)]:m↙　（输入m按〈Enter〉键,选择"多个"选项）
> 选择第一个对象或[放弃(U)/多段线(P)/半径(R)/修剪(T)/多个(M)]:（单击内孔垂直轮廓线）

选择第二个对象,或按住〈Shift〉键选择要应用角点的对象: （单击内孔水平轮廓线）

选择第一个对象或［放弃(U)/多段线(P)/半径(R)/修剪(T)/多个(M)］:（单击内孔另一条垂直轮廓线）

选择第二个对象,或按住〈Shift〉键选择要应用角点的对象: （单击内孔水平轮廓线）

选择第一个对象或［放弃(U)/多段线(P)/半径(R)/修剪(T)/多个(M)］:↙ （按〈Enter〉键,结束"圆角"命令）

8. 利用对称偏移压盖的轴线，偏移距离为 1.5，如图 4-35 所示。

命令:_offset （单击"修改"面板中的"偏移"⚌按钮）

当前设置:删除源=否 图层=源 OFFSETGAPTYPE=0

指定偏移距离或［通过(T)/删除(E)/图层(L)］<通过>:1.5↙（输入偏移距离1.5,按〈Enter〉键）

选择要偏移的对象,或［退出(E)/放弃(U)］<退出>: （单击轴线）

指定要偏移的那一侧上的点,或［退出(E)/多个(M)/放弃(U)］<退出>:（在轴线左侧单击）

选择要偏移的对象,或［退出(E)/放弃(U)］<退出>: （单击轴线）

指定要偏移的那一侧上的点,或［退出(E)/多个(M)/放弃(U)］<退出>:（在轴线右侧单击）

选择要偏移的对象,或［退出(E)/放弃(U)］<退出>:↙（按〈Enter〉键,结束"偏移"命令）

9. 单击"图层"面板中的"匹配"⚌按钮，利用"图层匹配"命令将两条偏移出来的点画线变为粗实线。

10. 单击"修改"面板中的"修剪"⚌按钮，以矩形和 φ28 的内孔的水平轮廓线为修剪边界，修剪这两条粗实线，结果如图 4-36 所示。

 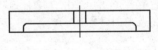

图 4-35　偏移轴线　　　　　　　　　图 4-36　修剪结果

12. 单击"标准"面板中的"上一个"⚌按钮，回到上一个显示窗口。

13. 单击"修改"面板中的"缩放"⚌按钮，将视图放大 4 倍。

14. 单击"修改"面板中的"移动"⚌按钮，调整放大后的图形的位置。

15. 单击"绘图"面板中"图案填充"⚌按钮，弹出"图案填充创建"选项卡。在"图案"选项栏中选择 ANSI31 选项，在"特性"选项栏的"角度"文本框中输入 0，在"比例"文本框中输入 1。在视图需要填充的区域内单击后按〈Enter〉键，或单击"图案填充创建"选项卡中的"关闭图案填充创建"按钮，即可完成图案填充，如图 4-37 所示。

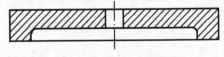

图 4-37　放大视图后图案填充

二、标注尺寸

1. 将"标注"层设置为当前层，将"线性直径标注样式"的测量比例因子修改为0.25，利用该样式可以标注出尺寸 φ28、φ3。

2. 标注尺寸 φ35h6，需要利用"线性标注"命令中的"文字"选项添加前缀和后缀。

命令:_dimlinear （单击"注释"面板中的"线性标注"⊢按钮）
指定第一条延伸线原点或＜选择对象＞:（捕捉矩形的左上角点）
指定第二条延伸线线原点: （捕捉矩形的右上角点）
指定尺寸线位置或［多行文字(M)/文字(T)/角度(A)/水平(H)/垂直(V)/旋转(R)］:t↙
（输入"t",按〈Enter〉键,选择"文字"选项）
输入标注文字＜35＞:％％C35h6 （输入新的尺寸文字,按〈Enter〉键）
指定尺寸线位置或［多行文字(M)/文字(T)/角度(A)/水平(H)/垂直(V)/旋转(R)］: （在适
当位置单击）
标注文字 = 35

3. 将 "机械标注样式" 的测量比例因子修改为 0.25，利用该样式可以标注出高度尺寸 2 和 5。

4. 单击 "标注" 面板中的 "等距标注" ⊞按钮，利用 "等距标注" 命令，将尺寸 φ3 与 φ35h6、高度尺寸 2 与 5 的间距调整为 12，如图 4-38 所示。

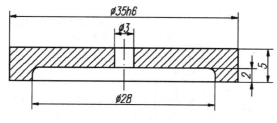

图 4-38　标注尺寸

三、完成绘图

1. 利用 "插入" 命令标注压盖上表面粗糙度。
2. 利用 "多重引线" 命令标注压盖底面粗糙度。
3. 标注大多数表面粗糙度的方法和调整片零件图相同。
4. 输入技术要求，填写标题栏。
5. 单击 "标准" 面板中的 "保存" 🖫按钮，保存绘制的零件图。
完成绘制压盖。

4.5　加油孔盖

加油孔盖在蜗轮减速箱中的作用是封住箱盖上的加油孔，其装配方式是用螺钉固定在箱盖的加油孔凸台上，下面加纸质封油垫片。

加油孔盖零件图是用 2:1 的比例绘制在 A4 图纸上，如图 4-39 所示。

绘图步骤

一、绘制视图

1. 打开 A4 样板图形。

2. 单击界面左上角的浏览器按钮，在弹出的菜单中选择 "另存为" 选项，创建文件 "加油孔盖.dwg"。

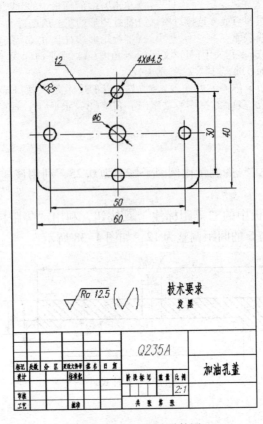

图 4-39　加油孔盖零件图

3. 将"粗实线"层设置为当前层，利用"矩形"命令绘制轮廓线。

命令:_rectang　　（单击"绘图"面板中的"矩形"□按钮）
指定第一个角点或［倒角(C)/标高(E)/圆角(F)/厚度(T)/宽度(W)］:f↙（输入 f 按〈Enter〉键,选择"圆角"选项）
指定矩形的圆角半径 < 0.0000 > :5↙　　　（输入圆角半径 5,按〈Enter〉键）
指定第一个角点或［倒角(C)/标高(E)/圆角(F)/厚度(T)/宽度(W)］:（在适当位置单击）
指定另一个角点或［面积(A)/尺寸(D)/旋转(R)］:@60 , 40↙（输入另一角点相对于第一角点的坐标）

4. 在命令行输入 Z 按〈Enter〉键，再输入 W 按〈Enter〉键，利用"窗口缩放"命令将轮廓线放大显示。

5. 将"点画线"层设置为当前层，打开状态栏中的"对象捕捉"□按钮和"对象捕捉追踪"∠按钮，利用"直线"命令、对象捕捉模式和对象捕捉追踪模式绘制视图的两条对称点画线。

6. 单击"图层"面板中的"上一个图层"按钮，将"粗实线"层设置为当前层，单击"绘图"面板中的"圆"◎按钮，捕捉点画线的交点为圆心，绘制 $\phi6$ 的圆，如图 4-40 所示。

7. 单击"修改"面板中的"偏移"按钮，对称偏移垂直点画线，偏移距离为25。重

54

复"偏移"命令，对称偏移水平点画线，偏移距离为15。

8. 单击"绘图"面板中的"圆" ⊘ 按钮，捕捉偏移出来的垂直点画线与视图的水平对称点画线的交点为圆心，绘制 ϕ4.5 的圆，如图4-41所示。

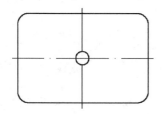

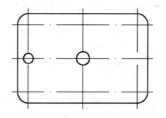

图4-40　绘制矩形、点画线和圆　　　　　图4-41　偏移点画线、绘制圆

9. 利用"复制"命令复制 ϕ4.5 的圆，如图4-42所示。

命令：_copy　　　（单击"修改"面板中的"复制" °° 按钮）
选择对象：　　　（单击 ϕ4.5 的圆）
找到 1 个
选择对象：✓　　（按〈Enter〉键，结束选择复制对象）
当前设置：　复制模式＝多个
指定基点或［位移（D）/模式（O）］＜位移＞：　　（捕捉 ϕ4.5 的圆的圆心）
指定第二个点或＜使用第一个点作为位移＞：　　（捕捉另一条偏移出来的垂直点画线与视图的水平对称点画线的交点）
指定第二个点或［退出（E）/放弃（U）］＜退出＞：　　（捕捉偏移出来的水平点画线与视图的垂直对称点画线的交点）
指定第二个点或［退出（E）/放弃（U）］＜退出＞：　　（捕捉另一条偏移出来的水平点画线与视图的垂直对称点画线的交点）
指定第二个点或［退出（E）/放弃（U）］＜退出＞：✓（按〈Enter〉键，结束"复制"命令）

10. 单击"修改"面板中的"拉长" ↗ 按钮，输入 dy 后按〈Enter〉键，选择"动态"选项，分别单击4条偏移出来的点画线的端点，调整其长度，调整后的点画线超出圆周约2，如图4-43所示。

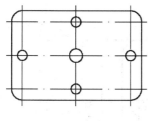

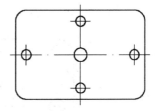

图4-42　复制圆　　　　　　　　图4-43　调整点画线的长度

11. 在命令行输入 Z 按〈Enter〉键，输入 P 按〈Enter〉键，利用"缩放上一个"命令返回到上一个显示窗口。

12. 单击"修改"面板中的"缩放" ▤ 按钮，将视图放大两倍。

13. 单击"修改"面板中的"移动" ✛ 按钮，调整放大后的图形位置。

二、标注尺寸

1. 将"标注"层设置为当前层，分别将"机械标注样式"和"径向标注补充样式"的测量比例因子修改为 0.5。

2. 单击"注释"面板中的"线性标注"⊢按钮，利用"线性标注"命令可标注出尺寸 30、40、50 和 60。

3. 利用"直径标注"命令标注尺寸 4×φ4.5。

命令:_dimdiameter　　（单击"标注"面板中的"直径标注"◎按钮）
选择圆弧或圆:　　（单击 φ4.5 的圆）
标注文字 =4.5
指定尺寸线位置或［多行文字（M）/文字（T）/角度（A）］:t↙　　（输入 t 按〈Enter〉键,选择"文字"选项）
输入标注文字 <4.5>:4X%%C4.5↙　　　　　　　（输入尺寸文字,按〈Enter〉键）
指定尺寸线位置或［多行文字（M）/文字（T）/角度（A）］:　　（在视图外适当位置单击）

4. 重复"直径标注"命令，标注尺寸 φ6。

命令:_dimdiameter　　（单击"注释"面板中的"直径标注"◎按钮）
选择圆弧或圆:　　（单击 φ6 的圆）
标注文字 =6
指定尺寸线位置或［多行文字（M）/文字（T）/角度（A）］:　　（在视图内适当位置单击）

5. 将"径向标注补充样式"设置为当前样式，利用"半径标注"命令标注半径尺寸 R5。

命令:_dimradius　　（单击"注释"面板中的"半径标注"◎按钮）
选择圆弧或圆:　　（单击矩形左上方圆角弧）
标注文字 =5
指定尺寸线位置或［多行文字（M）/文字（T）/角度（A）］:　　（在圆弧内单击）

6. 单击"标注"面板中的"等距标注"🔢按钮，利用"等距标注"命令，将尺寸 50 与 60、尺寸 30 与 40 的间距调整为 12，如图 4-44 所示。

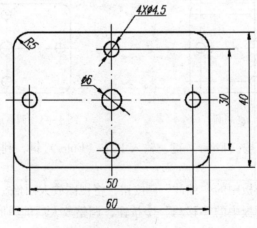

图 4-44　标注尺寸

三、利用引线标注命令厚度

1. 单击"注释"面板中的"多重引线样式" 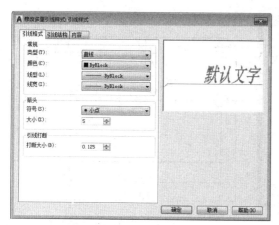按钮，弹出"多重引线样式管理器"对话框。单击"新建"按钮，弹出"创建新多重引线样式"对话框，在"新样式名"文本框中输入"引线样式"。

2. 单击"继续"按钮，系统弹出"修改多重引线样式"对话框，打开"引线样式"选项卡，在"箭头"选项组的"符号"下拉列表中选择"小点"选项，在"大小"文本框中输入"5"，其他选项保留默认设置，如图4-45所示。

3. 打开"引线结构"选项卡，在"设置基线距离"文本框中输入2，即水平引线的长度为2mm，其他选项保留默认设置，如图4-46所示。

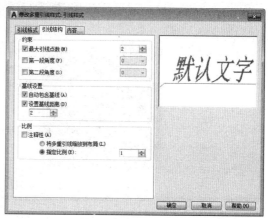

图4-45　设置"引线样式"选项卡　　　　图4-46　设置"引线结构"选项卡

4. 打开"内容"选项卡，在"文字样式"下拉列表中选择"字母和数字样式"，在"连接位置－左"和"连接位置－右"下拉列表中均选择"最后一行加下划线"选项，其他选项保留默认设置，如图4-47所示。

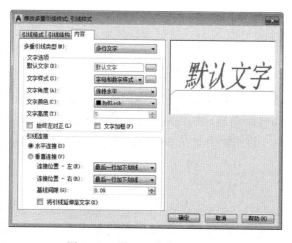

图4-47　设置"内容"选项卡

5. 单击"确定"按钮，回到"多重引线样式管理器"对话框，在"样式"列表中显示出创建的"引线样式"，如图4-48所示。单击"置为当前"按钮，将"引线样式"设置为当前样式。

    6. 利用"多重引线"命令标注厚度。

> 命令：_mleader　　　　（单击"标注"面板中的"引线" 按钮）
> 指定引线箭头的位置或［引线基线优先(L)/内容优先(C)/选项(O)］＜选项＞：（在视图内适当位置单击）
> 指定引线基线的位置：　　（在视图外适当位置单击）

    在弹出的"文本格式"对话框中输入"t2"，单击"确定"按钮，即可标注出厚度，如图4-49所示。

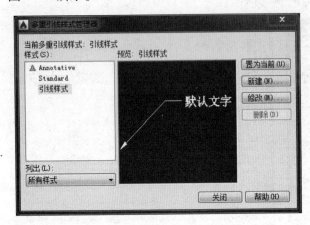

图4-48　"多重引线样式管理器"对话框　　　　图4-49　标注薄板类零件的厚度

四、完成绘图

1. 在标题栏上方标注所有表面粗糙度。

2. 输入技术要求，填写标题栏。

3. 单击"标准"面板中的"保存" 按钮，保存绘制的零件图。

完成绘制加油孔盖。

4.6　通气器

    通气器焊接在加油孔盖上，作用是使箱体内因蜗轮减速箱运转而产生的热涨气体能够自由逸出，避免箱体内气压过高而造成蜗轮减速箱密封处渗漏。

    通气器零件图是用4∶1的比例绘制在A4图纸上，如图4-50所示。

绘图步骤

一、绘制视图

1. 打开A4样板图形。

2. 单击界面左上角的浏览器按钮，在弹出的菜单中选择"另存为"选项，创建文件"通气器.dwg"。

3. 打开状态栏"正交" 按钮、"对象捕捉" 按钮和"对象捕捉追踪" 按钮，将"粗实线"层设置为当前层，利用"矩形"命令绘制轮廓线。

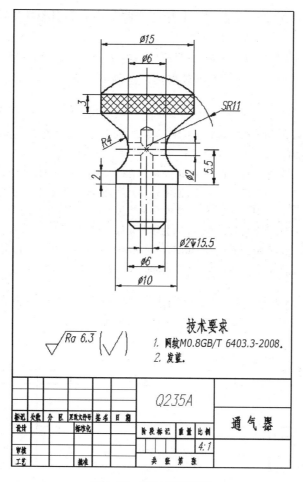

1. 网纹M0.8GB/T 6403.3-2008.
2. 发蓝.

√ Ra 6.3 (√)

						Q235A		通气器
标记	处数	分区	更改文件号	签字	日期			
设计			标准化			阶段标记	重量	比例
审核								4:1
工艺			批准			共 张 第 张		

图4-50　通气器零件图

命令:_rectang　　（单击"绘图"面板中的"矩形"□按钮）
指定第一个角点或［倒角(C)/标高(E)/圆角(F)/厚度(T)/宽度(W)］:　（在适当位置单击）
指定另一个角点或［面积(A)/尺寸(D)/旋转(R)］:@15, 3✓　　　（输入另一角点相对
于第一角点的坐标,按〈Enter〉键）

4. 在命令行输入 Z 按〈Enter〉键,输入 W 按〈Enter〉键,利用"窗口缩放"命令将矩形放大显示。

5. 单击"绘图"面板→"圆"下拉菜单→"起点、端点、半径"╭按钮,绘制视图上方球面的轮廓线。请注意,圆弧是从起点到端点按逆时针方向绘制。

命令:_arc
指定圆弧的起点或［圆心(C)］:　　　（捕捉矩形的右上角点）
指定圆弧的第二个点或［圆心(C)/端点(E)］:_e
指定圆弧的端点:　　　（捕捉矩形的左上角点）
指定圆弧的圆心或［角度(A)/方向(D)/半径(R)］:_r
指定圆弧的半径:11✓　　　（输入圆弧的半径11,按〈Enter〉键）

6. 将"点画线"层设置为当前层，利用"直线"命令和对象捕捉绘制视图的对称点画线，即通气器的轴线。

7. 单击"图层"面板中的"上一个图层" 按钮，将"粗实线"层设置为当前层，利用"直线"命令连续绘制下半部分左侧轮廓线。绘制的图形如图4-51所示。

```
命令:_line              (单击"绘图"面板中的"直线"  按钮)
指定第一点:24✓          (将光标移到圆弧的中点处,出现中点捕捉标记后向下光标,出现追踪轨
                        迹后,输入追踪距离24,按〈Enter〉键)
指定下一点或[放弃(U)]:3✓  (向左移动光标,输入水平线的长度3,按〈Enter〉键)
指定下一点或[放弃(U)]:7✓  (向上移动光标,输入垂直线的长度7,按〈Enter〉键)
指定下一点或[放弃(U)]:2✓  (向左移动光标,输入水平线的长度2,按〈Enter〉键)
指定下一点或[放弃(U)]:2✓  (向上移动光标,输入垂直线的长度2,按〈Enter〉键)
指定下一点或[放弃(U)]:    (向右移动光标,在点画线上捕捉垂足)
指定下一点或[放弃(U)]:✓   (按〈Enter〉键,结束"直线"命令)
```

8. 重复"直线"命令，过端点A绘制水平线，水平线的端点为在点画线上捕捉的垂足。重复直线命令，过端点A绘制一条垂直辅助线，如图4-52所示。

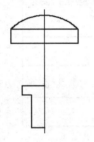
图4-51 绘制轮廓线

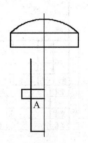
图4-52 绘制轮廓线和辅助线

9. 单击"修改"面板中的"偏移" 按钮，偏移垂直辅助线，偏移的距离为4。

10. 单击"绘图"面板中的"圆" 按钮，以端点B为圆心，绘制 $R4$ 的辅助圆，如图4-53所示。

11. 重复"圆"命令，以辅助圆与偏移出的垂直线的交点为圆心，绘制 $R4$ 的轮廓线圆。

12. 单击"绘图"面板中的"直线" 按钮，利用切点捕捉过端点C绘制圆的切线，如图4-54所示。

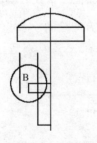
图4-53 偏移辅助线，绘制辅助圆

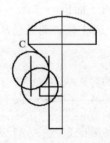
图4-54 绘制圆的切线

13. 单击"修改"面板中的"删除" ✐ 按钮，删除辅助线。

14. 单击"修改"面板中的"修剪" ✄ 按钮，修剪轮廓线圆，如图 4-55 所示。

15. 单击"修改"面板中的"倒角" ◁ 按钮，绘制下方倒角。

命令:_chamfer
("修剪"模式)当前倒角距离 1 = 0.0000,距离 2 = 0.0000
选择第一条直线或[放弃(U)/多段线(P)/距离(D)/角度(A)/修剪(T)/方式(E)/多个(M)]:d
↙   (输入 d 按〈Enter〉键,选择"距离"选项)
指定第一个倒角距离 <0.0000>:1↙   (输入第一倒角距离1,按〈Enter〉键)
指定第二个倒角距离 <1.0000>:1↙   (输入第二倒角距离1,按〈Enter〉键)
选择第一条直线或[放弃(U)/多段线(P)/距离(D)/角度(A)/修剪(T)/方式(E)/多个(M)]:
          (单击下方竖直轮廓线)
选择第二条直线,或按住〈Shift〉键选择要应用角点的直线: (单击下方水平轮廓线)

16. 利用"直线"命令过端点 D 绘制倒角轮廓线，轮廓线的另一端点是在点画线上捕捉的垂足，如图 4-56 所示。

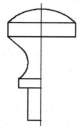

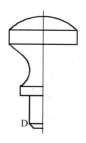

图 4-55　删除辅助线，修剪轮廓线　　　图 4-56　绘制倒角和倒角轮廓线

17. 单击"修改"面板中的"镜像" △ 按钮，镜像出右半部分对称图形，如图 4-57 所示。

18. 将"点画线"层设置为当前层，单击"绘图"面板中的"直线" ╱ 按钮，绘制视图中的水平点画线，即水平通孔的轴线，如图 4-58 所示。

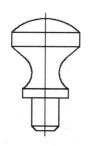

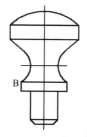

图 4-57　镜像结果　　　　　图 4-58　绘制水平点画线

命令:_line
指定第一点:3.5↙   (将光标移到端点 B 处,出现端点捕捉标记后向上光标,出现
追踪轨迹后,输入追踪距离3.5,按〈Enter〉键)
指定下一点或[放弃(U)]:10↙ (向右移动光标,输入水平点画线的长度10,按〈Enter〉键)
指定下一点或[放弃(U)]:↙   (按〈Enter〉键,结束"直线"命令)

19. 单击"修改"面板中的"偏移" ▣按钮，对称偏移两条点画线，偏移的距离为1，如图4-59所示。

20. 单击"图层"面板中的"匹配" 🔧按钮，利用"图层匹配"命令将4条偏移出来的点画线变为虚线，如图4-60所示。

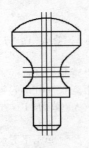

图4-59 偏移点画线

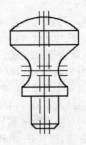

图4-60 将点画线变为虚线

21. 单击"修改"面板中的"偏移" ▣按钮，向上偏移上方水平虚线，偏移距离为2，如图4-61所示。

22. 单击"修改"面板中的"修剪" ⊹按钮，修剪虚线，结果如图4-62所示。

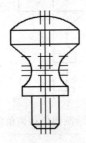

图4-61 偏移上方水平虚线

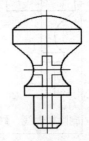

图4-62 修剪虚线

23. 将"虚线"层设置为当前层，利用"直线"命令绘制两个通孔相贯线的投影。

24. 重复"直线"命令，过左侧垂直虚线的上方端点绘制一条辅助虚线，其长度为3，倾斜角点为30°，即倾斜线两个端点的相对坐标为"@3 < 30"。

25. 重复"直线"命令，连接右侧垂直虚线的上方端点和辅助虚线与垂直点画线的交点，如图4-63所示。

26. 单击"修改"面板中的"修剪" ⊹按钮，修剪辅助虚线，得到盲孔钻角轮廓线，如图4-64所示。

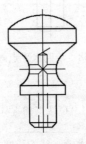

图4-63 绘制相贯线和倾斜虚线

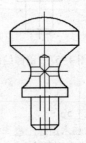

图4-64 修剪出盲孔钻角轮廓线

27. 在命令行输入 Z 按〈Enter〉键，输入 P 按〈Enter〉键，利用"缩放上一个"命令返回到上一个显示窗口。

28. 单击"修改"面板中的"缩放" 🔲 按钮，将视图放大 4 倍。

29. 单击"修改"面板中的"移动" ✛ 按钮，调整放大后的图形的位置。

30. 将"细实线层"设置为当前层，单击"绘图"面板中"图案填充" ▨ 按钮，弹出"图案填充创建"选项卡。单击"图案"面板右侧的下拉按钮，显示出 ANSI37 选项后选择该选项，在"特性"面板的"角度"文本框中输入 0，在"比例"文本框中输入 1，如图 4-65 所示。

图 4-65　设置"图案填充创建"选项卡

31. 在视图需要填充的区域内单击后按〈Enter〉键，或单击"图案填充创建"选项卡中的"关闭图案填充创建"按钮，即可完成图案填充，如图 4-66 所示。

32. 单击水平点画线，出现 3 个蓝色夹点后再双击该轴线，弹出"特性"面板，单击"线型比例"选型，将线型比例修改为 0.5。关闭"特性"面板，按〈Esc〉键，取消夹点，如图 4-67 所示。

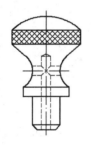
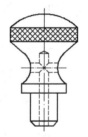

图 4-66　绘制网纹　　　　　　　图 4-67　修改线型比例

二、标注孔深尺寸

1. 将"机械标注样式"和"线性直径标注样式"标注的测量比例因子修改为 0.25。

2. 将"标注"层设置为当前层，将"线性直径标注样式"设置为当前样式，利用"线性标注"命令可以标注出零件图中所有直径尺寸，如图 4-68 所示。图中垂直孔的尺寸 $\phi2$ 与其他尺寸相交了，且应标注该孔的深度，需要编辑修改。

3. 利用"编辑标注文字"命令调整垂直孔直径尺寸文字的位置。

命令:DIMTEDIT　　（在命令行输入 DIMTEDIT 按〈Enter〉键）
选择标注:　　　　　（单击尺寸 $\phi2$）
为标注文字指定新位置或［左对齐(L)/右对齐(R)/居中(C)/默认(H)/角度(A)］:　　（向右移动光标,在适当位置单击）

4. 双击尺寸 $\phi2$，在文字编辑器中将文字输入符移到 $\phi2$ 后面，输入孔的深度 15.5。将光标移到绘图区空白处单击，结果如图 4-69 所示。

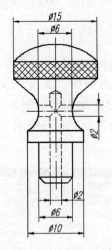

图 4-68 标注直径尺寸

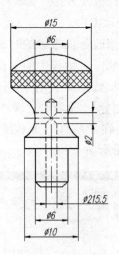

图 4-69 编辑尺寸

5. 单击"注释"面板中的"标注样式管理器" 按钮，弹出"标注样式管理器"对话框。在"样式"列表框中选中"机械标注样式"，单击"置为当前"按钮，再单击"替代"按钮，在弹出的对话框中打开"主单位"选项卡，在"后缀"文本框中输入"\ fgdt；x"，如图 4-70 所示。单击"确定"按钮，在"样式"列表框中选中"替代样式"，右击，在弹出的快捷菜单中选择"重命名"选项，将"替代样式"重新命名为"孔深标注样式"。

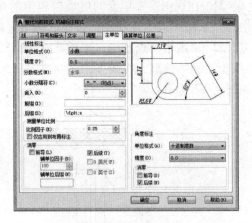

图 4-70 设置标注后缀

6. 将"孔深标注样式"设置为当前样式，单击"注释"面板中的"线性标注" 按钮，在绘图区空白处任意单击两次，标注出一个带后缀的尺寸，如图 4-71 所示。

7. 双击该尺寸，在文字编辑器"格式"下拉菜单的"倾斜角度"文本框中的 15 修改为 0，按〈Enter〉键后标注文字变正，如图 4-72 所示，单击"关闭文字编辑器"按钮。

图 4-71 添加后缀标注孔深符号　　　　　图 4-72 编辑孔深符号

8. 单击"修改"面板中的"分解" 按钮，将编辑后的尺寸分解，尺寸数字和孔深符号分离。

9. 双击标注文字，选中孔深符号，右击，在弹出的快捷菜单中选择"复制"选项。

10. 双击尺寸 $\phi 215.5$，在文字编辑器中将输入符移到 $\phi 2$ 后面，右击，在弹出的快捷菜单中选择"粘贴"选项，将孔深符号粘贴在 $\phi 2$ 和 15.5 之间。单击"关闭文字编辑器"按钮，结果如图 4-73 所示。

11. 单击"修改"面板中的"删除" 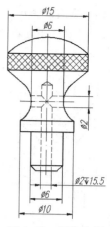按钮，将任意标注的尺寸删除。

图 4-73　标注孔深

三、标注、编辑尺寸

1. 将"机械标注样式"设置为当前样式，利用"线性标注"命令可以标注出零件图中所有高度尺寸。

2. 将"细实线"层设置为当前层，单击"绘图"面板中"圆弧"下拉菜单中的"圆心，起点，角度"按钮，绘制辅助圆弧。

```
命令:_arc
指定圆弧的起点或 [圆心(C)]:_c
指定圆弧的圆心:          (捕捉球面圆弧的圆心)
指定圆弧的起点:          (捕捉球面圆弧的右端点)
指定圆弧的端点或 [角度(A)/弦长(L)]:_a
指定包含角:-30↙        (输入包含角 -30,按〈Enter〉键)
```

3. 单击"标注"面板中的"半径标注"按钮，标注球面半径尺寸 $SR11$。

```
命令:_dimradius
选择圆弧或圆:
标注文字 =11
指定尺寸线位置或 [多行文字(M)/文字(T)/角度(A)]:t
输入标注文字 <11>:SR11↙    (输入标注文字后按〈Enter〉键)
指定尺寸线位置或 [多行文字(M)/文字(T)/角度(A)]:   (在适当位置单击)
```

4. 重复"半径标注"命令，标注半径尺寸 $R4$，标注结果如图 4-74 所示。图中高度尺寸 5.5 的尺寸界线与水平孔的直径尺寸 $\phi 2$ 相交了，需要修改。

5. 利用"分解"命令分解高度尺寸 5.5。

```
命令:_explode    (单击"修改"面板中的"分解"按钮)
选择对象:        (单击高度尺寸 5.5)
找到 1 个
选择对象:↙       (按〈Enter〉键,结束选择分解对象)
```

6. 关闭状态栏中的"对象捕捉"按钮，利用"打断"命令将高度尺寸 5.5 的上方尺寸界线打断，如图 4-75 所示。

```
命令:_break   (单击"修改"面板中的"打断"按钮)
选择对象:     (在水平孔直径尺寸线左侧单击高度尺寸 5.5 的上方尺寸界线)
指定第二个打断点 或 [第一点(F)]:(在水平孔直径尺寸线右侧单击高度尺寸 5.5 的上方尺寸界线)
```

65

四、标注倒角尺寸

1. 利用"引线标注"命令标注倒角尺寸，如图4-76所示。

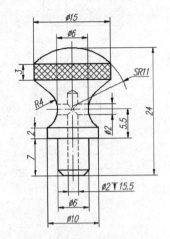

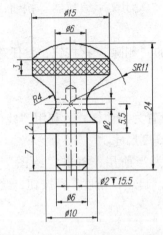

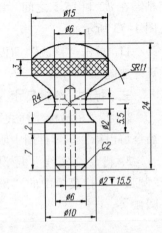

图4-74　标注高度和半径尺寸　　　图4-75　分解尺寸，打断尺寸界线　　　图4-76　标注倒角尺寸

命令：leader　　　　　　　（在命令行输入 leader 按〈Enter〉键，启动"引线标注"命令）

指定引线起点：　　　　　　（捕捉右侧倒角的上方端点）

指定下一点：　　　　　　（将光标移到向右上方右侧倒角的上方端点，向右上方移动光标，出现45°延长轨迹在适当位置单击）

指定下一点或［注释(A)/格式(F)/放弃(U)］<注释 >：@2，0↙（输入水平引线端点的相对坐标，按〈Enter〉键）

指定下一点或［注释(A)/格式(F)/放弃(U)］<注释 >：f↙（输入 f 按〈Enter〉键，选择"格式"选项）

输入引线格式选项［样条曲线(S)/直线(ST)/箭头(A)/无(N)］<退出 >：n↙（输入 n 按〈Enter〉键，选择"无"选项）

指定下一点或［注释(A)/格式(F)/放弃(U)］<注释 >：a↙（输入 a 按〈Enter〉键，选择"注释"选项）

输入注释文字的第一行或 <选项 >：C2↙　（输入注释文字 C2，按〈Enter〉键）

输入注释文字的下一行：↙　　　　　　（按〈Enter〉键，结束"引线标注"命令）

2. 在零件图标题栏上方标注所有的表面粗糙度。

3. 输入技术要求，填写标题栏。

4. 单击"标准"面板中的"保存" 按钮，保存绘制的零件图。

完成绘制通气器。

4.7　蜗杆轴右轴承盖

　　轴承盖在蜗轮减速箱中的作用是固定轴承在轴上和箱体内的位置，轴承盖和箱体之间装有垫片并用螺栓联接，以防止渗漏。

　　蜗轮减速箱中有 5 个不同的轴承盖，它们的外形大同小异，但安装位置不同则内部结构不同，即若安装在轴的中间位置，轴承盖上需要加工轴孔和毡圈孔，在毡圈孔内需要安装毡圈，以防渗漏，如蜗杆轴右轴承盖、蜗轮轴后轴承盖和锥齿轮轴承盖。若安装在轴的端部，则轴承盖上不加工轴孔，如蜗杆轴左轴承盖。蜗轮轴前轴承盖虽然安装在蜗轮轴的端部，但需要安装柱端紧定螺钉以调整蜗轮轴的工作位置，所以在轴承盖上加工了螺孔。蜗杆轴左轴承盖由于装配的需要，在端部做了切割，使端面较复杂，其零件图的绘制将在第 10 章中介绍。

蜗杆轴右轴承盖零件图是用 2.5∶1 的比例绘制在 A4 图纸上，如图 4-77 所示。

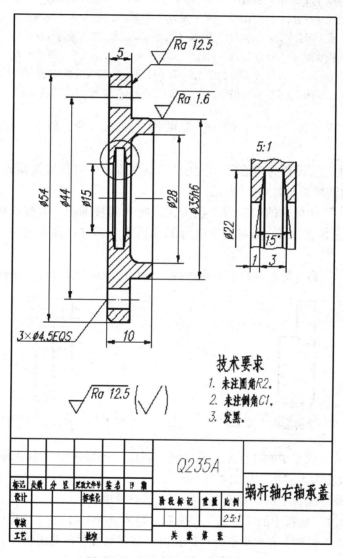

图 4-77　蜗杆轴右轴承盖零件图

绘图步骤

一、绘制主视图

1. 打开 A4 样板图形。

2. 单击标题栏中的"另存为"🖫按钮，或单击界面左上角的浏览器按钮，在弹出的菜

67

单中选择"另存为"选项，创建文件"蜗杆轴右轴承盖.dwg"。

3. 打开状态栏"正交"┗按钮、"对象捕捉"▫按钮和"对象捕捉追踪"∠按钮，将"粗实线"层设置为当前层，利用"直线"命令绘制轮廓线。

命令:_line　　（单击"绘图"面板中的"直线"✐按钮）
指定第一点:　　（在适当位置单击）
指定下一点或［放弃(U)］:27✓　　（向上移动光标，输入垂直线的长度27，按〈Enter〉键）
指定下一点或［放弃(U)］:5✓　　（向右移动光标，输入水平线的长度5，按〈Enter〉键）
指定下一点或［闭合(C)/放弃(U)］:9.5✓（向下移动光标，输入垂直线的长度9.5，按〈Enter〉键）
指定下一点或［闭合(C)/放弃(U)］:5✓（向右移动光标，输入水平线的长度5，按〈Enter〉键）
指定下一点或［闭合(C)/放弃(U)］:17.5✓（向下移动光标，输入垂直线的长度17.5，按〈Enter〉键）
指定下一点或［闭合(C)/放弃(U)］:✓　　（按〈Enter〉键，结束"直线"命令）

4. 在命令行输入Z按〈Enter〉键，输入W按〈Enter〉键，利用"窗口缩放"命令将图形放大显示

5. 将"点画线"层设置为当前层，利用"直线"命令、对象捕捉模式和对象捕捉追踪模式绘制轴承盖的轴线，如图4-78所示。

6. 单击"修改"面板中的"偏移"▣按钮，向上偏移轴线，偏移的距离为14。重复"偏移"命令，向上偏移轴线，偏移的距离为22。重复"偏移"命令向左偏移右侧垂直线，偏移的距离为5。

7. 重复"偏移"命令对称偏移上方点画线，偏移的距离为2.25，如图4-79所示。

图4-78　绘制轮廓线和轴线

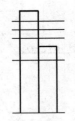

图4-79　偏移轮廓线和轴线

8. 单击"图层"面板中的"匹配"▣按钮，利用"图层匹配"命令将从上数第一、第三、第四条点画线变为粗实线，如图4-80所示。

9. 单击"修改"面板中的"修剪"✄按钮，修剪轮廓线。

10. 单击"修改"面板中的"拉长"✐按钮，输入dy按〈Enter〉键，利用"拉长"命令中的"动态"选项调整上方水平点画线的长度，该点画线是通孔的轴线。

11. 单击"修改"面板中的"圆角"▢按钮，绘制R2的圆角。

12. 单击"修改"面板中的"倒角"▢按钮，绘制两个倒角距离为1的倒角，如图4-81所示。

13. 单击"修改"面板中的"偏移"▣按钮，向上偏移轴线，偏移的距离分别为7.5和11。分别重复"偏移"命令，向左偏移大圆孔底面轮廓线，偏移的距离分别为1和4，偏移的结果如图4-82所示。

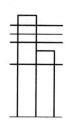

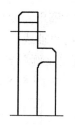

图 4-80　将点画线变为粗实线　　　　　　　图 4-81　编辑图形

14. 单击"图层"面板中的"匹配" 按钮，利用"图层匹配"命令将两条点画线变为粗实线。

15. 单击"修改"面板中的"修剪" 按钮，修剪轮廓线，如图 4-83 所示。

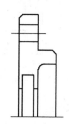

图 4-82　偏移轮廓线　　　　　　　　图 4-83　修剪轮廓线

16. 单击"标准"面板中的"窗口缩放" 按钮，将轴孔部分图形放大显示。

17. 分别单击"绘图"面板中的"直线" 按钮，过端点 A、B 绘制倾斜线 AC 和 BD，C 点相对于 A 点的坐标为@5 < 82.5，D 点相对于 B 点的坐标为@5 < 97.5，如图 4-84 所示。

18. 单击"修改"面板中的"修剪" 按钮，修剪轴孔轮廓线。

19. 分别单击"绘图"面板中的"直线" 按钮，绘制毡圈孔垂直轮廓线，轮廓线的端点为在轴线上捕捉的垂足。

20. 在命令行输入 Z 按〈Enter〉键，输入 P 按〈Enter〉键，利用"缩放上一个"命令返回到上一个显示窗口。然后在命令行输入 Z 按〈Enter〉键，输入 P 按〈Enter〉键，回到最初显示窗口，如图 4-85 所示。

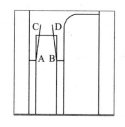

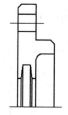

图 4-84　绘制倾斜轮廓线　　　　　　　图 4-85　绘制毡圈孔轮廓线

21. 单击"修改"面板中的"镜像" 按钮，选择主视图上半部分轮廓线和通孔的轴线为镜像对象，以轴承盖的轴线为镜像线，镜像出主视图的下半部分轮廓线。

22. 单击"修改"面板中的"缩放" 按钮，将视图放大 2.5 倍。

23. 将"细实线"层设置为当前层，单击"绘图"面板中的"圆"⊙按钮，在主视图上绘制一个细实线圆，圈出需要做局部放大的图形，如图4-86所示。

24. 分别单击小孔的轴线，即两条短点画线，出现蓝色夹点后再双击轴线，弹出"特性"面板，单击"线型比例"选型，将"线型比例"修改为0.5。关闭"特性"面板，按〈Esc〉键，取消夹点，如图4-87所示。

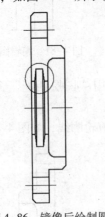 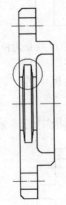

图4-86 镜像后绘制圆　　　　　图4-87 修改线型比例

二、绘制局部放大图

1. 单击"修改"面板中的"复制"❄️按钮，复制主视图中与细实线圆相交和被细实线圆包围的轮廓线，如图4-88所示。

2. 关闭状态栏中的"正交"┗️按钮和"对象捕捉"□按钮，将"细实线"层设置为当前层。单击"绘图"面板中的"样条曲线"∿按钮，绘制两条波浪线。

```
命令:_spline
指定第一个点或［对象(O)］:        (在复制的图形外单击)
指定下一点:                    (在复制的图形内单击)
指定下一点或［闭合(C)/拟合公差(F)］<起点切向>:    (在复制的图形内单击)
指定下一点或［闭合(C)/拟合公差(F)］<起点切向>:    (在复制的图形内单击)
指定下一点或［闭合(C)/拟合公差(F)］<起点切向>:    (在复制的图形内单击)
指定下一点或［闭合(C)/拟合公差(F)］<起点切向>:    (在复制的图形外单击)
指定下一点或［闭合(C)/拟合公差(F)］<起点切向>:↙    (按〈Enter〉键,结束指定通过点)
指定起点切向:↙    (光标和第一点的连线与样条曲线相切,按〈Enter〉键,不指定切向)
指定端点切向:↙    (光标和最后点的连线与样条曲线相切,按〈Enter〉键,不指定切向)
```

3. 重复"样条曲线"命令，绘制另一条波浪线，如图4-89所示。

图4-88 复制轴孔轮廓线　　　　　图4-89 绘制波浪线

4. 单击"修改"面板中的"修剪" ⊬ 按钮，修剪轮廓线和波浪线。

5. 单击"修改"面板中的"缩放" ☐ 按钮，将局部放大图放大两倍，即该图形被放大了5倍。

6. 单击"修改"面板中的"移动" ✛ 按钮，调整主视图和局部放大图的位置。

7. 单击"绘图"面板中"图案填充" ▥ 按钮，弹出"图案填充创建"选项卡。在"图案"面板中选择ANSI31选项，在"特性"面板的"角度"文本框中输入0，在"比例"文本框中输入1。在主视图和局部放大图需要填充的区域内单击后按〈Enter〉键，或单击"图案填充创建"选项卡中的"关闭图案填充创建"按钮，即可完成图案填充，如图4-90所示。

三、在局部放大图中标注尺寸和表面粗糙度

在主视图中标注尺寸和表面粗糙度的方法前面已经介绍，不再重复。标注尺寸时需要将"线性直径标注样式"和"机械标注样式"的测量比例因子修改为0.4，标注结果如图4-91所示。

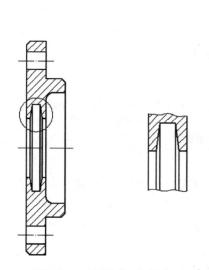

图4-90　绘制局部放大图

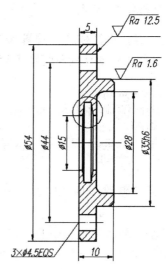

图4-91　在主视图中标注尺寸和粗糙度

图中通孔直径尺寸"3×φ4.5EQS"是用"多重引线"命令标注的，其中"EQS"表示3个通孔均匀分布。

这里主要介绍在局部放大图中标注尺寸的方法。

1. 在局部放大图中标注尺寸不必修改标注样式中的测量比例因子，可以利用"标注"命令中的"文字"选项修改标注文字。将"标注"层设置为当前层，将"机械标注样式"设置为当前样式，利用"线性标注"命令在局部放大图中标注尺寸1。

```
命令:_dimlinear                    (单击"注释"面板中的"线性标注"⊢按钮)
指定第一条延伸线原点或＜选择对象＞:   (在局部放大图上捕捉端点)
指定第二条延伸线原点:               (在局部放大图上捕捉端点)
指定尺寸线位置或[多行文字(M)/文字(T)/角度(A)/水平(H)/垂直(V)/旋转(R)]:t↙
(输入"t"，按〈Enter〉键，选择"文字"选项)
```

输入标注文字 < 2 > :1✓   (输入 1,按〈Enter〉键)
指定尺寸线位置或[多行文字(M)/文字(T)/角度(A)/水平(H)/垂直(V)/旋转(R)]: (在适
当位置单击)
标注文字 = 2

2. 重复"线性标注"命令,可以在局部放大图中标注出尺寸 3。

3. 将"隐藏标注样式"设置为当前样式,重复"线性标注"命令,标注毡圈孔的直径 φ22。

命令 :_dimlinear
指定第一条延伸线原点或 <选择对象>:   (在局部放大图上捕捉端点)
指定第二条延伸线原点: (在局部放大图下方适当为单击)
指定尺寸线位置或[多行文字(M)/文字(T)/角度(A)/水平(H)/垂直(V)/旋转(R)]:t✓
(输入 t 按〈Enter〉键,选择"文字"选项)
输入标注文字 < 95. 3 > :% % C22✓   (输入新尺寸文字,按〈Enter〉键)
指定尺寸线位置或[多行文字(M)/文字(T)/角度(A)/水平(H)/垂直(V)/旋转(R)]: (在适
当位置单击)
标注文字 = 95. 3

4. 将"角度标注样式"设置为当前样式,单击"注释"面板中的"角度标注"△按
钮,在局部放大图中标注角度尺寸 15°,如图 4-92 所示。

命令 :_dimangular
选择圆弧、圆、直线或 <指定顶点>:   (单击局部放大图中的倾斜线)
选择第二条直线: (单击局部放大图中的另一条倾斜线)
指定标注弧线位置或 [多行文字(M)/文字(T)/角度(A)]: (在适当位置单击)
标注文字 = 15

5. 单击"修改"面板中的"分解"按钮,将用"隐藏标注样式"标注的尺寸 φ22
分解。

6. 单击"修改"面板中的"移动"✥按钮,调整直径尺寸文字 φ22 的位置。

7. 将"字母与数字"样式设置为当前样式,单击"文字"面板中的"单行文字"A按
钮,在局部放大图的上方输入"5:1",即局部放大图的放大比例,如图 4-93 所示。

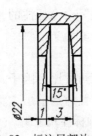

图 4-92　标注局部放大图

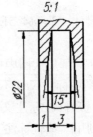

图 4-93　编辑标注,输入比例

8. 在零件图标题栏上方标注大多数的表面粗糙度。

9. 输入技术要求,填写标题栏。

10. 单击"标准"面板中的"保存"按钮,保存绘制的零件图。

完成绘制蜗杆轴右轴承盖。

4.8 蜗杆轴左轴承盖

蜗杆轴左轴承盖零件图是用 2.5:1 的比例绘制在 A3 图纸上，如图 4-94 所示。

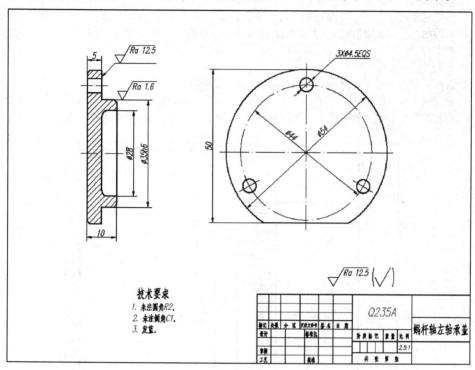

图 4-94 蜗杆轴左轴承盖零件

绘图步骤

一、绘制主视图

蜗杆轴左轴承盖的主视图与蜗杆轴右轴承盖的主视图相似，因此绘制蜗杆轴右轴承盖零件图可以从蜗杆轴左轴承盖零件图开始，将蜗杆轴右轴承盖零件图编辑修改后另名保存即可。

1. 打开蜗杆轴右轴承盖零件图"蜗杆轴右轴承盖.dwg"。

2. 单击标题栏中的"另存为"按钮，或单击界面左上角的浏览器按钮，在弹出的菜单中选择"另存为"选项，创建文件"蜗杆轴左轴承盖.dwg"。

3. 在命令行输入 Limits 按〈Enter〉键，利用"图形界线"命令将图形界线设置为 420 × 297，即 A3 图纸的幅面。

4. 单击"修改"面板中的"删除"按钮，将主视图中的剖面线、轴孔轮廓线、下方通孔轮廓线、主视图左侧的尺寸以及局部放大图删除。

5. 单击"修改"面板中的"移动"按钮，将标题栏向左适当移动。

6. 在绘图区空白处右击，在弹出的快捷菜单中选择"缩放"选项，竖直向下移动光标，将图形缩小显示。

7. 打开状态栏中的"正交"按钮，利用"拉伸"命令拉伸边界线和边框，将边界线的长度拉伸为 420。

命令：_stretch　　　　（单击"修改"面板中的"拉伸"⬛按钮）
以交叉窗口或交叉多边形选择要拉伸的对象…
选择对象：
指定对角点：　　　　（在边界线右上角单击，向左下方移动光标，拖出一个虚线拾取窗口，包围
零件图右上角表面粗糙度、技术要求、边界线和边框的左侧竖直边，如图 4-95 所示，在适当位置
单击）
找到 5 个
选择对象：✓　　　　（按〈Enter〉键，结束选择拉伸对象）
指定基点或［位移（D）］＜位移＞：　　　　　　　　（在适当位置单击，并向右移动光标）
指定第二个点或＜使用第一个点作为位移＞：210✓　　（输入拉伸长度 210，按〈Enter〉键）

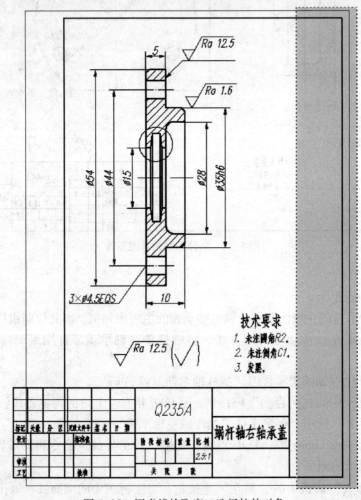

图 4-95　用虚线拾取窗口选择拉伸对象

8. 单击"修改"面板中的"移动" ✛按钮，将标题栏移到边框右下角、调整主视图、技术要求和大多数表面粗糙度的位置，如图 4-96 所示。

9. 单击"修改"面板中的"拉伸" ⬛按钮，用一个虚线拾取窗口包围主视图下方水平轮廓线及长度尺寸 10，如图 4-97 所示。将拉伸对象向上拉伸 10，结果如图 4-98 所示。

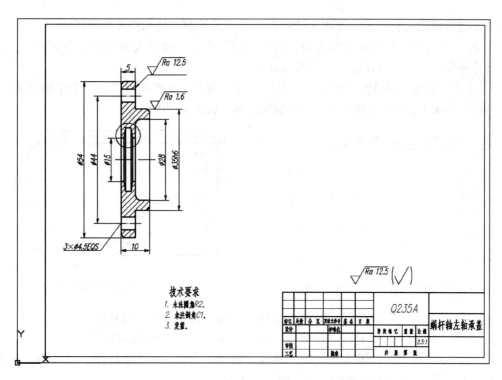

图 4-96　拉伸边界线和边框后移动标题栏

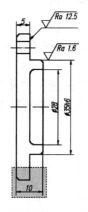

图 4-97　用虚线拾取窗口选择拉伸对象

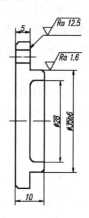

图 4-98　拉伸主视图

二、绘制左视图

1. 在"图层"面板的下拉菜单中关闭"标注"层、"文字"层和"细实线"层，即单击这 3 个图层名左侧的"灯泡"图标，并将"粗实线"层设置为当前层，如图 4-99 所示。

2. 单击"绘图"面板中的"直线"∕按钮，过主视图上方水平轮廓线的端点、通孔上方水平轮廓线的端点、通孔轴线的端点和主视图下方轮廓线的端点绘制 4 条水平辅助线。

3. 单击"绘图"面板中的"圆"⊘按钮，利用"对象捕捉"模式中的"延长捕捉"，在轴承盖轴线的延长线上捕捉圆心，在

图 4-99　关闭图层

75

上方水平辅助线上捕捉垂足，如图4-100所示，即可绘制出轴承的外轮廓圆。

4. 将"点画线"层设置为当前层，重复"圆"命令，捕捉大圆的圆心为圆心，在上方第三条水平辅助线上捕捉垂足，绘制点画线圆。

5. 将"粗实线"层设置为当前层，重复"圆"命令，捕捉点画线圆的上象限点为圆心，在上方第二条水平辅助线上捕捉垂足，绘制通孔圆，如图4-101所示。

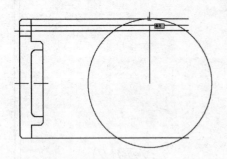
图4-100　利用延长捕捉和辅助线绘图

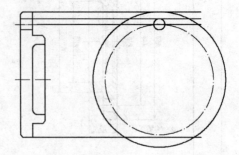
图4-101　利用辅助线绘制圆

6. 单击"修改"面板中的"删除" ✐按钮，将上方3条辅助线删除。

7. 单击"修改"面板中的"修剪" ⊁按钮，修剪大圆和下方辅助线。

8. 将"点画线"层设置为当前层，利用"直线"命令、"对象捕捉"模式和"对象捕捉追踪"模式绘制通孔圆的垂直中心点画线，如图4-102所示。

9. 单击"修改"面板中的"阵列" ▦按钮，将通孔圆及其垂直中心点画线进行环形阵列。阵列出3个均匀分布的通孔圆，如图4-103所示。

10. 利用"直线"命令、对象捕捉模式和对象捕捉追踪模式绘制左视图的水平中心点画线。

11. 单击"修改"面板中的"拉长" ╱按钮，利用"拉长"命令中的"动态"选项，拉长通孔圆的竖直中心点画线，使其两端超出轮廓线约5，完成绘制左视图，如图4-104所示。

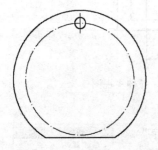
图4-102　绘制中心线

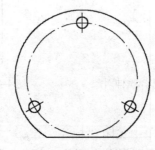
图4-103　阵列圆

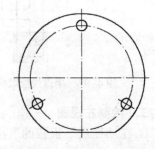
图4-104　完成绘制左视图

12. 将"细实线"层设置为当前层，单击"绘图"面板中"图案填充" ▨按钮，弹出"图案填充创建"选项卡。在"图案"选项栏中选择ANSI31选项，在"特性"选项栏的"角度"文本框中输入0，在"比例"文本框中输入1。在主视图需要填充的区域内单击后按〈Enter〉键，或单击"图案填充创建"选项卡中的"关闭图案填充创建"按钮，即可完成图案填充。

13. 在"图层"面板的下拉菜单中打开"标注"层、"文字"层和"细实线"层，并将

"标注"层设置为当前层，标注尺寸。

14. 双击零件图标题栏中零件图的名称，在单行文字输入框中将光标移到"右"字的后面，按〈Delte〉键，重新输入"左"字，将零件名称修改为"蜗杆轴左轴承盖"。

15. 单击"标准"面板中的"保存" 🖫 按钮，保存绘制的零件图。

完成绘制蜗杆轴左轴承盖。

4.9 蜗轮轴前轴承盖

蜗轮轴前轴承盖与蜗杆轴右轴承盖的形状类似，只是厚度不同，且蜗轮轴前轴承盖加工了螺孔。因此绘制蜗轮轴前轴承盖零件图可以从蜗杆轴右轴承盖零件图开始，利用"拉伸"命令修改图形，利用"偏移"命令绘制螺孔即可。

蜗轮轴前轴承盖零件图是用 2.5:1 的比例绘制在 A4 图纸上，如图 4-105 所示。

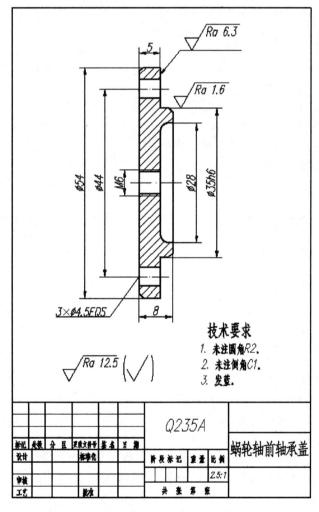

图 4-105　蜗轮轴前轴承盖零件图

绘图步骤

1. 打开蜗杆轴右轴承盖零件图"蜗杆轴右轴承盖.dwg"。

2. 双击标题栏中零件的名称，在文本输入框中将光标移到"杆"字的后面，按〈delete〉键，重新输入"轮"字。再将光标移到"右"字的后面，按〈delete〉键，重新输入"前"字。单击"确定"按钮，将零件名称修改为"蜗轮轴前轴承盖"。

3. 单击界面左上角的浏览器按钮，在弹出的菜单中选择"另存为"选项，创建文件"蜗轮轴前轴承盖.dwg"。

4. 单击"修改"面板中的"删除" ✍按钮，将主视图中的剖面线、细实线圆、轴孔轮廓线、尺寸 ϕ15 以及局部放大图删除。

5. 打开状态栏中的"正交"和"对象捕捉"，利用"拉伸"命令拉伸轴承盖的凸端，调整厚度。

命令:_stretch　　　　（单击"修改"面板中的"拉伸" ⬚ 按钮）
以交叉窗口或交叉多边形选择要拉伸的对象.
选择对象:　　　　　　（在主视图左方适当位置单击）
指定对角点:　　　　　（向左下方移动光标，拖出一个虚线窗口与轴承该凸端轮廓线相交，且包围右端面轮廓线、尺寸和表面粗糙度，如图 4-106 所示，在适当位置单击）
找到 11 个
选择对象:✓　　　　　（按〈Enter〉键，结束选择拉伸对象）
指定基点或［位移(D)］<位移>:　　　　　　（在适当位置单击，并向左移动光标）
指定第二个点或 < 使用第一个点作为位移 >:2✓　　　（输入拉伸距离 2，按〈Enter〉键，结果如图 4-107 所示）

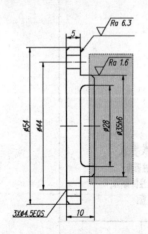

图 4-106　用虚线拾取窗口选择拉伸对象

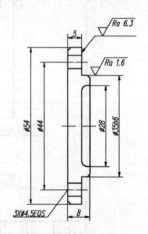

图 4-107　拉伸结果

6. 单击"修改"面板中的"偏移" ⬚按钮，对称偏移轴承盖的轴线，偏移的距离为 7.5。重复"偏移"命令，对称偏移轴承盖的轴线，偏移的距离为 6.5，偏移结果如图 4-108 所示。

7. 单击"图层"面板中的"匹配" ⬚按钮，利用"图层匹配"命令将外侧两条偏移出来的点画线变为细实线。重复"图层匹配"命令将内侧两条偏移出来的点画线变为粗实线。

8. 单击"修改"面板中的"修剪" 按钮，修剪 4 条直线，如图 4-109 所示。

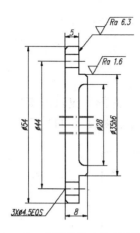

图 4-108 利用偏移命令绘制螺孔

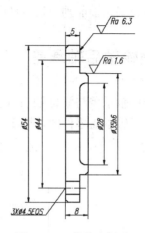

图 4-109 修剪出螺孔

9. 单击"绘图"面板中"图案填充" 按钮，弹出"图案填充创建"选项卡。在"图案"面板中选择 ANSI31 选项，在"特性"面板的"角度"文本框中输入 0，在"比例"文本框中输入 1。单击"边界"面板中的"拾取点" 按钮，在主视图需要填充的区域内单击后按〈Enter〉键，或单击"图案填充创建"选项卡中的"关闭图案填充创建"按钮，即可完成图案填充。

指定填充区域时要注意，螺孔的牙顶线和牙底线之间的区域必须填充，将螺孔放大显示，在牙顶线和牙底线之间单击即可。

10. 在命令行中输入 DIMTEDIT 按〈Enter〉键，利用"编辑尺寸文字"命令调整尺寸 φ44 和 φ54 的位置。

11. 利用"线性标注"命令标注螺孔直径 M6，如图 4-110 所示。

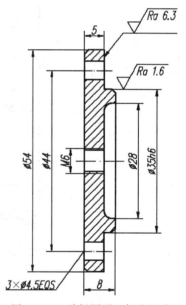

图 4-110 编辑图形，标注尺寸

命令:_dimlinear　　　　　　　　　　　　　（单击"标注"面板中的"线性标注" 按钮）
指定第一条延长线原点或＜选择对象＞:（捕捉牙底线的端点）
指定第二条延长界线原点:　　　　　　　　（捕捉另一条牙底线的端点）
指定尺寸线位置或[多行文字(M)/文字(T)/角度(A)/水平(H)/垂直(V)/旋转(R)]:t↙
（输入"t"，按〈Enter〉键，选择"文字"选项）
输入标注文字＜6＞:M6↙　　　　　　　　（重新输入尺寸文字"M6"，按〈Enter〉键）
指定尺寸线位置或[多行文字(M)/文字(T)/角度(A)/水平(H)/垂直(V)/旋转(R)]:　　（在适当位置单击）
标注文字 =6

12. 单击"修改"面板中的"移动" ✛按钮，利用"移动"命令调整视图的位置。

13. 单击"标准"面板中的"保存" 🖫按钮，保存绘制的零件图。

完成绘制蜗轮轴前轴承盖零件图。

4.10 蜗轮轴后轴承盖

蜗轮轴后轴承盖与蜗杆轴右轴承盖类似，绘图过程不再介绍，仅给出零件图供读者参考。蜗轮轴后轴承盖零件图是用2:1的比例绘制在 A4 图纸上，如图 4-111 所示。

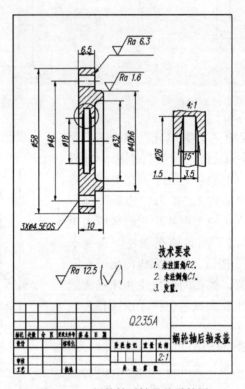

图 4-111　蜗轮轴后轴承盖零件图

4.11 锥齿轮轴轴承盖

锥齿轮轴轴承盖与蜗杆轴右轴承盖类似，绘图过程不再介绍，仅给出零件图供读者参考。锥齿轮轴轴承盖零件图是用2:1的比例绘制在 A4 图纸上，如图 4-112 所示。

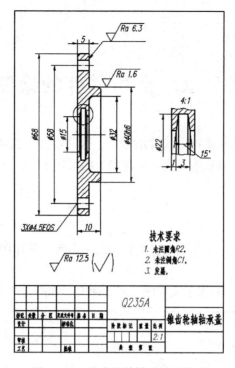

图4-112 锥齿轮轴轴承盖零件图

第 5 章　常用零件的绘制

本章介绍如何绘制蜗轮减速箱中的常用零件，这些零件包括圆柱齿轮、锥齿轮、蜗轮、带轮等传动类零件，此外，螺塞也是蜗轮减速箱中的常用零件。

5.1　圆柱齿轮

圆柱齿轮在蜗轮减速箱中是装配在锥齿轮轴的输出端，其作用是将蜗轮减速箱输出的动力传递到其他机构中。

圆柱齿轮零件图是用 2∶1 的比例绘制在 A4 图纸上，如图 5-1 所示。

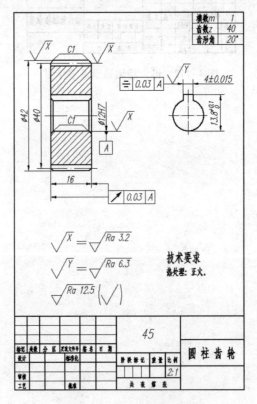

图 5-1　圆柱齿轮零件图

绘图步骤

一、绘制视图

1. 打开 A4 样板图形。

2. 单击标题栏中的"另存为"▣按钮，或单击界面左上角的浏览器按钮，在弹出的菜

82

单中选择"另存为"选项，创建文件"圆柱齿轮.dwg"。

3. 打开状态栏中的"正交" ⌐ 按钮、"对象捕捉" □ 按钮和"对象捕捉追踪" ∠ 按钮，将"粗实线"层设置为当前层，利用"矩形"命令绘制主视图外轮廓线。

命令：_rectang　　（单击"绘图"面板中的"矩形" □ 按钮）
指定第一个角点或 ［倒角（C）/标高（E）/圆角（F）/厚度（T）/宽度（W）］:C↙　　（输入"C"，按
〈Enter〉键，选择"倒角"选项）
指定矩形的第一个倒角距离 < 0.0000 > :1↙　　（输入第一倒角距离1，按〈Enter〉键）
指定矩形的第二个倒角距离 < 1.0000 > :1↙　　（输入第二倒角距离1，按〈Enter〉键）
指定第一个角点或 ［倒角（C）/标高（E）/圆角（F）/厚度（T）/宽度（W）］:　　（在适当位置单击）
指定另一个角点或 ［面积（A）/尺寸（D）/旋转（R）］:@16 ,42↙（输入另一角点相对于第一角点
的坐标，按〈Enter〉键）

4. 在命令行输入 Z 按〈Enter〉键，输入 W 按〈Enter〉键，利用"窗口缩放"命令将矩形放大显示。

5. 将"点画线"层设置为当前层，利用"直线"命令、"对象捕捉"模式和"对象捕捉追踪"模式绘制齿轮的轴线。

6. 单击"修改"面板中的"偏移" ⌐ 按钮，对称偏移齿轮的轴线，偏移距离为20。重复"偏移"命令，再次对称偏移齿轮的轴线，偏移距离为18.75，如图5-2所示。请注意：齿轮齿根圆的直径 $d_f = m(z - 2.5)$，其中 m 表示模数，z 表示齿数，$m = 1$，$z = 40$，$d_f = 37.5$。

7. 单击"图层"面板中的"匹配" ⌐ 按钮，利用"图层匹配"命令将两条偏移出来的点画线变为粗实线。

8. 单击"修改"面板中的"修剪" ⌐ 按钮，以矩形为修剪边界，修剪这两条粗实线，结果如图5-3所示。

9. 将"粗实线"层设置为当前层，单击"绘图"面板中的"圆" ⊙ 按钮，将光标移到齿轮轴线的右端点处，向右移到光标，出现延长捕捉轨迹，在适当位置单击指定圆心的位置，绘制 $\phi 12$ 的圆。

10. 将"点画线"层设置为当前层，利用"直线"命令、对象捕捉模式和对象捕捉追踪模式绘制轴孔局部视图的水平和垂直点画线，如图5-4所示。

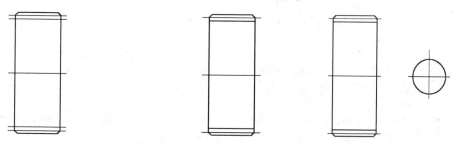

图5-2　绘制轮廓线、轴线，偏移轴线　　　图5-3　修剪齿根线　　　图5-4　绘制轴孔局部视图

11. 单击"修改"面板中的"偏移" ⌐ 按钮，对称偏移左视图的垂直点画线，偏移距离为2。

12. 重复"偏移"命令，向上偏移左视图的水平点画线，偏移距离为7.8，如图5-5

所示。

13. 单击“图层”面板中的“匹配”按钮，利用“图层匹配”命令将3条偏移出来的点画线变为粗实线。

14. 单击“修改”面板中的“修剪”按钮，在左视图中修剪出键槽，如图5-6所示。

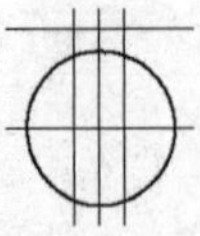

图5-5　偏移点画线

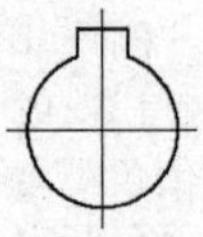

图5-6　修剪出键槽

15. 将“粗实线”层设置为当前层，利用“直线”命令绘制3条水平辅助线，如图5-7所示。

16. 单击“修改”面板中的“修剪”按钮，修剪3条辅助线，结果如图5-8所示。

17. 在绘图区空白处右击，在弹出的快捷菜单中选择“缩放”选项，向上垂直移动光标，将图形放大显示。

18. 利用“倒角”命令绘制下方倒角，如图5-9所示。

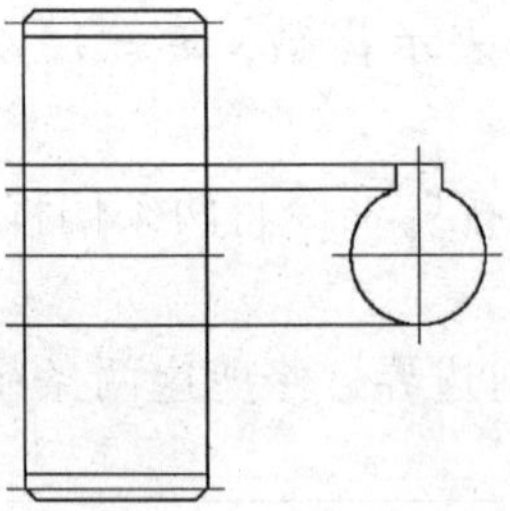

图5-7　绘制辅助线

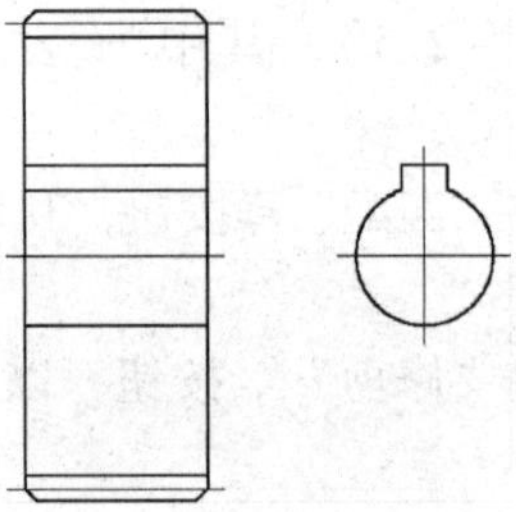

图5-8　修剪辅助线

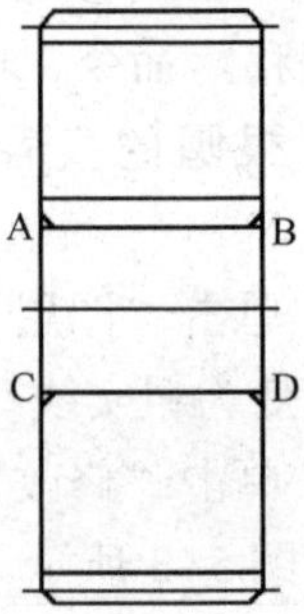

图5-9　绘制内孔倒角

命令:_chamfer　　(单击“修改”面板中的“倒角”按钮)
(“修剪”模式)当前倒角距离1=0.0000,距离2=0.0000
选择第一条直线或[放弃(U)/多段线(P)/距离(D)/角度(A)/修剪(T)/方式(E)/多个(M)]:d↙
(输入d按〈Enter〉键,选择“距离”选项)
指定第一个倒角距离<0.0000>:1↙　　(输入第一倒角距离1,按〈Enter〉键)
指定第二个倒角距离<1.0000>:1↙　　(输入第二倒角距离1,按〈Enter〉键)
选择第一条直线或[放弃(U)/多段线(P)/距离(D)/角度(A)/修剪(T)/方式(E)/多个(M)]:t↙
(输入t按〈Enter〉键,选择“修剪”选项)
输入修剪模式选项[修剪(T)/不修剪(N)]<修剪>:n↙　　(输入n按〈Enter〉键,选择“不修剪”选项)
选择第一条直线或[放弃(U)/多段线(P)/距离(D)/角度(A)/修剪(T)/方式(E)/多个(M)]:m↙
(输入m按〈Enter〉键,选择“多个”选项)
选择第一条直线或[放弃(U)/多段线(P)/距离(D)/角度(A)/修剪(T)/方式(E)/多个(M)]:
(单击直线AB)
选择第二条直线,或按住〈Shift〉键选择要应用角点的直线:(在A点上方单击矩形左侧竖直边)
选择第一条直线或[放弃(U)/多段线(P)/距离(D)/角度(A)/修剪(T)/方式(E)/多个(M)]:
(单击直线AB)

19. 单击"修改"面板中的"修剪" ✄ 按钮,修剪直线 AB 和 CD。

20. 利用"直线"命令绘制齿轮内孔两端倒角轮廓线,如图 5-10 所示。

21. 在命令行输入 Z 按〈Enter〉键,输入 A 按〈Enter〉键,将图形全部显示。

22. 单击"修改"面板中的"缩放" 按钮,将视图放大两倍。

23. 单击"修改"面板中的"移动" ✛ 按钮,调整放大后的图形的位置。

24. 将"细实线"层设置为当前层,单击"绘图"面板中"图案填充" 按钮,弹出"图案填充创建"选项卡。在"图案"面板中选择 ANSI31 选项,在"特性"面板的"角度"文本框中输入 0,在"比例"文本框中输入 1。在主视图需要填充的区域内单击后按〈Enter〉键,或单击"图案填充创建"选项卡中的"关闭图案填充创建"按钮,即可完成图案填充,如图 5-11 所示。

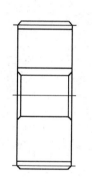

图 5-10　修剪后绘制倒角轮廓线

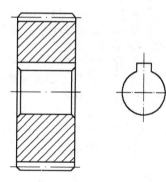

图 5-11　放大视图后绘制剖面线

25. 双击局部视图中的水平点画线,在弹出"特性"面板中,单击"线型比例"选型,将线型比例修改为 0.4。关闭"特性"面板,按〈Esc〉键,取消夹点。同样方法将局部视图中竖直点画线的线型比例修改为 0.6,这步操作的目的是为了避免水平点画线和竖直点画线的交点处是虚点。结果如图 5-11 所示。

二、标注隐藏样式的尺寸

1. 分别将"机械标注样式"和"线性直径标注样式"的测量比例因子修改为 0.5。利用"线性直径标注样式"标注齿顶圆的尺寸 φ42 和分度圆的尺寸 φ40,利用"机械标注样式"标注齿轮的厚度尺寸 1。

2. 将"隐藏标注样式"设置为当前样式,单击"标注"面板中的"线性标注" ⊢ 按钮后,捕捉内孔最低素线的右端点后,在主视图上方适当位置单击,然后输入 t 按〈Enter〉键,再输入"％％C12H7"按〈Enter〉键,在适当位置单击,即可标注出如图 5-12 所示的隐藏样式尺寸。

3. 单击"修改"面板中的"分解" 按钮，将内孔直径尺寸 φ12H7 分解。

4. 单击"修改"面板中的"移动" 按钮，将标注文字 φ12H7 调整到适当位置，如图 5-13 所示。

三、联合标注倒角尺寸

1. 利用"引线标注"命令标注倒角尺寸，如图 5-14 所示。

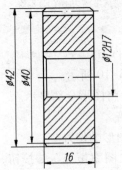 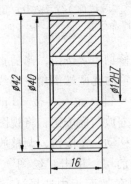 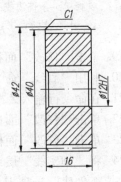

图 5-12 在主视图中标注尺寸   图 5-13 修改尺寸的结果   图 5-14 标注外倒角

命令:leader   (在命令行输入 leader 按〈Enter〉键)
指定引线起点：   (捕捉左上方倒角线的上端点)
指定下一点:@7<45↙   (输入倾斜引线端点的相对坐标,按〈Enter〉键)
指定下一点或［注释(A)/格式(F)/放弃(U)]<注释>:@6,0↙   (输入水平引线端点的相对坐标,按〈Enter〉键)
指定下一点或［注释(A)/格式(F)/放弃(U)]<注释>:f↙ (输入 f 按〈Enter〉键,选择"格式"选项)
输入引线格式选项［样条曲线(S)/直线(ST)/箭头(A)/无(N)]<退出>:n↙   (输入 n 按〈Enter〉键,选择"无"选项)
指定下一点或［注释(A)/格式(F)/放弃(U)]<注释>:a↙(输入 a 按〈Enter〉键,选择"注释"选项)
输入注释文字的第一行或<选项>:C1↙   (输入注释文字"C1",按〈Enter〉键)
输入注释文字的下一行:↙   (按〈Enter〉键,结束"引线标注"命令)

2. 利用"直线"命令绘制另一侧倒角引线。

命令:_line   (单击"绘图"面板中的"直线" 按钮)
指定第一点： (捕捉右上方倒角线的上端点)
指定下一点或［放弃(U)]:@7<135↙   (输入另一点相对于第一点的坐标,按〈Enter〉键)
指定下一点或［放弃(U)]:   (在倒角尺寸的水平引线上捕捉端点)
指定下一点或［闭合(C)/放弃(U)]:↙ (按〈Enter〉键,结束"直线"命令)

3. 单击"修改"面板中的"复制" 按钮，选择外倒角的联合标注为复制对象，捕捉左上方外倒角线的上端点为复制基点，捕捉左下方内倒角线的上端点为位移的第二点，按〈Enter〉键结束"复制"命令，结果如图 5-15 所示。

四、标注带公差的尺寸

1. 单击"标注"或"样式"面板中的"标注样式管理器" 按钮，弹出"标注样式管理器"对话框，在"样式"列表框中选择"机械标注样式"，单击"新建"按钮。

2. 弹出"创建新标注样式"对话框，单击"继续"按钮，弹出"新建标注样式"对话框，打开其中的"公差"选项卡。

3. 在"公差格式"选项组的"方式"下拉列表中选择"对称"选项，即标注对称公差；在"精度"下拉列表中选择 0.000 选项；在"上偏差"文本框中输入 0.015，即公差的上偏差为 +0.015，下偏差 −0.015；高度比例设置为 1，即对称偏差和基本尺寸高度相等；在"垂直位置"下拉列表中选择"中"，即基本尺寸与上下偏差的垂直方向的中心对齐。其他选项保留默认设置，"公差"选项卡的设置如图 5−16 所示。

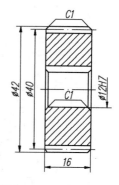

图 5-15 联合标注倒角

4. 单击"确定"按钮，回到"标注样式管理器"对话框，在"样式"列表框中右击新建的标注样式"副本机械标注样式"，将其重命名为"公差样式 1"，参见图 5−17。

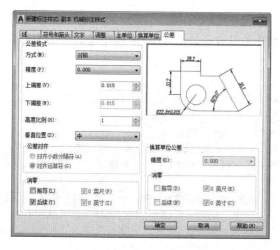

图 5-16 设置"公差"选项卡

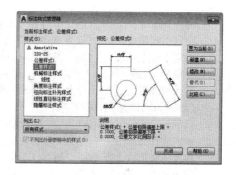

图 5-17 创建"公差样式"

5. 将"公差样式 1"设置为当前样式，利用"线性标注"命令，可标注出轴孔局部视图中的带公差的尺寸 4 ± 0.015，参见图 5−18。

6. 按照上述操作方法，在"标注样式管理器"对话框的"样式"列表框中选中"机械标注样式"，单击"新建"按钮。弹出"创建新标注样式"对话框，单击"继续"按钮，弹出"新建标注样式"对话框，打开其中的"公差"选项卡。

7. 在"公差格式"面板的"方式"下拉列表中选择"极限偏差"选项；在"精度"下拉列表中选择 0.0 选项；在"上偏差"文本框中输入 0.1，在"下偏差"文本框中输入 0；在"高度比例"文本框中输入 0.7，即上下偏差的高度比基本尺寸小一号；在"垂直位置"下拉列表中选择"中"。其他选项保留默认设置，"公差"选项卡的设置如图 5−19 所示。

8. 单击"确定"按钮，在"标注样式管理器"对话框中将新建的尺寸样式重命名为"公差样式 2"，如图 5−17 所示。

9. 将"公差样式 2"设置为当前样式，利用"线性标注"命令，可标注出轴孔局部视图中的带公差的尺寸 $13.8^{+0.1}_{0}$，如图 5−18 所示。

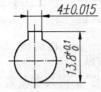

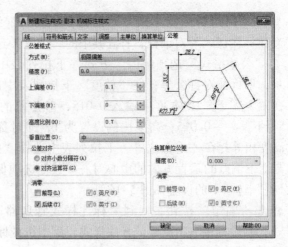

图 5-18 标注带公差的尺寸　　　　图 5-19 设置"公差"选项卡

五、在局部视图中标注几何公差

1. 打开状态栏中的"正交" └ 按钮，利用"引线标注"命令在轴孔局部视图中标注对称度。

命令:leader　　　　　　（在命令行输入 leader 按〈Enter〉键,启动"引线标注"命令）
指定引线起点:　　　　（在左视图捕捉尺寸 4±0.015 的左箭头的端点）
指定下一点:15√　　　（向左移动光标,输入 15,按〈Enter〉键）
指定下一点或［注释(A)/格式(F)/放弃(U)］<注释>:f√（输入 f 按〈Enter〉键,选择"格式"选项）
输入引线格式选项［样条曲线(S)/直线(ST)/箭头(A)/无(N)］<退出>:a√（输入 a 按
〈Enter〉键,选择"箭头"选项）
指定下一点或［注释(A)/格式(F)/放弃(U)］<注释>:a√（输入 a 按〈Enter〉键,选择"注释"选项）
输入注释文字的第一行或 <选项>:√　　　　　　　（按〈Enter〉键,选择"选项"选项）
输入注释选项［公差(T)/副本(C)/块(B)/无(N)/多行文字(M)］<多行文字>:t√（输入 t 按
〈Enter〉键,选择"公差"选项）

2. 弹出"形位公差"对话框，参见图 5-20。

3. 单击"形位公差"对话框中的"符号"图标，弹出如图 5-21 所示的"特征符号"对话框，在该对话框中选择要标注的对称度符号。

4. 在"形位公差"的"公差 1"文本框中输入 0.03，在"基准 1"文本框中输入 A，如图 5-20 所示。

5. 单击"确定"按钮，即可在轴孔局部视图中标注出对称度，如图 5-22 所示。

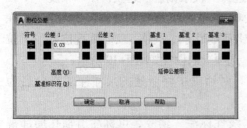

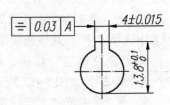

图 5-20 设置"形位公差"对话框　　图 5-21 "特征符号"　　图 5-22 在轴孔局部
　　　　　　　　　　　　　　　　　　　对话框　　　　　视图中标注对称度

六、在主视图中联合标注几何公差

1. 单击"绘图"面板中的"直线" / 按钮，捕捉主视图中齿轮的厚度尺寸 16 的左尺寸界线的下端点，绘制一条长度为 10 的垂直辅助线。

2. 利用"引线标注"命令在主视图标注跳动度。

命令：leader　　（在命令行输入 leader 按〈Enter〉键，启动"引线标注"命令）
指定引线起点：　（利用延长捕捉或对象捕捉追踪在辅助线上适当位置单击）
指定下一点：10✓　（向右移动光标，输入 10，按〈Enter〉键）
指定下一点或［注释(A)/格式(F)/放弃(U)］＜注释＞：f✓（输入 f 按〈Enter〉键，选择"格式"选项）
输入引线格式选项［样条曲线(S)/直线(ST)/箭头(A)/无(N)］＜退出＞：a✓　　（输入 a 按〈Enter〉键，选择"箭头"选项）
指定下一点或［注释(A)/格式(F)/放弃(U)］＜注释＞：a✓（输入 a 按〈Enter〉键，选择"注释"选项）
输入注释文字的第一行或 ＜选项＞：✓　　（按〈Enter〉键，选择"选项"选项）
输入注释选项［公差(T)/副本(C)/块(B)/无(N)/多行文字(M)］＜多行文字＞：t✓（输入 t，按〈Enter〉键，选择"公差"选项）

3. 弹出"形位公差"对话框，如图 5-23 所示。

4. 单击"形位公差"对话框中的"符号"图标，弹出如图 5-21 所示的"特征符号"对话框，在该对话框中选择要标注的圆跳动符号。

5. 在"形位公差"的"公差 1"文本框中输入 0.03，在"基准 1"文本框中输入 A，如图 5-23 所示。

6. 单击"确定"按钮，即可在主视图中标注圆跳动，如图 5-24 所示。

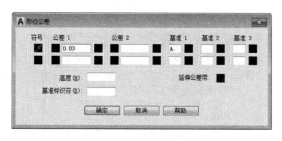

图 5-23　设置"形位公差"对话框

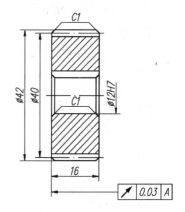

图 5-24　标注圆跳动

7. 单击"修改"面板中的"复制" 按钮，利用"复制"命令将圆跳动的水平引线复制到厚度尺寸 16 的尺寸线的延长线上。

8. 单击"绘图"面板中的"直线" / 按钮，过圆跳动的左上角点绘制一条垂直辅助线，如图 5-25 所示。

9. 单击"修改"面板中的"分解" 按钮，分解复制的水平引线。

10. 单击"修改"面板中的"修剪" 按钮，修剪水平引线和垂直辅助线，结果如图 5-26 所示。

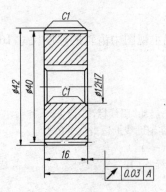

图 5-25　修改圆跳动标注

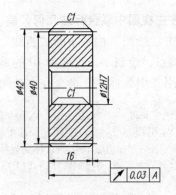

图 5-26　联合标注圆跳动

七、插入基准符号

1. 打开状态栏中的"对象捕捉"口按钮和"对象捕捉追踪"∠按钮，单击"绘图"面板中的"插入"按钮，弹出"插入"对话框，在"名称"下拉列表中选择"基准符号"，在"旋转角度"文本框中输入180，单击"确定"按钮。

> 命令：_insert
> 指定插入点或［基点(B)/比例(S)/X/Y/Z/旋转(R)］：2↙　（将光标移到尺寸 φ12H7 尺寸线的下方端点处，出现端点捕捉标记后，向下移动光标，输入追踪距离2，按〈Enter〉键）
> 输入属性值
> 请输入基准名称 ＜A＞：A↙　（输入属性值A，按〈Enter〉键）

插入基准符号的结果如图 5-27 所示。

2. 双击属性"A"，弹出"增强属性编辑器"对话框，如图 5-28 所示，打开"文字选项"选项卡，在"对正"下拉列表中选择"右上"选项，在"旋转"文本框中输入0，即不旋转。单击"确定"按钮，即可捕捉出符合规定的基准符号，如图 5-29 所示。

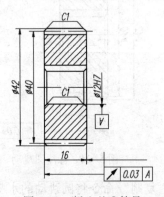

图 5-27　插入基准符号

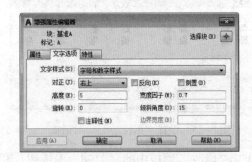

图 5-28　"增强属性编辑器"对话框

八、绘制参数表

齿轮、蜗轮和蜗杆等传动零件图的右上角，一般有一个说明其参数的表格。齿轮参数表的格线一般用细实线绘制，齿轮参数表按每格长 20、高 8 绘制。

1. 单击"注释"面板中的"表样式管理器"按钮，弹出如图 5-30 所示的"表格样式"对话框。

2. 单击"新建"按钮,弹出"创建新的表格样式"对话框,在"新样式名称"文本框中输入"我的表格",如图 5-31 所示。

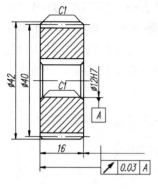

图 5-29 编辑基准
符号的属性

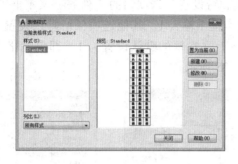

图 5-30 "表格样式"对话框

图 5-31 "创建新的
表格样式"对话框

3. 单击"继续"按钮,弹出"新建表格样式"对话框,在"单元样式"下拉列表中选择"数据"选项。打开"常规"选项卡,在"特性"选项组的"对齐"下拉列表中选择"左中"选项。在"页边距"选项组中的"水平"文本框中输入 0.7,在"垂直"文本框中输入 0.7,这样设置的目的是使单元格的高度为 8。其他选项保留默认设置,设置结果如图 5-32 示。

4. 打开"文字"选项卡,在"特性"选项组的"文字"下拉列表中选择"字母和数字样式",在"文字颜色"下拉列表中选择"选择颜色"选项,弹出"选择颜色"对话框,在该对话框中将文字的颜色设置为 14 号颜色,即棕色。其他选项保留默认设置,设置结果如图 5-33 所示。

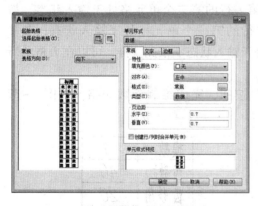

图 5-32 设置"常规"选项卡

图 5-33 设置"文字"选项卡

5. "边框"选项卡保留默认设置不变。

6. 在"单元样式"下拉列表中选择"表头"选项,其 3 个选项卡的设置与"数据"选项完全相同。

7. 在"单元样式"下拉列表中选择"标题"选项,除了在"常规"选项卡中需要取消勾选"创建行/列时合并单元"复选框外,其他设置与"数据"选项的设置相同。

8. 单击"确定"按钮,回到"表格样式"对话框,如图 5-34 所示。在"样式"列表框中选中"我的表格",单击"置为当前"按钮,将"我的表格"设置为当前表格样式。单击"关闭"按钮,关闭"表格样式"对话框。

9. 将"细实线"层设置为当前层,单击"注释"面板中的"表格"▦按钮,弹出"插入表格"对话框,在"列和行设置"选项组的"列数"文本框中输入2,"列宽"文本框中输入20,"数据行数"文本框中输入1。其他选项保留默认设置,"插入方式"的默认设置为"指定插入点","行高"文本框的默认设置为1,即单元格内只有1行文字。"插入表格"对话框的设置如图5-35所示。

图5-34 创建新的表格样式　　　　图5-35 设置"插入表格"对话框

10. 单击"确定"按钮,回到绘图区。将光标移到边框的右上角点处,出现端点捕捉标记后向左移动光标,出现追踪轨迹后输入追踪距离40后按〈Enter〉键,即可捕捉到表格的插入点。此时表格插入到边框的右上角,并弹出"文字格式"对话框,表格的左上方的A1单元格处于输入状态,用仿宋体输入汉字"模数",用simplex字体输入字母m,并在"倾斜角度"输入框中将其倾斜角度修改为15,如图5-36所示。

11. 按键盘上的〈→〉键,如右移光标,则第一行的第二个单元格处于输入状态,按〈Space〉键后输入1。若继续右移光标,则第二行的第一个单元格处于输入状态;若按〈Enter〉键或向下移动光标,在正下方的单元格处于输入状态。依此类推,可以在表格的所有单元格内输入数据。

12. 单击"文字格式"对话框中的"确定"按钮,完成绘制参数表格,如图5-37所示。

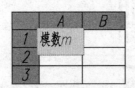

	模数m	1
	齿数z	40
	齿形角	20°

图5-36 插入表格后输入数据　　　　图5-37 绘制参数表

13. 单击标题栏"打开"▱按钮,打开零件图"挡圈.dwg"。单击"剪贴板"面板中的"复制"▱按钮,或按〈Ctrl+C〉键,选择挡圈零件图中的简化标注粗糙度符号和大多数表面的粗糙度的说明,按〈Enter〉键后将其复制到剪贴板。

14. 单击绘图区和功能区之间的"圆柱齿轮.dwg"选项卡,将其切换为当前图形。单击"剪贴板"面板中的"粘贴"▱按钮,或按〈Ctrl+V〉键,在绘图区适当位置单击,将剪贴板中的对象粘贴的圆柱齿轮零件图中。

15. 单击"修改"面板中的"拉长" 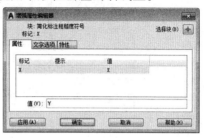 按钮，输入 dy 按〈Enter〉键，将主视图中上方的分度线和尺寸 φ12H7 的尺寸界线适当拉长。

16. 单击"修改"面板中的"复制" 按钮，将简化标注粗糙度符号复制到尺寸 φ42 的上方尺寸界线上、拉长的分度线和尺寸线上以及局部视图中形位公差的引线上。

17. 双击形位公差引线上的粗糙度符号块的属性 X，弹出"增强属性编辑器"对话框，在"属性"选项卡的"值"文本框中输入 Y，如图 5-38 所示。单击"确定"按钮，将块的属性修改为 Y。

18. 单击"修改"面板中的"复制" 按钮，将简化标注表面粗糙度符号的说明向上复制 20，如图 5-39 所示。

图 5-38 "增强属性编辑器"对话框

19. 分别双击第二行简化标注表面粗糙度符号说明中的属性 X 和属性 Ra 3.2，将它们分别修改为 Y 和 Ra 6.3，如图 5-40 所示。

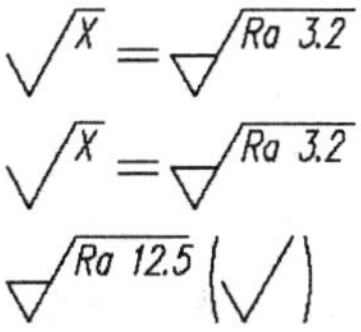

图 5-39 复制表面粗糙度符号的说明

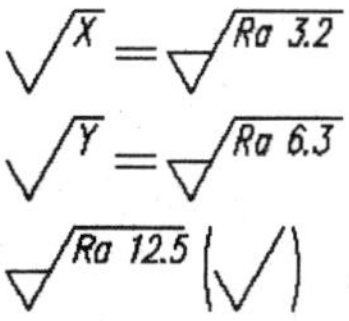

图 5-40 修改属性

20. 输入技术要求，填写标题栏。

21. 单击"标准"面板中的"保存" 按钮，保存绘制的零件图。

完成绘制圆柱齿轮。

5.2 锥齿轮

锥齿轮是蜗轮减速箱中重要的传动零件，它和蜗轮共同装配在蜗轮轴上，将动力传递给锥齿轮轴，实现动力、转速及转动方向的转换。

锥齿轮零件图是用 2:1 的比例绘制在 A3 图纸上，如图 5-41 所示。

绘图步骤

一、绘制视图

1. 打开 A3 样板图形。

2. 单击界面左上角的浏览器按钮，在弹出的菜单中选择"另存为"选项，创建文件"锥齿轮.dwg"。

3. 打开状态栏中的"正交" 按钮、"对象捕捉" 按钮和"对象捕捉追踪" 按钮，将"点画线"层设置为当前层，利用"直线"命令绘制主视图中分锥角点画线和齿轮的轴线，如图 5-42 所示。

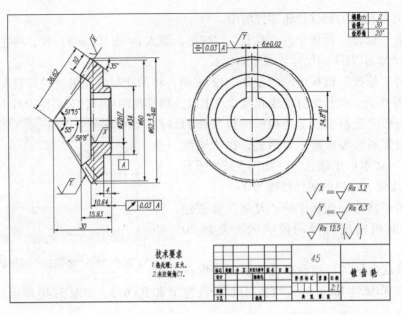

模数 m	2
齿数 z	30
齿形角	20°

$$\sqrt{X} = \sqrt{Ra\ 3.2}$$
$$\sqrt{Y} = \sqrt{Ra\ 6.3}$$
$$\sqrt{Ra\ 12.5} \ \sqrt{\ }$$

技术要求
1. 热处理：正火。
2. 未注倒角C1.

				45		锥齿轮
标记	处数	分区	更改文件号	签名	年月日	
设计			标准化			
					2:1	
审核						共 张 第 张
工艺			批准			

图 5-41　锥齿轮零件图

命令：_line　　（单击"绘图"面板中的"直线" ✐ 按钮）
指定第一点：　（在适当位置单击,指定分锥角点画线端点 A 的位置）
指定下一点或 ［放弃(U)］：@39 < 55 ↙　（输入分锥角点画线另一端点 B 相对于 A 点的坐标）
指定下一点或 ［放弃(U)］：↙　　（按〈Enter〉键,结束"直线"命令）

命令：_line　　（按〈Enter〉键或单击"绘图"面板中的"直线" ✐ 按钮）
指定第一点：2 ↙　（将光标移到 A 处,出现端点捕捉标记后向左移动光标,出现水平追踪轨迹,输入追踪距离 2,按〈Enter〉键,得到 C 点）
指定下一点或 ［放弃(U)］：34 ↙　　（向右移动光标,输入轴线 CD 的长度 34,按〈Enter〉键）
指定下一点或 ［闭合(C)/放弃(U)］：↙（按〈Enter〉键,结束"直线"命令）

4. 将"粗实线"层设置为当前层，重复"直线"命令，绘制齿轮大端端面轮廓线。

命令：_line　　（按〈Enter〉键或单击"绘图"面板中的"直线" ✐ 按钮）
指定第一点：from ↙　　（输入 from 按〈Enter〉键,利用"捕捉自"指定点的位置）
基点：　　（捕捉端点 A）
＜偏移＞：@36.62 < 55 ↙　　（输入大端分度线的端点 E 相对于 A 点的坐标）
指定下一点或 ［放弃(U)］：@2.4 < -35 ↙　　（输入 F 点相对于 E 点的坐标,EF 即为大端齿根高 $h_f = 1.2m$,其中 m 为锥齿轮的模数,$m = 2$）
指定下一点或 ［放弃(U)］：↙　　（按〈Enter〉键,结束"直线"命令）

5. 利用"拉长"命令将 EF 拉长 2，得到轮齿大端端面轮廓线 FG，其中 EG 为大端齿顶高 $h_a = m$，如图 5-43 所示。

命令：_lengthen　　（单击"修改"面板中的"拉长" ✐ 按钮）
选择对象或 ［增量(DE)/百分数(P)/全部(T)/动态(DY)］：de ↙（输入 de 按〈Enter〉键,选择"增量"选项）

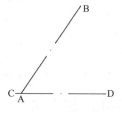

图5-42　绘制点画线

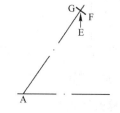

图5-43　绘制大端轮廓线

6. 单击"绘图"面板中的"直线" ✏ 按钮，连接直线AF。重复"直线"命令，连接直线AG。

7. 单击"修改"面板中的"偏移" ⚏ 按钮，偏移直线FG，偏移的距离为10，结果如图5-44所示。

8. 单击"修改"面板中的"修剪" ⊬ 按钮，修剪直线AF、AG以及偏移出来的直线，得到齿形轮廓线，如图5-45所示。

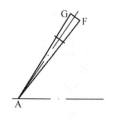

图5-44　连线、偏移

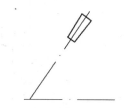

图5-45　修剪出齿形轮廓线

9. 单击"绘图"面板中的"直线" ✏ 按钮，过端点H做轴线的垂线HJ。

10. 单击"修改"面板中的"偏移" ⚏ 按钮，向右偏移直线HJ，得到直线KL，偏移距离为15.93。

11. 重复"偏移"命令向左偏移直线KL，得到直线MN，偏移距离为10.64，如图5-46所示。

12. 利用"直线"命令绘制齿轮轮廓线。

13. 单击"修改"面板中的"拉长" ✏ 按钮，输入dy按〈Enter〉键，利用"拉长"命令中的"动态"选项，拉长直线HI和GF，得到直线HT和GS，如图5-47所示。

14. 单击"修改"面板中的"修剪" ⊬ 按钮，修剪直线GS、QR、HT、MN，结果如图5-48

95

所示。

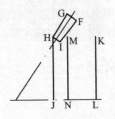
图5-46 绘制轮廓线并偏移

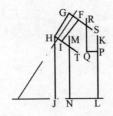
图5-47 绘制、拉长轮廓线

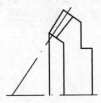
图5-48 绘制出主视图上半部分轮廓线

15. 单击"修改"面板中的"镜像"▲按钮，镜像出主视图下半部分对称轮廓线，如图5-49所示。

16. 将"点画线"层设置为当前层，利用"直线"命令连接大端分度线的端点 E 及其对称点，得到主视图中的分度线，如图5-50 所示。

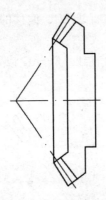
图5-49 镜像结果

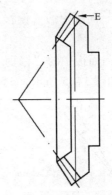
图5-50 绘制分度线

17. 将"粗实线"层设置为当前层。单击"绘图"面板中的"圆"◎按钮，将光标移到主视图轴线的右端点处，向右移动光标，出现对象捕捉追踪轨迹，在适当位置单击，绘制 φ22 的圆。

18. 单击"绘图"面板中的"直线"╱按钮，过 G 点绘制一条水平辅助线。重复"直线"命令，过 E、H、U 点绘制 3 条水平辅助线。

19. 单击"绘图"面板中的"圆"◎按钮，捕捉圆心后向上移动光标，在过 G 点的水平辅助线上捕捉垂足，绘制大端齿顶圆。重复"圆"命令，捕捉圆心后向上移动，在过 H、U 点的水平辅助线上捕捉垂足，绘制小端齿顶圆和齿轮轮廓圆。

20. 将"点画线"层设置为当前层，重复"圆"命令，捕捉圆心后向上移动，在过 E 点的水平辅助线上捕捉垂足，绘制大端分度圆。

21. 利用"直线"命令、"对象捕捉"模式和"对象捕捉追踪"模式绘制左视图的水平和垂直点画线。绘制的图形如图 5-51 所示。

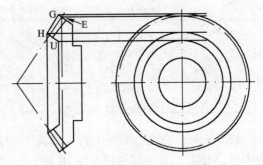
图5-51 利用辅助线绘制左视图

96

22. 单击"修改"面板中的"删除" 按钮，将 4 条辅助线删除。

23. 单击"修改"面板中的"偏移" 按钮，对称偏移左视图中的垂直点画线，偏移的距离为 3。重复"偏移"命令，向上偏移左视图中的水平点画线，偏移的距离为 13.8，如图 5-52 所示。

24. 单击"图层"面板中的"匹配" 按钮，利用"图层匹配"命令将 3 条偏移出来的点画线变为粗实线。

25. 单击"修改"面板中的"修剪" 按钮，修剪 3 条粗实线和左视图中最小的圆，修剪出内孔和键槽的投影，完成绘制左视图，如图 5-53 所示。

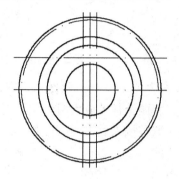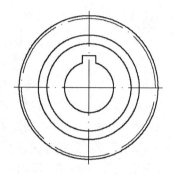

图 5-52　偏移点画线　　　　图 5-53　绘制出左视图

26. 单击"绘图"面板中的"直线" 按钮，将光标移到左视图内孔圆的最低象限点处，向左移动光标，出现对象捕捉追踪轨迹，在主视图左侧垂直线上捕捉交点，如图 5-54 所示。继续向左移动光标，在第二条垂直轮廓线上捕捉垂足，绘制出内孔的最低素线在主视图中的投影。

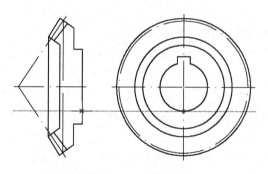

图 5-54　利用对象捕捉追踪绘制主视图的内孔轮廓线

27. 重复"直线"命令，利用对象捕捉追踪，以键槽轮廓线的端点为追踪点在主视图中绘制两条水平的内孔轮廓线，如图 5-55 所示。

28. 单击"修改"面板中的"倒角" 按钮，将倒角距离设置为 1，将"修剪"选项设置为"修剪"，并选择"多个"选项，绘制两个外倒角。

29. 重复"倒角"命令，将"修剪"选项设置为"不修剪"，并选择"多个"选项，绘制两个内倒角，如图 5-56 所示。

30. 在命令行输入 Z 按〈Enter〉键，然后输入 W 按〈Enter〉键，利用"窗口缩放"命令将内孔部分放大显示。

31. 单击"修改"面板中的"修剪"★按钮，修剪内孔轮廓线。

32. 单击"绘图"面板中的"直线"✐按钮，连接内孔倒角轮廓线，如图 5-57 所示。

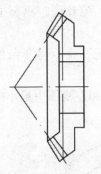

图 5-55　绘制内孔轮廓线　　　　图 5-56　绘制倒角　　　　图 5-57　绘制倒角轮廓线

33. 在命令行输入 Z 按〈Enter〉键，输入 A 按〈Enter〉键，将图形全部显示。

34. 单击"修改"面板中的"缩放"☐按钮，将两个视图放大两倍。

35. 单击"修改"面板中的"移动"✛按钮，调整放大后视图的位置。

36. 将"细实线层"设置为当前层，单击"绘图"面板中"图案填充"▨按钮，弹出"图案填充创建"选项卡。在"图案"面板中选择 ANSI31 选项，在"特性"面板的"角度"文本框中输入 0，在"比例"文本框中输入 1.25。在主视图需要填充的区域内单击后按〈Enter〉键，或单击"图案填充创建"选项卡中的"关闭图案填充创建"按钮，即可完成图案填充，如图 5-58 所示。

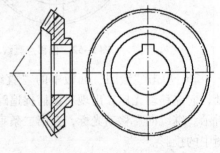

图 5-58　放大视图后进行图案填充

二、利用对齐标注命令标注倾斜尺寸

锥齿轮零件图中有多个尺寸的精度要求达到小数点后两位，标注这样的尺寸需要重新设置"机械标注样式"中线性尺寸的精度，同时要将测量比例因子修改为 0.5。

1. 单击"样式"面板中的"标注样式管理器"◢按钮，弹出"标注样式管理器"对话框，在"样式"列表中选择"机械标注样式"，单击"修改"按钮，弹出"修改标注样式"对话框，打开"主单位"选项卡，在"线性标注"选项组的"精度"下拉列表中选择 0.00 选项；在"测量比例单位"选项组的"测量比例因子"文本框中输入 0.5。单击"确定"按钮，将"机械标注样式"设置为当前样式后，关闭"标注样式管理器"对话框。

2. 将"标注"层设置为当前层，利用"对齐标注"命令标注主视图中的倾斜尺寸 10。

命令:_dimaligned　　　（单击"注释"面板中的"对齐标注"✎按钮）
指定第一条延伸线原点或 ＜选择对象＞:　　（捕捉分锥角点画线与轮齿大端端面的交点 E）
指定第二条延伸线原点:　　　　　　　　（捕捉分锥角点画线与轮齿小端端面的交点）
指定尺寸线位置或[多行文字(M)/文字(T)/角度(A)]:(在适当位置单击)
标注文字 =10

3. 重复"对齐标注"命令，标注主视图中的倾斜尺寸 36.62，如图 5-59 所示。

三、标注角度尺寸

锥齿轮零件图中角度尺寸精度要求达到 1′，标注这样的尺寸需要重新设置"机械标注样式"中的角度精度。

1. 单击"样式"面板中的"标注样式管理器"按钮，弹出"标注样式管理器"对话框，在"样式"列表中选择"角度标注样式"，单击"修改"按钮，弹出"修改标注样式"对话框，打开"主单位"选项卡，在"角度标注"选项组的"单位格式"下拉列表中选择"度／分／秒"选项，在"精度"下拉列表中选择"0d00′"选项，如图 5-60 所示。

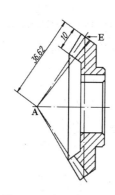

图 5-59　标注倾斜尺寸

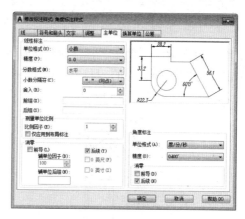

图 5-60　修改"角度标注样式"

单击"确定"按钮，将"机械标注样式"设置为当前样式后，关闭"标注样式管理器"对话框。

2. 将"标注"层设置为当前层，单击"绘图"面板中的"直线"按钮，利用"直线"命令连接主视图上方小端齿根和分锥角点画线的端点。重复"直线"命令，连接主视图下方小端齿顶和分锥角点画线的端点。重复"直线"命令，过大端齿顶 G 绘制一条水平辅助线。

3. 将"角度标注样式"设置为当前样式，利用"角度"标注命令标注齿根角 51°15′。

4. 重复"角度标注"命令，标注齿顶角 58°8′。

命令：_dimangular　　（单击"注释"面板中的"角度标注"△按钮）
选择圆弧、圆、直线或 ＜指定顶点＞：　　　　　　　　　（单击主视图中的轴线）
选择第二条直线：　　（单击主视图下方的连线）
指定标注弧线位置或［多行文字(M)/文字(T)/角度(A)］：　　（在适当位置单击）
标注文字 = 58d8 '

5. 重复"角度标注"命令，标注分锥角55°。

命令：_dimangular　　（单击"注释"面板中的"角度标注"△按钮）
选择圆弧、圆、直线或 ＜指定顶点＞：　　　　（单击主视图中的轴线）
选择第二条直线：　　（单击主视图下方的连线）
指定标注弧线位置或［多行文字(M)/文字(T)/角度(A)］：t↙　　（输入 t 按〈Enter〉键，选择"文字"选项）
输入标注文字 ＜55d0 '＞：55%%D↙　　（输入新的标注文字 55%%D，按〈Enter〉键）
指定标注弧线位置或［多行文字(M)/文字(T)/角度(A)］：　　（在适当位置单击）
标注文字 = 55d0 '

6. 重复"角度标注"命令，标注轮齿大端端面的倾斜角度35°，如图 5-61 所示。

7. 单击"标准"面板中的"打断"□ 按钮，利用"打断"命令将与角度尺寸58°8′相交的轮廓线打断，如图 5-62 所示。

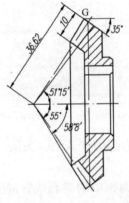
图 5-61　标注角度尺寸

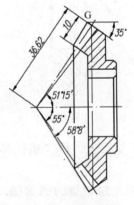
图 5-62　打断轮廓线

四、利用基线标注命令标注尺寸

1. 将"机械标注样式"设置为当前样式，利用"线性标注"命令标注尺寸4。

命令：_dimlinear　　（单击"注释"面板中的"线性标注"⊢按钮）
指定第一条延伸线原点或 ＜选择对象＞：　　（捕捉端点Ⅰ）
指定第二条延伸线原点：（捕捉端点Ⅱ）
指定尺寸线位置或［多行文字(M)/文字(T)/角度(A)/水平(H)/垂直(V)/旋转(R)］：　　（在适当位置单击）
标注文字 = 4

2. 利用"基线标注"命令标注其他水平尺寸，如图 5-63 所示。

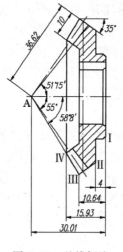

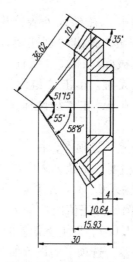

图 5-63　基线标注　　　　　　　　图 5-64　编辑尺寸文字

命令：_dimbaseline　　（单击"标注"面板中的"基线标注"□按钮）
指定第二条延伸线原点或［放弃(U)/选择(S)］＜选择＞：　　（捕捉端点Ⅲ）
标注文字＝10.64
指定第二条延伸线原点或［放弃(U)/选择(S)］＜选择＞：　　（捕捉端点Ⅳ）
标注文字＝15.93
指定第二条延伸线原点或［放弃(U)/选择(S)］＜选择＞：　　（捕捉分锥点画线的端点 A）
标注文字＝30.01
指定第二条延伸线原点或［放弃(U)/选择(S)］＜选择＞：↙　（按〈Enter〉键，结束"基线标注"命令）

3. 图 5-63 中的尺寸 30.01 不合要求，这是由于"机械标注样式"中的角度设置过高造成的。利用"编辑标注"命令修改其尺寸文字，结果如图 5-64 所示。

命令：_dimedit　　（在命令行输入 dimedit 按〈Enter〉键，启动"编辑标注"命令）
输入标注编辑类型［默认(H)/新建(N)/旋转(R)/倾斜(O)］＜默认＞：n↙　　（输入 n 按〈Enter〉键，选择"新建"选项）

在弹出的文字的编辑器的多行文字输入框中输入 30，单击"关闭文字编辑器"按钮。

选择对象：　　（单击尺寸 30.01）
找到 1 个
选择对象↙　　（按〈Enter〉键，结束"编辑标注"命令）

五、标注带公差的直径尺寸

1. 锥齿轮零件图中有 3 个带公差的尺寸，左视图中标注键槽的两个尺寸带有公差，与圆柱齿轮相似，创建相应的公差标注样式，即可标注出，这里不再重复。

锥齿轮零件图的主视图中标注的大端齿顶圆的直径带有公差，创建公差样式时必须设置"主单位"选项卡中的"前缀"选项。

2. 单击"标注"或"样式"面板中的"标注样式管理器"△按钮，弹出"标注样式管理器"对话框，在样式列表框中选择"机械标注样式"中的"线性"尺寸类型，单击"新建"按钮，弹出"创建新标注样式"对话框。该对话框中的"基础样式名"文本框显示"机械标注样式：线性"，即新创建的标注样式是在"机械标注样式：线性"基础上进行设置。单击"继续"按钮，弹出"新建标注样式"对话框，打开其中的"主单位"选项卡，在"线性标注"面板的"前缀"文本框中输入%%C，如图5-65所示。

3. 打开"公差"选项卡，在"公差格式"选项组的"方式"下拉列表中选择"极限偏差"选项；在"精度"下拉列表中选择0.000选项；在"上偏差"文本框中输入0，在"下偏差"文本框中输入0.03（请注意，AutoCAD默认下偏差为负值，当下偏差为负值时，应输入正值；当下偏差为正值时应输入负值；当下偏差为0时，输入0即可）；在"高度比例"文本框中输入0.7，即上下偏差的高度比基本尺寸小一号；在"垂直位置"下拉列表中选择"中"。"公差"选项卡的设置如图5-66所示。

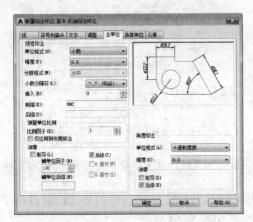

图5-65 设置"主单位"选项卡

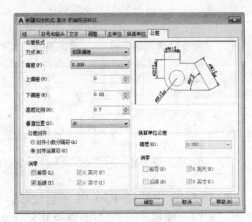

图5-66 设置"公差"选项卡

4. 单击"确定"按钮，回到"标注样式管理器"对话框，在"样式"列表框中右击新建的标注样式"副本机械标注样式"，将其重新命名为"公差样式1"。

5. 将"公差样式1"设置为当前样式，利用"线性标注"命令，可标注出主视图中的带公差的大端齿顶圆直径尺寸，如图5-67所示。

图中的直径尺寸 ϕ22H7、ϕ34 和 ϕ60 是用"线性直径标注样式"标注的，该样式的测量比例因子应修改为0.5。

六、利用延伸命令修改基准符号

1. 锥齿轮零件图中形位公差的标注与圆柱齿轮零件图类似，这里不再重复。

2. 标注几何公差后需要标注基准符号，利用"插入块"命令将标注基准符号块。插入到尺寸 ϕ22H7 的尺寸线的延长线上，基准符号与尺寸 ϕ34 的尺寸界线相交了，如图5-68所示。

3. 单击"修改"面板中的"分解" 按钮，利用"分解"命令分解基准符号。

4. 单击"修改"面板中的"移动" 按钮，利用"移动"命令将基准符号的细实线正方形向下移动至适当位置。

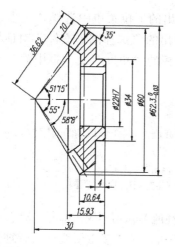

图 5-67　标注带公差的直径尺寸

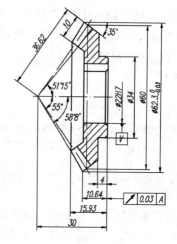

图 5-68　基准符号需要修改

5. 利用"延伸"命令将基准符号中的垂直细实线延伸到正方形。

> 命令:_extend　　　　　　　　（单击"修改"面板中的"延伸"⁻⁻∕按钮）
> 当前设置:投影 = UCS,边 = 无
> 选择边界的边...　　　（单击基准符号的正方形）
> 选择对象或 <全部选择 >:∕（按〈Enter〉键,结束形状延伸边界对象）
> 找到 1 个
> 选择对象:
> 选择要延伸的对象,或按住 Shift 键选择要修剪的对象,或［栏选(F)/窗交(C)/投影(P)/边
> (E)/放弃(U)］:　　　　（单击垂直细实线的下端）
> 选择要延伸的对象,或按住 Shift 键选择要修剪的对象,或［栏选(F)/窗交(C)/投影(P)/边
> (E)/放弃(U)］:∕　　　（按〈Enter〉键,结束形状延伸对象）

6. 单击"修改"面板中的"删除" ∕按钮,利用"删除"命令删除颠倒的字母 A。

7. 将"文字"层设置为当前层,将"字母和数字样式"设为当前样式,单击"文字"面板中的"单行文字" A̲按钮,利用"单行文字"命令输入 A。

8. 单击"修改"面板中的"移动" ✛按钮,利用"移动"命令将字母"A"调整到基准符号的正方形内适当位置。
完成修改基准符号,如图 5-69 所示。

七、标注倾斜方向的表面粗糙度

在前面的章节中标注水平或垂直方向的表面粗糙度时,一般利用临时追踪点捕捉指定表面粗糙度符号块的插入点。在主视图中齿形和齿顶的表面粗糙度是倾斜标注的,标注这样的表面粗糙度,则需要利用捕捉自指定表面粗糙度符号块的插入点。

1. 单击"修改"面板中的"拉长" ∕按钮,输入 dy 按〈Enter〉键,利用"拉长"命令中的"动态"选项将分锥角点画线右上端适当延长、左下端适当缩短。

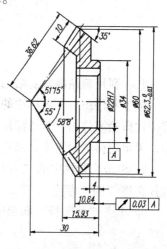

图 5-69　符合要求的基准符号

103

2. 单击"块"面板中的"插入"🔧按钮，在弹出的下拉菜单中选择"更多选项"选项，弹出"插入"对话框，单击"浏览"按钮，在弹出的"选择图形文件"对话框中打开保存的"简化标注粗糙度符号"文件，在"旋转"面板的"角度"文本框中输入 55，单击"确定"按钮。

命令：_insert
指定插入点或［比例（S）/X/Y/Z/旋转（R）/预览比例（PS）/PX/PY/PZ/预览旋转（PR）］：from↙
　　（输入 from 按〈Enter〉键，利用"捕捉自"指定插入点）
基点：　　　　　　　　　　（捕捉分锥点画线的右上方端点）
＜偏移＞：@5＜235↙　　　（输入插入点相对于基点的坐标，按〈Enter〉键）

弹出的"编辑属性"对话框，属性文本框中输入属性值 X 保留不变，单击"确定"按钮。

3. 单击"注释"面板中的"多重引线样式"🖉按钮，在"多重引线样式管理器"对话框中创建新的引线样式"我的引线"。

4. 单击"注释"面板中的"引线"🖉按钮，利用"多重引线"命令标注出齿顶的表面粗糙度。

在锥齿轮零件图中水平标注表面粗糙度、简化表面粗糙度符号的说明和标注大多数表面粗糙度方法同前，这里不再赘述。

标注表面粗糙度的结果如图 5-70 所示。

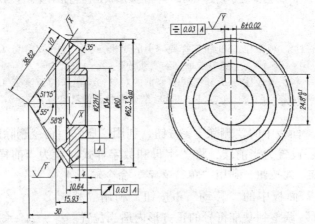

图 5-70　标注粗糙度

八、利用剪贴板复制粘贴对象

圆锥零件图右上角标注的表面粗糙度与圆柱齿轮零件图相同，二者的参数表类似。可以将圆柱齿轮零件图右上角标注的表面粗糙度和参数表复制到剪贴板，再粘贴到锥齿轮零件图中，编辑表格中的文字，调整粘贴对象的位置即可。

1. 单击标题栏中的"打开"🖉按钮，弹出"选择图形文件"对话框，在文件列表框中选择文件"圆柱齿轮"，单击"打开"按钮，打开圆柱齿轮零件图"圆柱齿轮.dwg"。

2. 单击"剪贴板"面板中的"复制到剪贴板"🖺按钮，将对象复制到剪贴板。

命令：_copyclip
选择对象：　　　　　　　　（单击圆柱齿轮的参数表）

找到 1 个
选择对象:↙　　　　（按〈Enter〉键,结束选择复制对象）

3. 单击绘图区和功能区之间的“锥齿轮 . dwg”选项卡，将锥齿轮零件图切换为当前图形。单击“剪贴板”面板中的“从剪贴板粘贴”按钮，将对象从剪贴板粘贴到锥齿轮零件图中。

命令: _pasteclip
指定插入点:　　　　（参数光标在复制的对象的左下角,在锥齿轮零件图的右上角适当位置单击）

4. 在命令行输入 Z 按〈Enter〉键，输入 W 按〈Enter〉键，利用“窗口缩放”命令将参数表格放大显示。

5. 双击第一行第二单元格，弹出“文字格式”对话框，该单元格处于编辑状态，删除原来模数 1，重新输入模数 2。按下移光标键或按〈Enter〉键，第二行第二单元处于编辑状态，删除原来齿数 40，重新输入齿数 30，如图 5-71 所示，单击“确定”按钮。

模数m	2
齿数z	30
齿形角	20°

图 5-71　编辑参数表

6. 在命令行输入 Z 按〈Enter〉键，输入 P 按〈Enter〉键，利用“缩放上一个”命令返回到上一个显示窗口。

7. 单击“修改”面板中的“移动”按钮，选择零件图右上角的粗糙度和参数表为移动对象，捕捉参数表的右上角点为移动基点，捕捉边框的右上角点为位移的第二点，将参数表调整到边框的右上角，同时调整属性为 12.5 的表面粗糙度符号块及“其余”二字的位置。

8. 输入技术要求，填写标题栏。

9. 单击“标准”面板中的“保存”按钮，保存绘制的零件图。

完成绘制锥齿轮。

5.3　蜗轮

蜗轮是蜗杆蜗轮减速箱中重要的传动零件，由蜗杆轴输入动力后带动蜗轮转动，实现转速的减慢和转动方向的改变。

蜗轮零件图是用 2:1 的比例绘制在 A3 图纸上，如图 5-72 所示。

绘图步骤

一、绘制视图

1. 打开 A3 样板图形。

2. 单击界面左上角的浏览器按钮，在弹出的菜单中选择“另存为”选项，创建文件“蜗轮 . dwg”。

3. 打开状态栏中的“正交”按钮、“对象捕捉”按钮和“对象捕捉追踪”按钮，将“粗实线”层设置为当前层，利用“直线”命令绘制主视图外轮廓线。

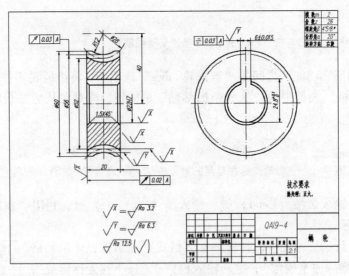

图 5-72　蜗轮零件图

4. 在命令行输入 Z 按〈Enter〉键，输入 W 按〈Enter〉键，利用"窗口缩放"命令放大显示图形。

5. 将"点画线"层设置为当前层，重复"直线"命令，绘制蜗轮的轴线。

6. 单击"修改"面板中的"偏移" ⚎ 按钮，向上偏移蜗轮的轴线，偏移的距离为 40。

7. 单击"绘图"面板中的"直线" ╱ 按钮，利用"直线"命令、对象捕捉模式和对象捕捉追踪模式绘制上半部分左右对称点画线，如图 5-73 所示。

8. 单击"绘图"面板中的"圆" ⊘ 按钮，以左右对称点画线与上方水平点画线的交点为圆心绘制半径为 12 的圆，即齿顶圆弧面的半径为 12。重复"圆"命令，绘制 $R16.4$ 的圆，即齿根圆半径为 16.4。请注意，蜗轮齿根圆的直径为 $d_f = m(Z-2.4) = 2 \times (26-2.4) = 47.2$，齿根圆半径 $R_f = 40 - 47.2 \div 2 = 16.4$，如图 5-74 所示。

9. 将"点画线"层设置为当前层，重复"圆"命令，绘制 $R14$ 的点画线圆，如图 5-74 所示。

10. 单击"修改"面板中的"修剪" ⊹ 按钮，修剪两个粗实线圆和上方水平轮廓线。

11. 关闭状态栏中的"对象捕捉" □ 按钮，单击"修改"面板中的"打断" □ 按钮，将点画线圆打断，结果如图 5-75 所示。

12. 单击"修改"面板中的"镜像" ⚏ 按钮，选择除了两条水平点画线以外的线条为镜像对象，以蜗轮轴线为镜像线，镜像出下半部分图形，如图 5-76 所示。

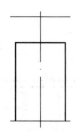 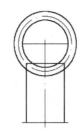 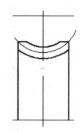

图5-73　绘制轮廓线和点画线　　　　图5-74　绘制圆　　　　图5-75　修剪、打断圆

13. 单击"图层"面板中的"匹配"按钮，输入 dy 按〈Enter〉键，利用"拉长"命令中的"动态"选项调整垂直点画线和下方点画线圆弧的长度。

14. 利用"合并"命令将两条竖直点画线合并，如图5-77所示。

命令：_join　　　　　　　　　（单击"修改"面板中的"合并"按钮）
选择源对象：　　　　　　　　　（单击其中一条竖直点画线）
选择要合并到源的直线：　　　　（单击另一条竖直点画线）
找到 1 个
选择要合并到源的直线：↙　　　（按〈Enter〉键，结束选择要合并到源的直线）
已将 1 条直线合并到源

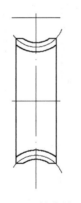 

图5-76　镜像结果　　　　　　　　图5-77　调整、合并点画线

15. 利用绘制圆柱齿轮和锥齿轮零件图的左视图的方法，绘制蜗轮左视图，如图5-78所示。图中4个圆分别为 $\phi60$、$\phi56$、$\phi25$、$\phi22$。利用"偏移"命令绘制键槽，对称偏移垂直点画线的距离为3，向上偏移水平点画线的距离为13.8。

16. 将"粗实线"层设置为当前层，利用"直线"命令绘制3条辅助线，辅助线的左端点是在竖直轮廓线上捕捉的垂足，如图5-79所示。

17. 修剪辅助线后，绘制主视图中内孔倒角的方法与绘制圆柱齿轮、锥齿轮零件图相同，不再重复，注意倒角距离为1.5。

18. 在命令行输入 Z 按〈Enter〉键，输入 P 按〈Enter〉键，利用"缩放上一个"命令返回到上一个显示窗口。

19. 单击"修改"面板中的"缩放"按钮，将视图放大两倍。

20. 单击"修改"面板中的"移动"按钮，调整放大后的图形的位置。

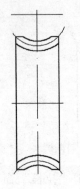
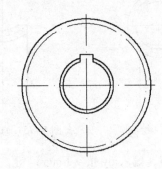

图 5-78　绘制左视图

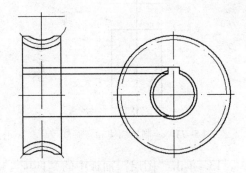

图 5-79　利用辅助线绘制左视图

21. 将"细实线层"设置为当前层，单击"绘图"面板中"图案填充"按钮，弹出"图案填充创建"选项卡。在"图案"面板中选择 ANSI31 选项，在"特性"面板的"角度"文本框中输入 0，在"比例"文本框中输入 1.25。在主视图需要填充的区域内单击后按〈Enter〉键，或单击"图案填充创建"选项卡中的"关闭图案填充创建"按钮，即可完成图案填充。

22. 分别单击主视图中的两条水平点画线和两个点画线圆弧，出现蓝色夹点后再双击选中的任一条点画线，弹出"特性"面板，单击"线型比例"选型，将"线型比例"修改为0.8。关闭"特性"面板，按〈Esc〉键，取消夹点，如图 5-80 所示。

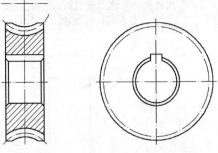

二、利用"单点打断"命令改变标注样式

在蜗轮零件图中标注尺寸、公差、几何公差和表面粗糙度的方法，在前面均做过介绍，不再重复。这里仅介绍在主视图上标注点画线圆的直径

图 5-80　绘制内孔，放大视图，图案填充，调整线型比例

$\phi28$ 的方法，该直径尺寸只有一个箭头，需要利用直径标注命令标注，再对尺寸线进行修改。

1. 将"径向标注补充样式"的测量比例因子修改为 0.5，将该样式设置为当前样式。

2. 将"标注"层设置为当前层，单击"注释"面板中的"直径标注"按钮，单击主视图上方点画线圆弧为标注对象，在适当位置单击，如图 5-81 所示。

3. 单击"修改"面板中的"分解"按钮，将该尺寸分解。

4. 单击"修改"面板中的"单点打断"按钮，将该尺寸的尺寸线打断。

```
命令：_break
选择对象：                    （单击尺寸线）
指定第二个打断点 或 [第一点(F)]：_f
指定第一个打断点：          （在点画线圆的圆心的左上方单击尺寸线）
指定第二个打断点：@
```

5. 单击"修改"面板中的"删除"按钮，将尺寸线上半段和箭头删除，结果如图 5-82

所示。

三、绘制参数表

1. 蜗轮参数表格样式的设置与圆柱齿轮完全相同，这里不再重复。

2. 将“我的表格”设置为当前表格样式，将“细实线层”设置为当前层。单击“绘图”面板中的“插入表格”按钮，弹出“插入表格”对话框，在该对话框中做如图 5-83 所示的设置。

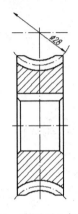

图 5-81　在圆弧上标注直径

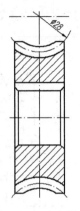

图 5-82　改变样式

3. 单击“确定”按钮，回到绘图区。将光标移到边框右上角点处，出现端点捕捉标记后，向右移动光标，出现追踪轨迹，输入追踪距离 40 按〈Enter〉键，将表格插入边框右上角，且表格处于输入状态。依次在表格的单元格中输入文字、数据，单击“文字格式”对话框中的“确定”按钮即可，如图 5-84 所示。

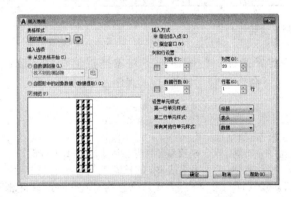

图 5-83　设置“插入表格”对话框

模　数 m	2
齿　数 z	26
螺旋角 β	4°5′8″
齿形角 α	20°
旋转方向	右旋

图 5-84　蜗轮零件图参数表

4. 标注表面粗糙度、输入技术要求、填写标题栏。

5. 单击“标准”面板中的“保存”按钮，保存绘制的零件图。

完成绘制蜗轮。

5.4　带轮

带轮装配在蜗杆轴上，作用是将电动机的动力传递给蜗杆，使蜗轮减速箱进入工作状态。

带轮零件图是用 2.5:1 的比例绘制在 A3 图纸上，如图 5-85 所示。

绘图步骤

一、绘制主视图

1. 打开 A3 样板图形。

2. 单击标题栏中的"另存为"🖫按钮，或单击界面左上角的浏览器按钮，在弹出的菜单中选择"另存为"选项，创建文件"带轮.dwg"。

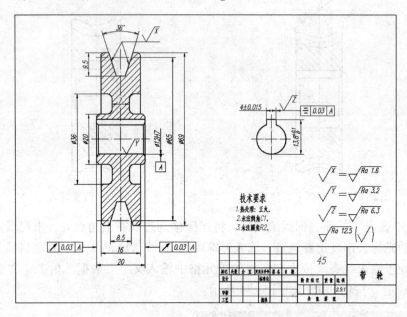

图 5-85　带轮零件图

3. 打开状态栏中的"正交"🖳按钮、"对象捕捉"🗖按钮和"对象捕捉追踪"∠按钮，将"粗实线"层设置为当前层，利用"直线"命令绘制主视图 1/4 视图。

命令：_line　　（单击"绘图"面板中的"直线"∠按钮）
指定第一点：　　　　　　　　　（在适当位置单击）
指定下一点或 [放弃(U)]：10✓　（向上移动光标，输入垂直线 AB 的长度 10，按〈Enter〉键）
指定下一点或 [放弃(U)]：2✓　　（向右移动光标，输入水平线 BC 的长度 2，按〈Enter〉键）
指定下一点或 [闭合(C)/放弃(U)]：24.5✓（向上移动光标，输入垂直线 CD 的长度 24.5，按〈Enter〉键）
指定下一点或 [闭合(C)/放弃(U)]：8✓（向右移动光标，输入水平线 DE 的长度 8，按〈Enter〉键）
指定下一点或 [放弃(U)]：✓　　（按〈Enter〉键，结束"直线"命令）

4. 重复"直线"命令，继续绘制轮廓线。

命令：_line　　（单击"绘图"面板中的"直线"∠按钮）
指定第一点：　　　　　　　　　（捕捉端点 C）
指定下一点或 [放弃(U)]：4.5✓　（向右移动光标，输入水平线 CF 的长度 4.5，按〈Enter〉键）
指定下一点或 [放弃(U)]：8✓　　（向上移动光标，输入垂直线 FG 的长度 8，按〈Enter〉键）

5. 在命令行输入 Z 按〈Enter〉键,输入 W 按〈Enter〉键,利用"窗口缩放"命令放大显示图形。

6. 将"点画线"层设置为当前层,单击"绘图"面板中的"直线" ∕ 按钮,利用对象捕捉模式和对象捕捉追踪模式过 A 点绘制带轮的轴线。重复"直线"命令,过 E 点绘制竖直点画线,如图 5-86 所示。

7. 单击"修改"面板中的"倒角" ◻按钮,绘制两个倒角距离为 1 的外倒角。

8. 单击"修改"面板中的"圆角" ◻按钮,绘制两个 R2 的圆角。

9. 单击"修改"面板中的"偏移" ◪按钮,向上偏移带轮的轴线,偏移的距离为 32.5。重复"偏移"命令向左偏移竖直点画线,偏移距离为 4.25。重复"偏移"命令,向下偏移上方水平轮廓线,偏移距离为 9.5,如图 5-87 所示。

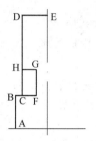

图 5-86　绘制轮廓线和点画线

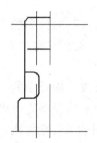

图 5-87　绘制倒角和圆角,偏移线条

10. 将"粗实线"层设置为当前层,利用"直线"命令绘制带槽轮廓线,如图 5-88 所示。

11. 单击"修改"面板中的"拉长" ↗按钮,输入 dy 按〈Enter〉键,利用"拉长"命令中的"动态"选项将绘制的倾斜线拉长,如图 5-89 所示。

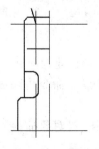

图 5-88　绘制倾斜轮廓线

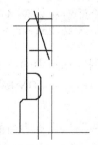

图 5-89　拉长倾斜轮廓线

12. 单击"修改"面板中的"删除" ✐ 按钮，将偏移出来的竖直点画线删除。

13. 单击"修改"面板中的"修剪" ⊬ 按钮，修剪出 1/4 视图中的带槽轮廓线，如图 5-90 所示。

14. 单击"修改"面板中的"镜像" ⚎ 按钮，选择 1/4 视图中粗实线为镜像对象，以竖直点画线为镜像线，镜像出上半部分视图，如图 5-91 所示。

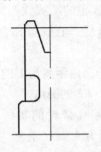

图 5-90　修剪轮廓线

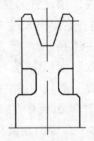

图 5-91　做垂直镜像

15. 单击"修改"面板中的"拉长" ⚏ 按钮，输入 dy 按〈Enter〉键，利用"拉长"命令中的"动态"选项，适当缩短上方水平点画线的长度。

16. 单击"修改"面板中的"镜像" ⚎ 按钮，选择 1/2 视图中粗实线、上方水平点画线及垂直点画线为镜像对象，以带轮直线为镜像线，镜像出主视图的主要轮廓线。

17. 单击"修改"面板中的"合并" ⊷ 按钮，利用"合并"命令将两条竖直点画线合并，如图 5-92 所示。

二、绘制局部视图

1. 单击"绘图"面板中的"圆" ⊙ 按钮，利用延长捕捉或对象捕捉追踪模式指定圆的位置，绘制一个 ϕ12 的圆。

2. 单击"绘图"面板中的"矩形" ▭ 按钮，绘制矩形，如图 5-93 所示。

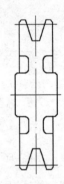

图 5-92　水平镜像后合并点画线

> 命令：_rectang
> 指定第一个角点或［倒角（C）/标高（E）/圆角（F）/厚度（T）/宽度（W）］：_from↙（输入 from 按〈Enter〉键，利用"捕捉自"指定角点的位置）
> 基点：　　　　　　　　　　（捕捉圆的下象限点为基点）
> ＜偏移＞：@ -2, 13.8↙　　（输入矩形第一角点相对于基点的坐标，按〈Enter〉键）
> 指定另一个角点或［面积（A）/尺寸（D）/旋转（R）］：@4, -6↙　（输入矩形第二角点相对于第一角点的坐标，按〈Enter〉键）

3. 单击"绘图"面板中的"面域" ◎ 按钮，将圆和矩形创建为面域。

4. 在命令行中输入 UNION 按〈Enter〉键，利用"并集"命令将圆面域和矩形面域矩形并集运算。

5. 将"点画线"层设置为当前层，利用"直线"命令、"对象捕捉"模式和"对象捕捉追踪"模式绘制局部视图中的点画线，如图 5-94 所示。

图 5-93　绘制圆和矩形　　　　　　　图 5-94　绘制局部视图

三、完成绘制零件图

1. 绘制出局部视图后，还要绘制主视图中内孔轮廓线。绘图方法在前面三节中已经介绍过，这里不再重复。

2. 在命令行输入 Z 按〈Enter〉键，输入 P 按〈Enter〉键，利用"缩放上一个"命令返回到上一个显示窗口。

3. 单击"修改"面板中的"缩放" 按钮，将视图放大 2.5 倍。

4. 单击"修改"面板中的"移动" 按钮，调整放大后的图形位置。

5. 将"细实线层"设置为当前层，单击"绘图"面板中"图案填充" 按钮，弹出"图案填充创建"选项卡。在"图案"面板中选择 ANSI31 选项，在"特性"面板的"角度"文本框中输入 0，在"比例"文本框中输入 1.25。在主视图需要填充的区域内单击后按〈Enter〉键，或单击"图案填充创建"选项卡中的"关闭图案填充创建"按钮，即可完成图案填充。

6. 单击主视图中上方和下方的两条水平点画线，出现蓝色夹点后再双击其中一条点画线，弹出"特性"面板，单击"线型比例"选型，将"线型比例"修改为 0.7。关闭"特性"面板，按〈Esc〉键，取消夹点。

7. 单击局部视图中两条点画线，出现蓝色夹点后再双击其中一条点画线，弹出"特性"面板，单击"线型比例"选型，将"线型比例"修改为 0.5。关闭"特性"面板，按〈Esc〉键，取消夹点，如图 5-95 所示。

8. 带轮零件图中标注尺寸、公差、几何公差、插入基准符号、标注表面粗糙度的方法前面章节做了介绍，不再重复。标注尺寸和公差时，需要将相应标注样式的测量比例因子修改为 0.4。主视图中尺寸 7 标注在视图内，为了避免标注文字和剖面线相交，应先将剖面线删除，标注了尺寸 7 后，重新绘制剖面线。标注带槽倾斜面的粗糙度时，需要利用"直线"命令绘制倾斜和水平引线。

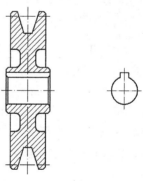

图 5-95　放大视图，绘制剖面线，调整线型比例

9. 输入技术要求，填写标题栏。

10. 单击"标准"面板中的"保存" 按钮，保存绘制的零件图。

完成绘制带轮。

5.5　螺塞

螺塞套上封油垫片后旋合在箱体的排油孔上，作用是当蜗轮减速箱工作时防止漏油，当蜗轮减速箱不工作时卸下来，可以清洗蜗轮减速箱内的油污或换油。

螺塞零件图是以 4∶1 的比例绘制在 A4 图纸上, 如图 5-96 所示。

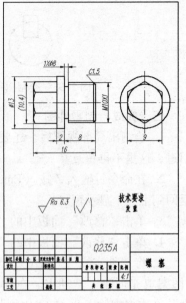

绘图步骤

一、绘制左视图

1. 打开 A4 样板图形。

2. 单击标题栏中的"另存为" 按钮, 或单击界面左上角的浏览器按钮, 在弹出的菜单中选择"另存为"选项, 创建文件"螺塞.dwg"。

3. 打开状态栏中的状态栏"正交"按钮、"对象捕捉"按钮和"对象捕捉追踪"按钮。单击"绘图"面板中的"圆"按钮, 在绘图区适当位置单击指定圆心的位置, 输入圆的半径 6.5 后按〈Enter〉键, 绘制出大圆。

4. 在命令行输入 Z 按〈Enter〉键, 输入 W 按〈Enter〉键, 利用"窗口缩放"命令将绘制的圆放大显示。

图 5-96 螺塞零件图

5. 利用"多边形"命令绘制正六边形。

命令: _polygon　　　(单击"绘图"面板中的"多边形" 按钮)
输入边的数目 <4>: 6↙　　　　　　　　　　　(输入正多边形的边数 6, 按〈Enter〉键)
指定正多边形的中心点或[边(E)]:　　　　　(捕捉大圆的圆心)
输入选项[内接于圆(I)/外切于圆(C)]<I>: c↙　(输入 c 按〈Enter〉键, 选择"外切于"选项)
指定圆的半径: @4.5,0↙　　　(输入光标与正多边形中心的相对坐标, 按〈Enter〉键)

6. 单击"绘图"面板中"圆"下拉菜单中的"相切, 相切, 相切"按钮, 将光标移到正六边形的边上出现切点捕捉标记后单击, 依次单击 3 条边即可绘制出正六边形的内切圆。

7. 将"点画线"层设置为当前层, 利用"直线"命令、"对象捕捉"模式和"对象捕捉追踪"模式绘制两条对称中心线。完成绘制左视图, 如图 5-97 所示。

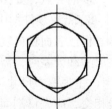

二、利用构造线绘制主视图

螺塞的主视图主要由水平线和垂直线构成, 可以利用"构造线"和"偏移"命令绘制。

图 5-97 绘制
螺塞左视图

1. 在绘图区空白处右击, 在弹出的快捷菜单中选择"缩放"选项, 利用"实时缩放"命令调整左视图在绘图区的显示位置。

2. 单击"图层"面板中的"上一个图层"按钮, 将"粗实线"层设置为当前层, 利用"构造线"命令绘制水平构造线。

命令: _xline　　　(单击"绘图"面板中的"构造线"按钮)
指定点或[水平(H)/垂直(V)/角度(A)/二等分(B)/偏移(O)]: h↙　　　(输入 h 按〈Enter〉键, 选择"水平"选项)
指定通过点:
指定通过点:

114

> 指定通过点：
> 指定通过点：
> 指定通过点：
> 指定通过点：　（依次捕捉左视图中大圆的上下两个象限点和正六边形的4个顶点为通过点）
> 指定通过点：↙　（按〈Enter〉键,结束"构造线"命令）

3. 重复"构造线"命令，绘制竖直构造线。

> 命令：_xline　（单击"绘图"面板中的"构造线"↙按钮）
> 指定点或［水平(H)/垂直(V)/角度(A)/二等分(B)/偏移(O)］：v↙　（输入v,按〈Enter〉键,选择"垂直"选项）
> 指定通过点：　（在适当位置单击）
> 指定通过点：↙　（按〈Enter〉键,结束"构造线"命令）

4. 利用"构造线"命令向右偏移第一条竖直构造线，得到第二条竖直构造线。

> 命令：_xline　（单击"绘图"面板中的"构造线"↙按钮）
> 指定点或［水平(H)/垂直(V)/角度(A)/二等分(B)/偏移(O)］：o↙　（输入o按〈Enter〉键,选择"偏移"选项）
> 指定偏移距离或［通过(T)］＜通过＞：6↙　（输入偏移距离6,按〈Enter〉键）
> 选择直线对象：　（单击第一条竖直构造线）
> 指定向哪侧偏移：　（在第一条竖直构造线的右侧单击）
> 选择直线对象：↙　（按〈Enter〉键,结束"构造线"命令）

5. 重复"构造线"命令，利用"构造线"命令中的"偏移"选项向右偏移第二条竖直构造线，得到第三条竖直构造线，其余依次类推，共偏移出4条垂直构造线，如图5-98所示。

6. 上图中还缺少退刀槽和螺纹的轮廓线，利用"构造线"命令中的"偏移"选项可以画出。按〈Enter〉键再次启动"构造线"命令，输入O按〈Enter〉键，选择"偏移"选项，输入偏移距离2.5按〈Enter〉键。选择上方水平构造线为直线对象，并在其下方单击。再选择下方水平构造线为直线对象，并在其上方单击，按〈Enter〉键结束"构造线"命令，即可绘制出退刀槽轮廓线所需的水平构造线。

7. 按〈Enter〉键再次启动"构造线"命令，输入O按〈Enter〉键，选择"偏移"选项，输入偏移距离1.5按〈Enter〉键。选择上方水平构造线为直线对象，并在其下方单击。再选择下方水平构造线为直线对象，并在其上方单击，按〈Enter〉键结束"构造线"命令，即可绘制出螺纹轮廓线所需的水平构造线，如图5-99所示。

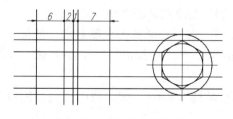

图5-98　利用构造线绘图

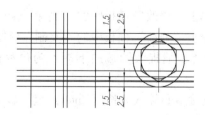

图5-99　偏移水平构造线

8. 单击"修改"面板中的"修剪" ⊬ 按钮，选择最外面的 4 条构造线为修剪边界，利用虚线拾取窗口进行初步修剪，如图 5-100 所示。初步修剪结果如图 5-101 所示。

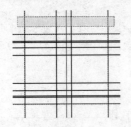

图 5-100　利用虚线拾取窗口修剪

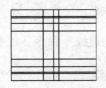

图 5-101　初步修剪构造线

9. 进一步修剪，即可初步得到螺塞主视图的主要轮廓线，如图 5-102 所示。

三、绘制六棱柱倒角和螺纹

六棱柱倒角后得到的轮廓线实际是双曲线，在主视图中的投影可以用圆弧近似地绘制，其中大圆弧的半径为 8，小圆弧通过作图画出。

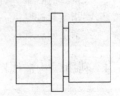

图 5-102　修剪构造线

1. 单击绘图面板中"圆弧"下拉菜单中的"圆心，起点，半径" ⟋ 按钮，捕捉端点 A 为圆弧的起点，捕捉端点 B 为圆弧的端点，输入圆弧半径"8"后按〈Enter〉键，绘制的圆弧如图 5-103 所示。

2. 单击"修改"面板中的"移动" ✛ 按钮，捕捉圆弧的中点为基点，捕捉直线的中点 C 为位移的第二点。圆弧被移动与直线相切的位置，如图 5-104 所示。

3. 单击"绘图"面板中"直线" ⟋ 按钮，捕捉圆弧的端点 D，在上方水平线上捕捉垂足 E，绘制出辅助线 DE。

4. 按〈Enter〉键再次启动"直线"命令，捕捉 DE 的中点后向左移动光标，在竖直轮廓线上捕捉垂足，绘制出一条水平辅助线 FG，如图 5-105 所示。

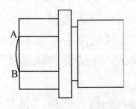

图 5-103　绘制圆弧

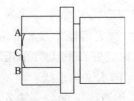

图 5-104　移动圆弧

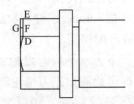

图 5-105　绘制辅助线

5. 单击"绘图"面板中"圆弧" ⟋ 按钮，捕捉端点 D、G、E，绘制小圆弧，如图 5-106 所示。

6. 单击"修改"面板中的"删除" ⟋ 按钮，删除两条辅助线。

7. 单击"修改"面板中的"复制" ⟋ 按钮，选择小圆弧为复制对象，捕捉小圆弧的端点 E 为基点，捕捉大圆弧的下端点为位移的第二点，复制出另一个小圆弧，如图 5-107 所示。

8. 在命令行输入 Z 按〈Enter〉键，输入 W 按〈Enter〉键，利用"窗口缩放"命令放大显示 3 个圆弧。

9. 单击"修改"面板中的"修剪" ⊬ 按钮，选择 3 个圆弧为修剪边界，修剪多余的线条。

10. 在命令行输入 Z 按〈Enter〉键，输入 P 按〈Enter〉键，利用"缩放上一个"命令返回到上一个显示窗口，如图 5-108 所示。

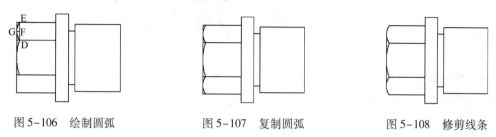

图 5-106　绘制圆弧　　　　图 5-107　复制圆弧　　　　图 5-108　修剪线条

11. 外螺纹的牙底线是细实线，牙底圆的直径约为牙顶圆直径的 0.9 倍，即 9。因此，牙底线到牙顶线的距离可按 0.5 绘制，且应画到倒角内。单击"修改"面板中的"偏移"按钮，输入偏移距离 0.5 后按〈Enter〉键，选择上方牙顶线为偏移对象，并在其下方单击。再选择下方牙顶线为偏移对象，并在其上方单击。按〈Enter〉键，结束"偏移"命令，偏移出两条直线。

12. 单击两条偏移出的直线，将"细实线"层设置为当前层，按〈Esc〉键，两条直线变为细实线，如图 5-109 所示。

13. 单击"修改"面板中的"倒角"按钮，绘制两个倒角距离为 0.5 的外倒角。

14. 将"粗实线"层设置为当前层，单击"绘图"面板中的"直线"按钮，绘制倒角轮廓线。

15. 将"点画线"层设置为当前层，利用"直线"命令、"对象捕捉"模式和"对象捕捉追踪"模式绘制螺塞轴线，如图 5-110 所示。

图 5-109　偏移轮廓线　　　　　　图 5-110　绘制螺纹、倒角和轴线

16. 在命令行输入 Z 按〈Enter〉键，输入 P 按〈Enter〉键，利用"缩放上一个"命令返回到上一个显示窗口。

17. 单击"修改"面板中的"缩放"按钮，将两个视图放大 4 倍。

18. 单击"修改"面板中的"移动"按钮，调整视图的位置。

19. 将"线性直径标注样式"和"机械标注样式"的测量比例因子修改为 0.25，利用这两个样式标注尺寸。

标注退刀槽尺寸、螺纹尺寸及参考尺寸时需要利用"线性标注"命令中的"文字"选项，输入新的尺寸文字。

20. 标注表面粗糙度，输入技术要求，填写标题栏。

21. 单击"标准"面板中的"保存"按钮，保存绘制的零件图。

完成绘制螺塞。

第6章 典型零件的绘制

在蜗轮减速箱中有三类典型的机械零件，即轴套类零件、盘盖类零件和箱体类零件，蜗轮轴、蜗杆轴、锥齿轮轴和轴承套是轴套类零件，箱盖是盘盖类零件，箱体是箱体类零件。

6.1 蜗轮轴

蜗轮轴是蜗轮减速箱中重要的零件，与蜗轮、锥齿轮装配在一起，支撑蜗轮的转动，并将力矩传递给锥齿轮。

蜗轮轴零件图是用 2:1 的比例绘制在 A3 图纸上，如图 6-1 所示。

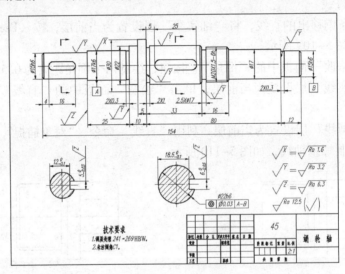

图 6-1 蜗轮轴零件

绘图步骤

一、绘制主视图

1. 打开 A3 样板图形。

2. 单击标题栏中的"另存为"🖫按钮，或单击界面左上角的浏览器按钮，在弹出的菜单中选择"另存为"选项，创建文件"蜗轮轴 .dwg"。

3. 打开状态栏的"正交"🕀按钮、"对象捕捉"🗖按钮和"对象捕捉追踪"🖉按钮，将"粗实线"层设置为当前层，利用"直线"命令连续绘制主视图上半部分轮廓线。

命令：_line　（单击"绘图"面板中的"直线"✎按钮）
指定第一点：（在适当位置单击）

指定下一点或 [放弃(U)]: 7.5↙	（向上移动光标,输入垂直线的长度7.5,按〈Enter〉键）
指定下一点或 [放弃(U)]: 27↙	（向右移动光标,输入水平线的长度27,按〈Enter〉键）
指定下一点或 [闭合(C)/放弃(U)]: 1↙	（向上移动光标,输入垂直线的长度1,按〈Enter〉键）
指定下一点或 [闭合(C)/放弃(U)]: 23↙	（向右移动光标,输入水平线的长度23,按〈Enter〉键）
指定下一点或 [闭合(C)/放弃(U)]: 0.3↙	（向下移动光标,输入垂直线的长度0.3,按〈Enter〉键）
指定下一点或 [闭合(C)/放弃(U)]: 2↙	（向右移动光标,输入水平线的长度2,按〈Enter〉键）
指定下一点或 [闭合(C)/放弃(U)]: 2.8↙	（向上移动光标,输入垂直线的长度2.8,按〈Enter〉键）
指定下一点或 [闭合(C)/放弃(U)]: 5↙	（向右移动光标,输入水平线的长度5,按〈Enter〉键）
指定下一点或 [闭合(C)/放弃(U)]: 4↙	（向上移动光标,输入垂直线的长度4,按〈Enter〉键）
指定下一点或 [闭合(C)/放弃(U)]: 5↙	（向右移动光标,输入水平线的长度5,按〈Enter〉键）
指定下一点或 [闭合(C)/放弃(U)]: 5↙	（向下移动光标,输入垂直线的长度5,按〈Enter〉键）
指定下一点或 [闭合(C)/放弃(U)]: 2↙	（向右移动光标,输入水平线的长度2,按〈Enter〉键）
指定下一点或 [闭合(C)/放弃(U)]: 1↙	（向上移动光标,输入垂直线的长度1,按〈Enter〉键）
指定下一点或 [闭合(C)/放弃(U)]: 31↙	（向右移动光标,输入水平线的长度31,按〈Enter〉键）
指定下一点或 [闭合(C)/放弃(U)]: 2.5↙	（向下移动光标,输入垂直线的长度2.5,按〈Enter〉键）
指定下一点或 [闭合(C)/放弃(U)]: 2.5↙	（向右移动光标,输入水平线的长度2.5,按〈Enter〉键）
指定下一点或 [闭合(C)/放弃(U)]: 1.5↙	（向上移动光标,输入垂直线的长度1.5,按〈Enter〉键）
指定下一点或 [闭合(C)/放弃(U)]: 13.5↙	（向右移动光标,输入水平线的长度13.5,按〈Enter〉键）
指定下一点或 [闭合(C)/放弃(U)]: 1.5↙	（向下移动光标,输入垂直线的长度1.5,按〈Enter〉键）
指定下一点或 [闭合(C)/放弃(U)]: 31↙	（向右移动光标,输入水平线的长度31,按〈Enter〉键）
指定下一点或 [闭合(C)/放弃(U)]: 1.3↙	（向下移动光标,输入垂直线的长度1.3,按〈Enter〉键）
指定下一点或 [闭合(C)/放弃(U)]: 2↙	（向右移动光标,输入水平线的长度2,按〈Enter〉键）
指定下一点或 [闭合(C)/放弃(U)]: 0.3↙	（向上移动光标,输入垂直线的长度0.3,按〈Enter〉键）
指定下一点或 [闭合(C)/放弃(U)]: 10↙	（向右移动光标,输入水平线的长度10,按〈Enter〉键）
指定下一点或 [闭合(C)/放弃(U)]: 7.5↙	（向下移动光标,输入垂直线的长度7.5,按〈Enter〉键）
指定下一点或 [闭合(C)/放弃(U)]: ↙	（按〈Enter〉键,结束"直线"命令）

4. 在命令行输入 Z 按〈Enter〉键,输入 W 按〈Enter〉键,利用"窗口缩放"命令将轮廓线放大显示。

5. 将"点画线"层设置为当前层,利用"直线"命令、"对象捕捉"模式和"对象捕捉追踪"模式绘制蜗轮轴的轴线,如图6-2所示。

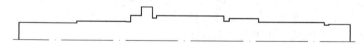

图6-2　绘制轮廓线和轴线

6. 将"粗实线"层设置为当前层,利用"直线"命令和"对象捕捉"模式（"端点捕捉"和"垂足捕捉"）绘制轴肩和退刀槽轮廓线,如图6-3所示。

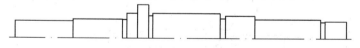

图6-3　绘制轴肩和退刀槽轮廓线

7. 单击"修改"面板中的"倒角" 按钮,绘制4个距离为1的倒角。

8. 利用"直线"命令和"对象捕捉"模式（"端点捕捉"和"垂足捕捉"）绘制倒角轮廓线。

9. 将"细实线"层设置为当前层,利用"直线"命令和"对象捕捉"模式("端点捕捉"和"垂足捕捉")在右数第二个倒角处绘制螺纹的牙底线,如图6-4所示。

图6-4　绘制倒角轮廓线和螺纹牙底线

10. 单击"修改"面板中的"镜像" ⚌ 按钮,将上半部分主视图以轴线为镜像线做镜像,结果如图6-5所示。

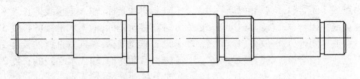

图6-5　镜像结果

11. 利用"矩形"命令绘制键槽长圆,如图6-6所示。

命令:_rectang　　　(单击"绘图"面板中的"矩形"▭按钮)
指定第一个角点或[倒角(C)/标高(E)/圆角(F)/厚度(T)/宽度(W)]:f↙　　　(输入 f 按〈Enter〉键,选择"圆角"选项)
指定矩形的圆角半径 <0.0000>:2.5↙　　　(输入圆角半径2.5,按〈Enter〉键)
指定第一个角点或[倒角(C)/标高(E)/圆角(F)/厚度(T)/宽度(W)]:from↙　　　(输入 from 按〈Enter〉键,利用"捕捉自"指定角点的位置)
基点:　　　(捕捉端点 A 为基点)
<偏移>@4,-2.5↙　　　(输入矩形的第一角点相对于基点的坐标,按〈Enter〉键)
指定另一个角点或[面积(A)/尺寸(D)/旋转(R)]:@16,5↙　　　(输入第二角点相对于第一角点的坐标,按〈Enter〉键)

命令:_rectang　　　(按〈Enter〉键或单击"绘图"面板中的"矩形"▭按钮)
当前矩形模式:圆角=2.5000
指定第一个角点或[倒角(C)/标高(E)/圆角(F)/厚度(T)/宽度(W)]:f↙　　　(输入 f 按〈Enter〉键,选择"圆角"选项)
指定矩形的圆角半径 <2.5000>:3↙　　　(输入圆角半径3,按〈Enter〉键)
指定第一个角点或[倒角(C)/标高(E)/圆角(F)/厚度(T)/宽度(W)]:from↙　　　(输入 from 按〈Enter〉键,利用"捕捉自"指定角点的位置)
基点:　　　(捕捉端点 B 为基点)
<偏移>:@5,-3↙　　　(输入矩形的第一角点相对于基点的坐标,按〈Enter〉键)
指定另一个角点或[面积(A)/尺寸(D)/旋转(R)]:@25,6↙　　　(输入第二角点相对于第一角点的坐标,按〈Enter〉键)

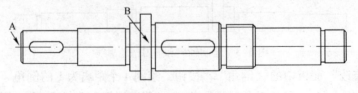

图6-6　绘制键槽长圆

二、绘制移出断面

1. 单击"绘图"面板中的"圆" ⊙ 按钮，在主视图左端长圆上方适当位置单击，绘制一个 φ15 的圆。

2. 将"点画线"层设置为当前层，利用"直线"命令和"对象捕捉"模式绘制圆的中心点画线。

3. 单击"修改"面板中的"偏移" ⊸ 按钮，对称偏移水平点画线，偏移距离为 2.5。重复"偏移"命令，向右偏移垂直点画线，偏移距离为 4.5。

4. 单击"图层"面板中的"匹配" ⬚ 按钮，利用"图层匹配"命令将 3 条偏移出来的点画线变为粗实线。

5. 单击"修改"面板中的"修剪" ⊹ 按钮，修剪 3 条直线和圆，即可绘制出移出断面，绘图过程如图 6-7 所示。

6. 绘制 φ22 的圆柱段移出断面的方法步骤同上，对称偏移水平点画线的距离为 3，向右偏移竖直点画线的距离为 7.5，绘制该移出断面的过程如图 6-8 所示。

图 6-7　利用偏移命令绘制移出断面　　　　　图 6-8　绘制大的移出断面

三、标注剖切符号和投影方向

绘制了主视图和移出断面后，还要放大视图，绘制剖面线，标注移出断面的剖切位置和投影方向。

1. 在命令行输入 Z 按〈Enter〉键，输入 P 按〈Enter〉键，利用"缩放上一个"命令返回到上一个显示窗口。

2. 单击"修改"面板中的"缩放" ⬚ 按钮，将主视图和两个移出断面放大两倍。

3. 单击小的移出断面的两条点画线，出现蓝色夹点后再双击其中一条点画线，弹出"特性"面板，单击"线型比例"选型，将"线型比例"修改为 0.6。关闭"特性"面板，按〈Esc〉键，取消夹点。

4. 单击大的移出断面的两条点画线，出现蓝色夹点后再双击其中一条点画线，弹出"特性"面板，单击"线型比例"选型，将"线型比例"修改为 0.8。关闭"特性"面板，按〈Esc〉键，取消夹点。

5. 单击"修改"面板中的"移动" ⊹ 按钮，调整放大后的图形的位置。

6. 将"细实线层"设置为当前层，单击"绘图"面板中"图案填充" ⬚ 按钮，弹出"图案填充创建"选项卡。在"图案"面板中选择 ANSI31 选项，在"特性"面板的"角度"文本框中输入 0，在"比例"文本框中输入 1.25。在两个移出断面需要填充的区域内单击后按〈Enter〉键，或单击"图案填充创建"选项卡中的"关闭图案填充创建"按钮，即可完成图案填充。

7. 机械图样中的剖切符号是用两条长度为 7 的粗实线表示的。将"粗实线"层设置为当前层，分别利用"直线"命令、"对象捕捉"模式和"对象捕捉追踪"模式在两个移出断面垂直点画线的延长线上绘制剖切符号。

8. 单击"绘图"面板中的"插入" 按钮,将保存的"箭头"块,插入到剖切符号起始的端点上,插入时的旋转角点设置为270°或 - 90°。

9. 单击"修改"面板中的"复制" 按钮,将插入的箭头复制到其他剖切符号的端点上,如图6-9所示。

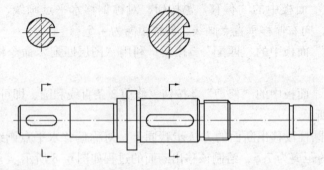

图6-9 放大视图,绘制剖面线,标注剖切位置和投影方向

四、利用连续标注命令标注尺寸

1. 分别将"机械标注样式"和"线性直径标注样式"的测量比例因子修改为0.5,并将"标注"层设置为当前层,首先利用"线性标注"命令标注出长度尺寸5和25,如图6-10所示。

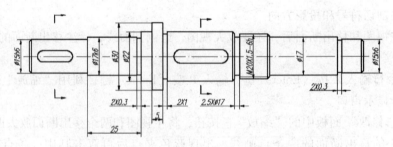

图6-10 利用连续标注命令标注尺寸前先利用线性标注命令标注尺寸

图中的直径尺寸 φ30、φ22 和 φ17 是利用"线性直径标注样式"标注的,标注前应将该样式的测量比例因子修改为0.5。

直径尺寸 φ15h6、φ17k6、φ15k6 既可以用"线性直径标注样式"标注,也可以利用"机械标注样式"标注,因为这几个尺寸均相应利用线性标注命令中的"文字"选项输入新的尺寸文字。标注了直径尺寸后,利用打断命令将点画线在与尺寸相交处打断。

2. 利用"连续标注"命令进行连续标注,结果如图6-11所示。

命令: _dimcontinue (单击"标注"面板中的"连续标注"按钮)
选择连续标注: (单击尺寸5的右尺寸界线)
指定第二条延伸线原点或 [放弃(U)/选择(S)] <选择>: (在主视图上捕捉端点)

标注文字 =33
指定第二条延伸线原点或 [放弃(U)/选择(S)] <选择>: (在主视图上捕捉端点)

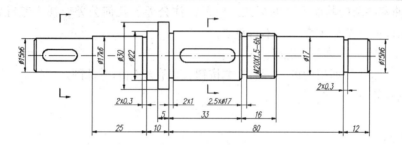

图 6-11　利用连续标注命令标注尺寸

五、联合标注直径尺寸和几何公差

在移出断面上标注的 ϕ22h6 和几何公差是用联合形式标注的，要标注出这种形式的尺寸，需要对标注的直径尺寸进行编辑修改。

1. 将"径向标注补充样式"设置为当前样式，利用直径标注命令在移出断面上标注直径尺寸 ϕ22h6，如图 6-12 所示。

2. 单击"修改"面板中的"分解" 按钮，分解直径尺寸 ϕ22h6。

3. 单击"修改"面板中的"移动" 按钮，调整尺寸文字 ϕ22h6 的位置。

4. 单击"修改"面板中的"拉长" 按钮，输入 dy 按〈Enter〉键，利用"拉长"命令中的"动态"选项调整水平引线的长度，如图 6-13 所示。

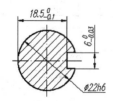

图 6-12　标注直径尺寸

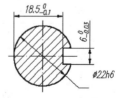

图 6-13　修改直径尺寸

5. 单击"标注"面板中的"公差" 按钮，弹出"形位公差"对话框，单击"符号"面板中的图标，弹出"特征符号"对话框，选择其中的同轴度符号。单击"公差1"面板中的图标，出现直径符号" $\varnothing$ "，在"公差1"文本框中输入0.03。在"基准1"文本框中输入"A－B"，如图 6-14 所示。单击"确定"按钮，捕捉水平引线的右端点。

6. 单击"修改"面板中的"移动" ✛按钮，将尺寸文字 φ22h6 移动到几何公差框上方。

7. 单击"修改"面板中的"复制" ❖按钮，复制直径尺寸 φ22h6 的左上方箭头，标注结果如图 6-15 所示。

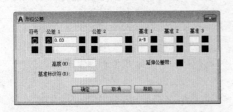

图 6-14 设置"形位公差"对话框

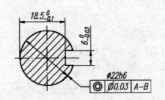

图 6-15 联合标注直径尺寸和几何公差

8. 蜗轮轴零件图中其他尺寸的标注，以及标注公差、几何公差、插入基准符号、标注粗糙度的方法前面章节做了介绍，不再重复。

9. 输入技术要求，填写标题栏。

10. 单击"标准"面板中的"保存" 🖫按钮，保存绘制的零件图。

完成绘制蜗轮轴。

6.2 蜗杆轴

蜗杆轴在蜗轮减速箱中是和带轮装配在一起的作用，是将带轮的力矩传递给蜗轮，是蜗轮减速箱中重要的传动零件。

蜗杆轴零件图是用 2:1 的比例绘制在 A3 图纸上，如图 6-16 所示。

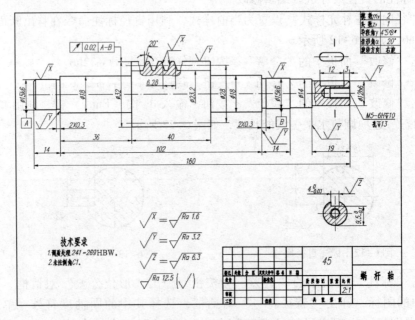

图 6-16 蜗杆轴零件图

绘图步骤

一、绘制主视图

1. 打开 A3 样板图形。

2. 单击标题栏中的"另存为" 按钮，或单击界面左上角的浏览器按钮，在弹出的菜单中选择"另存为"选项，创建文件"蜗杆轴.dwg"。

3. 打开状态栏的"正交" 按钮、"对象捕捉" 按钮和"对象捕捉追踪" 按钮，将"粗实线"层设置为当前层，利用"直线"命令连续绘制主视图左上半部分轮廓线。

> 命令：_line　　（单击"绘图"面板中的"直线" 按钮）
> 指定第一点：　　（在适当位置单击）
> 指定下一点或［放弃(U)］：7.5✓　　（向上移动光标，输入垂直线的长度7.5，按〈Enter〉键）
> 指定下一点或［放弃(U)］：12✓　　（向右移动光标，输入水平线的长度12，按〈Enter〉键）
> 指定下一点或［闭合(C)/放弃(U)］：0.3✓（向下移动光标，输入垂直线的长度0.3，按〈Enter〉键）
>
> 指定下一点或［闭合(C)/放弃(U)］：2✓　　（向右移动光标，输入水平线的长度2，按〈Enter〉键）
> 指定下一点或［闭合(C)/放弃(U)］：1.8✓（向上移动光标，输入垂直线的长度1.8，按〈Enter〉键）
> 指定下一点或［闭合(C)/放弃(U)］：36✓　（向右移动光标，输入水平线的长度36，按〈Enter〉键）
> 指定下一点或［闭合(C)/放弃(U)］：7✓　　（向上移动光标，输入垂直线的长度7，按〈Enter〉键）
> 指定下一点或［闭合(C)/放弃(U)］：40✓　（向右移动光标，输入水平线的长度40，按〈Enter〉键）
> 指定下一点或［闭合(C)/放弃(U)］：16✓　（向下移动光标，输入垂直线的长度16，按〈Enter〉键）
> 指定下一点或［闭合(C)/放弃(U)］：✓　　（按〈Enter〉键，结束"直线"命令）

4. 将"点画线"层设置为当前层，利用"直线"命令、"对象捕捉"模式和"对象捕捉追踪"模式绘制蜗杆轴轴线，如图6-17所示。

5. 将"粗实线"层设置为当前层，利用"直线"命令绘制退刀槽和轴肩轮廓线，这3条轮廓线与轴线垂直，如图6-18所示。

图6-17　绘制轮廓线和轴线　　　　图6-18　绘制退刀槽和轴肩轮廓线

6. 单击"修改"面板中的"偏移" 按钮，向上偏移水平点画线，偏移距离为14。

7. 单击"修改"面板中的"拉长" 按钮，输入 dy 按〈Enter〉键，利用"拉长"命令中的"动态"选项调整偏移出来的点画线的长度，使其左端超出竖直轮廓线约为2.5。

8. 单击"修改"面板中的"镜像"
按钮，选择蜗杆轴左面的轮廓线为镜像对象，捕捉 AB 的中点为镜像线的一个端点，向下移动光标在蜗杆轴线上捕捉垂足为镜像线的第二端点，即以 AB 的中垂线为镜像线，镜像出蜗杆轴右面的轮廓线，如图6-19所示。

图6-19　垂直镜像结果

9. 利用"拉伸"命令将蜗杆轴右面的轮廓线 CD 缩短10，如图6-20所示。

> 命令：_stretch　　（单击"修改"面板中的"拉伸" 按钮）

以交叉窗口或交叉多边形选择要拉伸的对象...

选择对象：　　（在蜗杆轴右面轮廓线的右上方单击）

指定对角点：　　（向左下方移动光标，拖出虚线拾取窗口，如图6-21所示。该拾取窗口除了与CD相交外，包围蜗杆右面的轮廓线，在适当位置单击）

找到 8 个

选择对象：↙　（按〈Enter〉键，结束选择拉伸对象）

指定基点或位移：　　（在适当位置单击）

指定位移的第二个点或 ＜用第一个点作位移＞：10↙（向左移动光标，输入拉伸距离10，按〈Enter〉键）

图6-20　拉伸结果　　　　　　　　　图6-21　用虚线拾取窗口选择拉伸对象

10. 将"粗实线"层设置为当前层，利用"直线"命令连续绘制主视图右上半部分其他轮廓线，如图6-22所示。

命令：_line　　　　　　（单击"绘图"面板中的"直线" ✐ 按钮）

指定第一点：0.5↙　（将光标移到端点E处，出现端点捕捉标记后，向下移动光标，出现追踪轨迹，输入追踪距离0.5，按〈Enter〉键）

指定下一点或［放弃(U)］：11↙　　（向右移动光标，输入水平线的长度11，按〈Enter〉键）

指定下一点或［放弃(U)］：1↙　　（向下移动光标，输入垂直线的长度1，按〈Enter〉键）

指定下一点或［闭合(C)/放弃(U)］：19↙　（向右移动光标，输入水平线的长度19，按〈Enter〉键）

指定下一点或［闭合(C)/放弃(U)］：6↙　（向下移动光标，输入垂直线的长度6，按〈Enter〉键）

指定下一点或［闭合(C)/放弃(U)］：↙　　（按〈Enter〉键，结束"直线"命令）

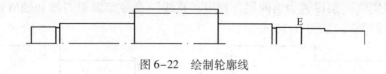

图6-22　绘制轮廓线

11. 单击"修改"面板中的"拉长" ✐ 按钮，输入dy按〈Enter〉键，利用"拉长"命令中的"动态"选项拉长蜗杆轴的轴线。

12. 单击"修改"面板中的"倒角" ◻ 按钮，绘制两端距离为1的倒角。

13. 分别利用"直线"命令绘制左端倒角轮廓线、右端轴肩轮廓线，如图6-23所示。

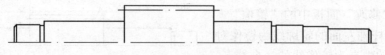

图6-23　绘制出主视图的上半部分

14. 单击"修改"面板中的"镜像" ⬠ 按钮，将上半部分主视图的轮廓线及蜗杆的分度线以蜗杆轴的轴线为镜像线做水平镜像，绘制出主视图的主要轮廓线，如图6-24所示。

二、绘制局部剖视图

蜗杆轴的主视图中有两处做了局部剖视图，用于表达蜗杆的轴向齿形、螺纹孔和键槽。

（一）绘制轴向齿形局部剖视图

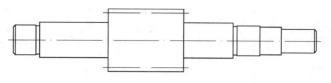

图 6-24　水平镜像结果

1. 在命令行输入 Z 按〈Enter〉键，输入 W 按〈Enter〉键，利用"窗口缩放"命令将蜗杆部分轮廓线放大显示。

2. 单击"修改"面板中的"偏移" 按钮，偏移齿顶线 AB，偏移距离为 4.4，得到齿根线 FG。

3. 利用"直线"命令绘制齿形轮廓线，如图 6-25 所示。

> 命令：_line　　　（单击"绘图"面板中的"直线" 按钮）
> 指定第一点：　（将光标移到交点 H 处，出现交点捕捉标记后，向右移动光标，出现追踪轨迹，在适当位置单击，捕捉到 I 点）
> 指定下一点或［放弃(U)］：@7＜70↵　　　　　（输入 J 点相对于 I 点的坐标，按〈Enter〉键）
> 指定下一点或［放弃(U)］：↵　　（按〈Enter〉键，结束"直线"命令）
>
> 命令：_line　　　（按〈Enter〉键或单击"绘图"面板中的"直线" 按钮）
> 指定第一点：3.14↵　（将光标移到端点 I 处，出现端点捕捉标记后，向右移动光标，出现追踪轨迹，输入追踪距离 3.14，按〈Enter〉键，捕捉到 K 点）
> 指定下一点或［放弃(U)］：@7＜110↵　　（输入 L 点相对于 K 点的坐标，按〈Enter〉键）
> 指定下一点或［放弃(U)］：↵　　（按〈Enter〉键，结束"直线"命令）

4. 单击"修改"面板中的"拉长" 按钮，输入 dy 按〈Enter〉键，利用"拉长"命令中的"动态"选项拉长直线 JI 和 LK，得到直线 JM 和 LN，如图 6-26 所示。

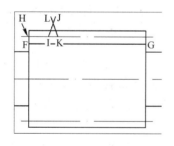

图 6-25　绘制倾斜轮廓线

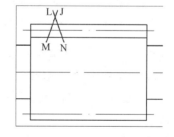

图 6-26　拉长倾斜轮廓线

5. 单击"修改"面板中的"复制" 按钮，复制直线 JM 和 LN，复制的基点为 JM 与蜗杆分度线的交点，复制的距离分别为 6.28 和 12.56。

6. 关闭状态栏的"正交" 按钮、"对象捕捉" 按钮，将"细实线"层设置为当前层，单击"绘图"面板中的"样条曲线" 按钮绘制局部剖视图的波浪线，如图 6-27 所示。

7. 单击"修改"面板中的"修剪" 按钮，修剪齿形轮廓线、齿顶线、齿根线和波浪线，如图 6-28 所示。

8. 打开状态栏中的"正交" 按钮、"对象捕捉" 按钮，单击"绘图"面板中的"直线" 按钮，过端点 P、Q 绘制两条水平细实线，如图 6-29 所示。

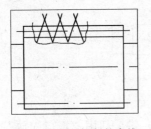

图 6-27　复制倾斜轮廓线，
　　　　 绘制波浪线

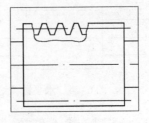

图 6-28　修剪出轴向
　　　　 齿形轮廓线

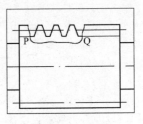

图 6-29　绘制
　　　　 未剖处的齿根线

（二）绘制螺孔和键槽局部剖视图

1. 在绘图区空白处右击，在弹出的快捷菜单中选择"平移"选项，利用"实时平移"命令调整显示窗口，显示出蜗杆轴右端部分轮廓线。

2. 将"粗实线"层设置为当前层，利用"直线"命令绘制螺孔牙顶线。

命令：_line　　　（单击"绘图"面板中的"直线" ✐ 按钮）
指定第一点：2. 25✐　　　（将光标移到端点 R 处，出现端点捕捉标记后，向上移动光标，出现追踪轨迹，输入追踪距离 2. 25，按〈Enter〉键）
指定下一点或［放弃(U)］：13✐　　（向左移动光标，输入水平线的长度 13，按〈Enter〉键）
指定下一点或［放弃(U)］：4. 5✐　　（向下移动光标，输入垂直线的长度 4. 5，按〈Enter〉键）
指定下一点或［闭合(C)/放弃(U)］：（向左移动光标，在蜗杆轴右端轮廓线上捕捉垂足）
指定下一点或［闭合(C)/放弃(U)］：✐（按〈Enter〉键，结束"直线"命令）

3. 重复"直线"命令，绘制钻角轮廓线，钻角为 120°。

命令：_line　　　（单击"绘图"面板中的"直线" ✐ 按钮）
指定第一点：　　　　　　　　　　（捕捉端点 T）
指定下一点或［放弃(U)］：@5 < 120✐　（输入 U 点相对于 t 点的坐标，按〈Enter〉键）
指定下一点或［放弃(U)］：✐　　　（按〈Enter〉键，结束"直线"命令）

4. 重复"直线"命令，连接端点 S 和直线 TU 与轴线的交点，如图 6-30 所示。

5. 单击"修改"面板中的"偏移" ✐ 按钮，向外偏移螺孔的牙顶线，偏移的距离为 0. 25。单击"图层"面板中的"匹配" ✐ 按钮，利用"图层匹配"命令将两条偏移出来的粗实线变为细实线。

6. 重复"偏移"命令，偏移蜗杆轴右端轮廓线，偏移距离为 10，即螺孔的深度，如图 6-31所示。

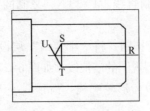

图 6-30　绘制盲孔轮廓线

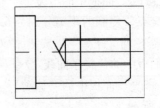

图 6-31　偏移出螺孔轮廓线

7. 单击"修改"面板中的"修剪" ✐ 按钮，修剪偏移出来的直线，得到螺孔轮廓线。

8. 利用"直线"命令绘制键槽轮廓线。

命令：_line （单击"绘图"面板中的"直线"∠按钮）
指定第一点：4↙ （将光标移到端点 V 处,出现端点捕捉标记后,向右移动光标,出现追踪轨迹,输入追踪距离4,按〈Enter〉键）
指定下一点或［放弃(U)］：2.5↙ （向下移动光标,输入垂直线的长度2.5,按〈Enter〉键）
指定下一点或［放弃(U)］：12↙ （向右移动光标,输入水平线的长度12,按〈Enter〉键）
指定下一点或［闭合(C)/放弃(U)］： （向上移动光标,在蜗杆轴轮廓线上捕捉垂足）
指定下一点或［闭合(C)/放弃(U)］：↙ （按〈Enter〉键,结束"直线"命令）

9. 关闭状态栏的"正交"∟按钮、"对象捕捉"□按钮,单击"绘图"面板中的"样条曲线"∾按钮,绘制局部剖视图的波浪线,注意波浪线的起点和终点应在主视图外面,如图6-32所示。

10. 单击"修改"面板中的"修剪"⊬按钮,修剪波浪线,如图6-33所示。

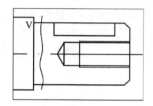
图6-32 修剪后绘制键槽、波浪线

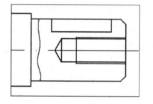
图6-33 修剪波浪线

三、绘制局部视图和移出断面

1. 将"粗实线"层设置为当前层,利用"矩形"命令绘制键槽局部视图。

命令：_rectang （单击"绘图"面板中的"矩形"□按钮）
指定第一个角点或［倒角(C)/标高(E)/圆角(F)/厚度(T)/宽度(W)］：f↙（输入f按〈Enter〉键,选择"圆角"选项）
指定矩形的圆角半径 <0.0000>：2↙ （输入圆角半径2,按〈Enter〉键）
指定第一个角点或［倒角(C)/标高(E)/圆角(F)/厚度(T)/宽度(W)］： （将光标移到端点 W 处,出现端点捕捉标记后,向上移动光标,出现追踪轨迹,在适当位置单击）
指定另一个角点或［面积(A)/尺寸(D)/旋转(R)］：@12,4↙ （输入另一角点相对于第一角点的坐标）

2. 将"点画线"层设置为当前层,利用"直线"命令、"对象捕捉"模式和"对象捕捉追踪"模式绘制局部视图的对称点画线,如图6-34所示。

3. 在绘图区空白处右击,在弹出的快捷菜单中选择"平移"选项,利用"实时平移"命令调整显示窗口。

4. 将"粗实线"层设置为当前层,单击"绘图"面板中的"圆"⊙按钮,在主视图上方适当位置绘制一个 $\phi12$ 的圆。

5. 打开状态栏的"正交"∟按钮、"对象捕捉"□按钮,将"点画线"层设置为当前层,利用"直线"命令和"对象捕捉"模式绘制圆的两条中心点画线,如图6-35a所示。

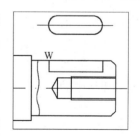
图6-34 绘制键槽局部视图

6. 单击"修改"面板中的"偏移" ▣按钮，对称偏移垂直点画线，偏移的距离为2。重复偏移命令，向上偏移水平点画线，偏移的距离为3.5。

7. 单击"图层"面板中的"匹配" ▣按钮，利用"图层匹配"命令将3条偏移出来的点画线变为粗实线，如图6-35b所示。

8. 单击"修改"面板中的"修剪" ▯按钮，修剪3条直线和圆，得到键槽轮廓线，如图6-35c所示。

9. 单击"绘图"面板中的"圆" ◎按钮，捕捉点画线的交点为圆心，绘制一个R2.1的圆，即螺孔的牙顶圆。

10. 将"细实线"层设置为当前层，利用"圆弧"命令绘制螺孔牙底3/4细实线圆，如图6-35d所示。

命令：_arc   （单击"绘图"面板中"圆弧"下拉菜单中的"圆心、起点、端点" ⌒按钮）
指定圆弧的起点或 [圆心(C)]：_c 指定圆弧的圆心：   （捕捉圆的圆心）
指定圆弧的起点：@2.5 < -10↙   （输入起点相对于圆心的坐标,按〈Enter〉键）
指定圆弧的端点或 [角度(A)/弦长(L)]：@2.5 < 280↙（输入端点相对于圆心的坐标,按〈Enter〉键）

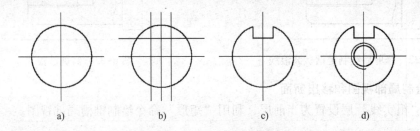

a)   b)   c)   d)

图6-35 绘制移出断面的过程

11. 在命令行中输入Z按〈Enter〉键，输入A按〈Enter〉键，将图形全部显示。

12. 单击"修改"面板中的"缩放" ▯按钮，将主视图、局部视图和移出断面放大两倍。

13. 单击"修改"面板中的"移动" ✥按钮，调整放大后的图形的位置。

14. 单击移出断面的两条点画线，出现蓝色夹点后再双击其中一条点画线，弹出"特性"面板，单击"线型比例"选型，将"线型比例"修改为0.5。关闭"特性"面板，按〈Esc〉键，取消夹点。

15. 利用"直线"命令绘制两段长度为7的粗实线，标注移出断面的剖切符号。

16. 将"文字"层设置为当前层，将"字母与数字"设置为当前文字样式，单击"注释"面板中的"单行文字" A按钮，输入"A-A"和两个字母"A"。

17. 单击"文字"面板中的"缩放" ▣按钮，将"A-A"和两个字母"A"的高度放大为7。

18. 分别单击"修改"面板中的"移动" ✥按钮，将"A-A"移出断面的正上方，将字母"A"移到剖切符号附近。

19. 将"细实线"层设置为当前层，单击"绘图"面板中"图案填充" ▨按钮，弹出"图案填充创建"选项卡。在"图案"面板中选择ANSI31选项，在"特性"面板的"角度"文本框中输入 0，在"比例"文本框中输入 1。在局部视图需要填充的区域内单击后按〈Enter〉键，或单击"图案填充创建"选项卡中的"关闭图案填充创建"按钮，即可完成图案填充，如图 6-36 所示。

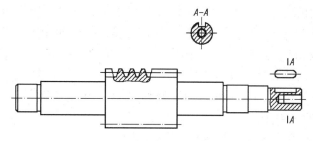

图 6-36　放大视图后绘制剖面线

指定填充区域时要注意，螺纹的牙顶线和牙底线、牙顶圆和牙底圆之间的区域也是填充区域。

四、完成绘制零件图

1. 在零件图上标注尺寸、公差、几何公差、基准符号和表面粗糙度，此处不再重复。

2. 标注齿形角 20°时，需要修改"角度标注样式"，在"调整"选项卡中选中"箭头"单选按钮，如图 6-37 所示。

3. 标注蜗杆轴右端螺孔尺寸时，可以先利用 Leader 命令标注成如图 6-38 所示的形式。

4. 利用"多行文字"命令在螺孔直径水平引线的下方输入"孔 13"。

5. 单击标题栏"打开" 📂 按钮，打开零件图"通气器.dwg"。按下〈Ctrl + C〉键，将竖直孔的直径及深度尺寸复制到剪贴板。

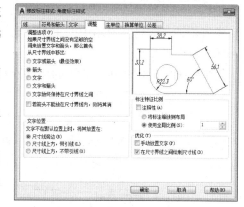

图 6-37　修改"角度标注样式"

6. 单击绘图区和功能区之间的"蜗杆轴.dwg"选项卡，将其切换为当前图形。按下〈Ctrl + V〉键，将复制的尺寸粘贴到零件图空白处。双击复制的尺寸，选中孔深符号，右击，在弹出的快捷菜单中选择"复制"选项。

7. 双击螺孔尺寸 M5-6H10，将光标移到 H 和 10 之间，右击，在弹出的快捷菜单中选择"粘贴"选项。

8. 双击孔深尺寸"孔 13"，将光标移到"孔"后面，右击，在弹出的快捷菜单中选择"粘贴"选项，标注结果如图 6-39 所示的形式。

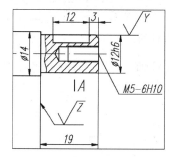

图 6-38　利用"引线标注"命令标注螺孔直径

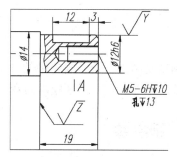

图 6-39　标注螺孔直径和深度

9. 单击"修改"面板中的"删除" ✐ 按钮，将复制的尺寸删除。

10. 零件图右上角的参数表，可以利用剪贴板从蜗轮零件图中复制，然后粘贴到蜗杆轴零件图中，利用移动命令调整位置。双击第一行第一单元格内的文字，弹出"文字格式"对话框，在"m"后面输入"x"，高度为 2.5。按 ⟨↓⟩ 键，将第二行第一单元格内的文字修改为"头数 z1"，其中"1"的高度为 2.5。按 ⟨→⟩ 键，将第二行第二单元格内的文字修改为"1"。按 ⟨↓⟩ 然后按 ⟨←⟩ 键，将第三行第一单元格内的文字修改为"导程角 γ"，单击"确定"按钮，结果如图 6-40 所示。

模　数m_x	2
头　数z_1	1
导程角γ	4°5′8″
齿形角α	20°
旋转方向	右旋

图 6-40　蜗杆轴参数表

11. 标注表面粗糙度，输入技术要求，填写标题栏。

12. 单击"标准"面板中的"保存" 🖫 按钮，保存绘制的零件图。

完成绘制蜗杆轴。

6.3　锥齿轮轴

锥齿轮轴是蜗轮减速箱中的重要传动零件，与蜗轮轴上的锥齿轮啮合输出动力，实现转速和转动方向的变化。

锥齿轮轴零件图是用 2.5∶1 的比例绘制在 A3 图纸上，如图 6-41 所示。

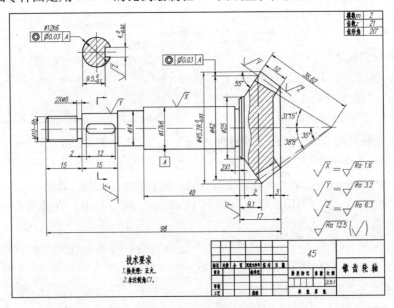

图 6-41　锥齿轮轴零件图

利用绘制锥齿轮、蜗轮轴的方法可以绘制出锥齿轮轴零件图，本节仅给出锥齿轮轴零件图供读者参考，不再说明绘图过程。

6.4　轴承套

轴承套在蜗轮减速箱中的作用是装配圆锥滚子轴承，固定轴承在锥齿轮轴上的位置。

轴承套零件图是用 2:1 的比例绘制在 A3 图纸上，如图 6-42 所示。

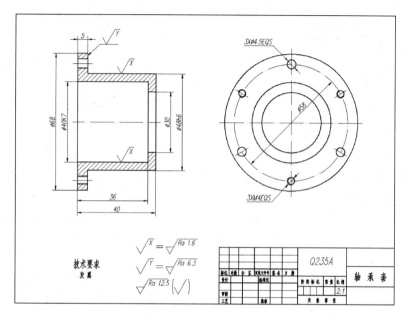

图 6-42　轴承套零件图

绘图步骤

一、绘制左视图

1. 打开 A3 样板图形。

2. 单击标题栏中的"另存为" 🖫 按钮，或单击界面左上角的浏览器按钮，在弹出的菜单中选择"另存为"选项，创建文件"轴承套.dwg"。

3. 打开状态栏的"正交" 🔲 按钮、"对象捕捉" 🗖 按钮和"对象捕捉追踪" ∠ 按钮，将"粗实线"层设置为当前层，单击"绘图"面板中的"圆" ⊙ 按钮，在适当位置绘制 3 个 φ68、φ40 和 φ30 的同心圆。

4. 将"点画线"层设置为当前层，重复"圆"命令，绘制 φ58 同心的点画线圆。

5. 将"粗实线"层设置为当前层，重复"圆"命令，捕捉点画线圆的上象限点为圆心，绘制一个 φ4.5 的通孔圆。重复"圆"命令，捕捉点画线圆的下象限点为圆心，绘制一个 φ3.4 的牙顶圆，如图 6-43 所示。

6. 在命令行输入 Z 按〈Enter〉键，输入 W 按〈Enter〉键，利用"窗口缩放"命令将下方的牙顶圆放大显示。

7. 将"细实线"层设置为当前层，利用"圆弧"命令绘制螺孔牙底圆。

> 命令：_arc　（单击菜单"绘图"面板中的"圆弧"下拉菜单中的"圆心、起点、端点" ⌒ 按钮）
> 指定圆弧的起点或 [圆心 (C)]：_c 指定圆弧的圆心：　（捕捉牙顶圆的圆心）
> 指定圆弧的起点：@2 < -5 ↙　（输入起点相对于圆心的坐标，按〈Enter〉键）
> 指定圆弧的端点或 [角度 (A) /弦长 (L)]：@2 <280 ↙（输入端点相对于圆心的坐标，按〈Enter〉键）

8. 将"点画线"层设置为当前层，利用"直线"命令、"对象捕捉"模式和"对象捕捉追踪"模式绘制螺孔圆的竖直中心点画线，如图 6-44 所示。

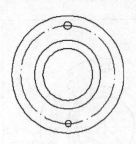

图 6-43　绘制圆

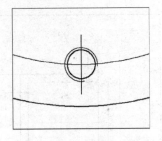

图 6-44　绘制螺孔牙底圆

9. 在命令行输入 Z 按〈Enter〉键，输入 P 按〈Enter〉键，利用"缩放上一个"命令返回到上一个显示窗口。

10. 在命令行输入 Z 按〈Enter〉键，输入 W 按〈Enter〉键，利用"窗口缩放"命令将上方的通孔圆放大显示，利用"直线"命令、"对象捕捉"模式和"对象捕捉追踪"模式绘制该圆的竖直中心点画线。

11. 在命令行输入 Z 按〈Enter〉键，输入 P 按〈Enter〉键，利用"缩放上一个"命令返回到上一个显示窗口，如图 6-45 所示。

12. 单击"修改"面板中的"阵列"下拉面板中的"环形阵列"⊹按钮，利用"环形阵列"命令阵列出 3 个均匀分布的通孔圆和 3 个均匀分布的螺孔圆，如图 6-46 所示。

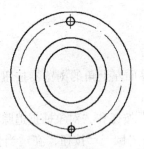

图 6-45　绘制垂直点画线

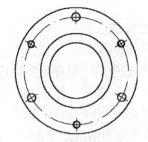

图 6-46　利用"环形阵列"绘制通孔圆和螺孔圆

命令：_arraypolar
选择对象：指定对角点：找到 2 个
选择对象：指定对角点：找到 3 个　　（分别用实线拾取框包围通孔圆及其竖直点画线、螺孔圆及其竖直点画线）
选择对象：↙　（按〈Enter〉键，结束选择阵列对象）
类型 = 极轴　关联 = 是
指定阵列的中心点或［基点（B）/旋转轴（A）］：　（在绘图区捕捉同心圆的圆心）
选择夹点以编辑阵列或［关联（AS）/基点（B）/项目（I）/项目间角度（A）/填充角度（F）/行（ROW）/层（L）/旋转项目（ROT）/退出（X）］＜退出＞：I↙（输入 I 按〈Enter〉键，选择"项目"选项）
输入阵列中的项目数或［表达式（E）］＜6＞：3↙　　（输入项目数 3，按〈Enter〉键）
选择夹点以编辑阵列或［关联（AS）/基点（B）/项目（I）/项目间角度（A）/填充角度（F）/行（ROW）/层（L）/旋转项目（ROT）/退出（X）］＜退出＞：↙（按〈Enter〉键，结束"环形阵列"命令）

13. 将"点画线"层设置为当前层，利用"直线"命令、"对象捕捉"模式和"对象捕捉追踪"模式绘制左视图的水平中心点画线。

14. 单击"修改"面板中的"删除" ✐按钮，将下方螺孔圆的竖直点画线删除。

15. 单击"修改"面板中的"拉长" ✐按钮，输入 dy 按〈Enter〉键，利用"拉长"命令中的"动态"选项，将通孔圆的竖直中心点画线的两端拉长，完成绘制左视图，如图 6-47 所示。

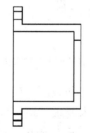

图 6-47　绘制点画线

二、绘制主视图

1. 将"粗实线"层设置为当前层，单击"绘图"面板中的"圆" ⊕按钮，在左视图中绘制一个 φ48 的同心辅助圆。

2. 利用"直线"命令连续绘制 3 条辅助线。

命令：_line　　（单击"绘图"面板中的"直线" ✐按钮）
指定第一点：　　（捕捉 φ68 的圆的上象限点）
指定下一点或[放弃(U)]：　　　　　　（向左移动光标，在适当位置单击）
指定下一点或[放弃(U)]：68 ↙　　　（向下移动光标，输入竖直线的长度68，按〈Enter〉键）
指定下一点或[闭合(C)/放弃(U)]：　　（向右移动光标，捕捉 φ68 的圆的下象限点）
指定下一点或[闭合(C)/放弃(U)]：↙（按〈Enter〉键，结束"直线"命令）

3. 分别单击"修改"面板中的"偏移" ⊜按钮，向右偏移竖直辅助线，偏移的距离分别为 5、36 和 40，偏移出 3 条竖直辅助线。

4. 单击"绘图"面板中的"直线" ✐按钮，过左视图中位于竖直点画线上所有粗实线圆和细实线圆弧的象限点绘制水平辅助线，其中过螺孔圆绘制水平辅助线时，需要利用窗口缩放命令放大显示图形，辅助线的端点是在相应的垂直辅助线上捕捉的垂足，如图 6-48 所示。

5. 单击"图层"面板中的"匹配" ⊜按钮，利用"图层匹配"命令将两条辅助线变为细实线。

6. 单击"修改"面板中的"修剪" ╪按钮，修剪辅助线，得到主视图的轮廓线，如图 6-49 所示。

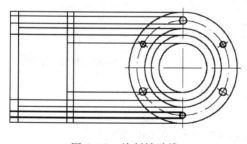

图 6-48　绘制辅助线　　　　　　图 6-49　修剪辅助线

7. 单击"修改"面板中的"删除" ✐按钮，将左视图中的辅助圆删除。

8. 将"点画线"层设置为当前层，单击"绘图"面板中的"直线" ✐按钮，将光标移到左视图点画线圆的上象限点处，出现象限点捕捉标记后向左移到光标，出现追踪轨迹，如图 6-50 所示，在适当位置单击后继续向左移到光标，在适当位置单击，绘制出主视图通孔

135

的轴线。同样方法可以绘制出轴承套的轴线和螺孔的轴线。

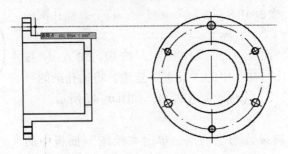

图6-50　利用对象捕捉追踪绘制点画线

9. 在命令行输入 Z 按〈Enter〉键，输入 P 按〈Enter〉键，利用"缩放上一个"命令返回到上一个显示窗口。

10. 单击"修改"面板中的"缩放"按钮，将主视图和左视图放大两倍。

11. 单击"修改"面板中的"移动"按钮，调整放大后的图形的位置。

12. 将"细实线"层设置为当前层，单击"绘图"面板中"图案填充"按钮，弹出"图案填充创建"选项卡。在"图案"面板中选择 ANSI31 选项，在"特性"面板的"角度"文本框中输入 0，在"比例"文本框中输入 1。在主视图需要填充的区域内单击后按〈Enter〉键，或单击"图案填充创建"选项卡中的"关闭图案填充创建"按钮，即可完成图案填充，如图6-51所示。

请注意绘制螺孔剖视图时，牙顶线和牙底线之间的区域也是填充区域，利用"窗口缩放"命令放大显示主视图中螺孔轮廓线，在牙顶线和牙底线之间单击，将该区域指定为填充区域即可，填充结果如图6-52所示。

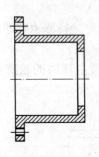 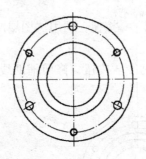 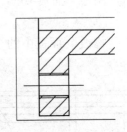

图6-51　放大图形后绘制剖面线　　　　图6-52　螺孔剖视图

13. 标注尺寸和表面粗糙度。

14. 输入技术要求，填写标题栏。

15. 单击"标准"面板中的"保存"按钮，保存绘制的零件图。

完成绘制轴承套。

6.5　箱盖

箱盖在蜗轮减速箱中通过在其下面加垫片后用螺栓联接在箱体上，作用是封闭箱体、防止渗漏，并保持传动零件工作环境的洁净。

箱盖零件图是用 2∶1 的比例绘制在 A3 图纸上，如图 6-53 所示。

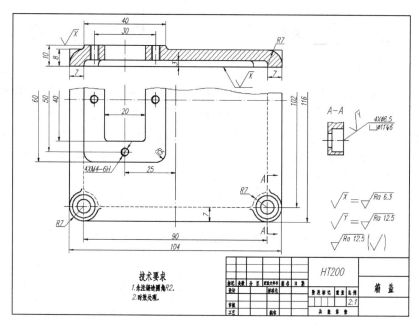

图 6-53　箱盖零件图

绘图步骤

一、绘制俯视图

1. 打开 A3 样板图形。

2. 单击标题栏中的"另存为" 按钮，或单击界面左上角的浏览器按钮，在弹出的菜单中选择"另存为"选项，创建文件"箱盖.dwg"。

3. 打开状态栏的"正交" 按钮、"对象捕捉" 按钮和"对象捕捉追踪" 按钮，将"粗实线"层设置为当前层，单击"绘图"面板中的"圆" 按钮，在适当位置绘制 3 个 R7、R5.5 和 R3.25 的同心圆。

4. 单击"修改"面板中的"复制" 按钮，复制 3 个同心圆，复制的基点为同心圆的圆心，向右复制的距离为 90。

5. 单击"绘图"面板中的"直线" 按钮，分别捕捉两个大圆的下象限点，绘制两个大圆的水平切线。分别重复"直线"命令，过左侧大圆的左象限点和右侧大圆的右象限点，绘制两个圆的垂直切线，两条竖直切线的长度约为 60。

6. 将"点画线"层设置为当前层，重复"直线"命令，利用临时追踪点捕捉或延长捕捉绘制俯视图的水平点画线，临时追踪点为竖直切线的下端点，追踪距离为 51。重复"直线"命令，对象捕捉模式和对象捕捉追踪模式绘制俯视图的竖直对称点画线，如图 6-54 所示。

7. 单击"修改"面板中的"拉长" 按钮，输入 de 按〈Enter〉键，利用"拉长"命令中的"增量"选项。输入长度增量 2.5 按〈Enter〉键，分别在水平点画线的两端单击，将水平点画线拉长超出竖直轮廓线 2.5，如图 6-55 所示。

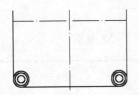

图 6-54 绘制轮廓线和点画线

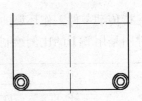

图 6-55 拉长点画线

8. 单击"修改"面板中的"偏移"△按钮，向左偏移竖直对称点画线，偏移的距离为25，得到凸台的竖直对称点画线。重复"偏移"命令，对称偏移凸台的竖直对称点画线，偏移的距离为10。重复"偏移"命令，对称偏移凸台的竖直对称点画线、向下偏移俯视图水平对称点画线，偏移的距离为20。重复"偏移"命令，向下偏移俯视图水平对称点画线，偏移的距离为30，如图 6-56 所示。

9. 单击"图层"面板中的"匹配"❸按钮，利用"图层匹配"命令将 6 条偏移出来的点画线变为粗实线。

10. 单击"修改"面板中的"修剪"✂按钮，修剪这 6 条粗实线，得到凸台和加油孔的轮廓线，如图 6-57 所示。

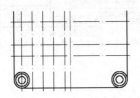

图 6-56 偏移点画线

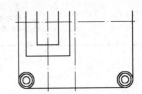

图 6-57 修剪出凸台和加油孔轮廓线

11. 单击"绘图"面板中的"样条曲线"∿按钮，绘制俯视图中的波浪线，波浪线的起点和端点应指定在视图外。如图 6-58 所示。

12. 单击"修改"面板中的"拉长" 按钮，输入 dy 按〈Enter〉键，利用"拉长"命令中的"动态"选项，调整凸台竖直对称点画线的长度。

13. 单击"修改"面板中的"修剪"✂按钮，修剪波浪线和轮廓线。

14. 单击"修改"面板中的"圆角"◻按钮，在凸台轮廓线中绘制两个 R5 的圆角。重复"圆角"命令，在加油孔轮廓线中绘制两个 R2 的圆角，如图 6-59 所示。

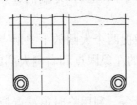

图 6-58 绘制波浪线

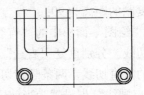

图 6-59 修剪波浪线，绘制圆角

15. 单击"修改"面板中的"偏移"△按钮，对称偏移凸台竖直对称点画线，偏移的距离为15。重复"偏移"命令，向下偏移俯视图水平对称点画线，偏移的距离为25，如图 6-60 所示。

16. 在命令行输入 Z 按〈Enter〉键，输入 W 按〈Enter〉键，利用"窗口缩放"命令将凸台轮廓线放大显示。

17. 将"粗实线"层设置为当前层，单击"绘图"面板中的"圆" ⊙ 按钮，以点画线的交点 A 为圆心，绘制一个 $R1.7$ 的圆，即螺孔的牙顶圆。

18. 将"细实线"层设置为当前层，利用"圆弧"命令绘制螺孔的牙底圆。

命令：_arc　（单击"绘图"面板中的"圆弧"下拉菜单中的"圆心、起点、端点" ⌒ 按钮）
指定圆弧的起点或[圆心(C)]：_c 指定圆弧的圆心：（捕捉牙顶圆的圆心）
指定圆弧的起点：@2 < −10 ✓　（输入起点相对于圆心的坐标，按〈Enter〉键）
指定圆弧的端点或[角度(A)/弦长(L)]：@2 <280 ✓（输入端点相对于圆心的坐标，按〈Enter〉键）

19. 单击"修改"面板中的"复制" ⊙ 按钮，将绘制的螺孔的牙顶圆和牙底圆复制到点画线的交点 B、C 处，如图 6-61 所示。

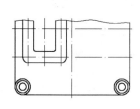

图 6-60　偏移点画线

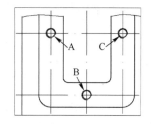

图 6-61　绘制螺孔圆

20. 在命令行输入 Z 按〈Enter〉键，输入 P 按〈Enter〉键，利用"缩放上一个"命令返回到上一个显示窗口。

21. 单击"修改"面板中的"拉长" ⟋ 按钮，输入 dy 按〈Enter〉键，利用"拉长"命令中的"动态"选项，调整螺孔圆点画线的长度，如图 6-62 所示。

22. 在命令行输入 Z 按〈Enter〉键，输入 W 按〈Enter〉键，利用"窗口缩放"命令将左侧的同心圆放大显示。

23. 利用"打断"命令将大圆双点打断，如图 6-63 所示。

命令：_break　（单击"修改"面板中的"打断" ⎚ 按钮）
选择对象：
指定第二个打断点 或[第一点(F)]：f ✓　（输入 f 按〈Enter〉键，选择"第一点"选项）
指定第一个打断点：（捕捉大圆的右象限点）
指定第二个打断点：（捕捉大圆的上象限点）

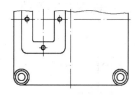

图 6-62　调整点画线的长度

图 6-63　打断圆

24. 将"虚线"层设置为当前层，利用"圆弧"命令绘制虚线圆弧，如图 6-64 所示。

命令：_arc　（单击"绘图"面板中的"圆弧"下拉菜单中的"圆心、起点、端点" ⌒ 按钮）

指定圆弧的起点或[圆心(C)]:　　　　　　　　　　　　　（捕捉大圆的右象限点）
指定圆弧的第二个点或[圆心(C)/端点(E)]:_c 指定圆弧的圆心:　（捕捉大圆的圆心）
指定圆弧的端点或[角度(A)/弦长(L)]:　　　　　　　　　（捕捉大圆的上象限点）

25. 将"粗实线"层设置为当前层，单击"绘图"面板中的"直线" ╱ 按钮，利用临时追踪点捕捉绘制一条水平辅助线和一条垂直辅助线，如图 6-65 所示。其中垂直辅助线的下端点到大圆的上象限点的水平追踪距离为 1，水平辅助线的左端点到大圆的右象限点的垂直追踪距离为 1。

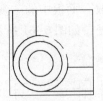

图 6-64　绘制虚线圆弧　　　　　　　图 6-65　绘制辅助线

26. 单击"修改"面板中的"圆角" ⬭ 按钮，绘制两个 R2 的圆角，如图 6-66 所示。
27. 单击"修改"面板中的"删除" ✐ 按钮，将两条辅助线删除，绘制出阶梯孔凸台的过渡线，如图 6-67 所示。

图 6-66　绘制圆角　　　　　　　　　图 6-67　绘制过渡线

28. 在命令行输入 Z 按〈Enter〉键，输入 P 按〈Enter〉键，利用"缩放上一个"命令返回到上一个显示窗口。

29. 同样方法可以绘制右侧阶梯孔过渡线和虚线圆弧，如图 6-68 所示。

30. 将"虚线"层设置为当前层，单击"绘图"面板中的"直线" ╱ 按钮，连接左侧虚线圆弧的上方端点和左侧凸台轮廓线的下方端点。重复"直线"命令，连接左侧虚线圆弧和右侧虚线圆弧的下方端点。重复"直线"命令，过右侧虚线圆弧的上方端点做一条竖直线，并利用"修剪"命令修剪，结果如图 6-69 所示。

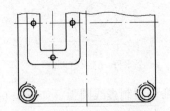

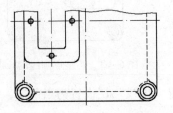

图 6-68　绘制阶梯孔凸台的过渡线　　　图 6-69　绘制凹坑轮廓线

140

31. 在命令行输入 Z 按〈Enter〉键，输入 W 按〈Enter〉键，利用"窗口缩放"命令将左侧的同心圆处放大显示。

32. 单击"修改"面板中的"圆角" 按钮，在凹坑虚线轮廓线处绘制两个 *R2* 的圆角。

33. 将"点画线"层设置为当前层，利用"直线"命令绘制同心圆的中心线，如图 6-70 所示。

34. 同样方法可以绘制右侧凹坑轮廓线处圆角和右侧同心圆的中心线，如图 6-71 所示，完成绘制俯视图。

图 6-70　绘制圆角　　　　　　　　　图 6-71　完成绘制俯视图

二、绘制主视图

1. 将"粗实线"层设置为当前层，利用"矩形"命令绘制箱盖连接板轮廓线。

> 命令：_rectang　　（单击"绘图"面板中的"矩形" ▭ 按钮）
> 指定第一个角点或[倒角(C)/标高(E)/圆角(F)/厚度(T)/宽度(W)]：　（将光标移到俯视图左侧轮廓线的上方端点处，出现端点捕捉标记后向上移动光标，出现追踪轨迹，在适当位置单击）
> 指定另一个角点或[面积(A)/尺寸(D)/旋转(R)]：@104，8↙　　（输入另一角点相对于第一角点的坐标，按〈Enter〉键）

2. 单击"修改"面板中的"圆角" 按钮，在矩形的左上角和右上角绘制两个 *R7* 的圆角，"圆角"命令中的"修剪"选项应设置为"不修剪"，结果如图 6-72 所示。

3. 利用"直线"命令绘制凹坑轮廓线。

> 命令：_line　　　　（单击"绘图"面板中的"直线" ╱ 按钮）
> 指定第一点：7↙（将光标移到矩形的左下角点处，出现端点捕捉标记后向右移动光标，出现追踪轨迹，输入追踪距离7，按〈Enter〉键）
> 指定下一点或[放弃(U)]：3↙　　　（向上移动光标，输入竖直线的长度3，按〈Enter〉键）
> 指定下一点或[放弃(U)]：90↙　　（向右移动光标，输入水平线的长度90，按〈Enter〉键）
> 指定下一点或[闭合(C)/放弃(U)]：　（向下移动光标，在矩形边上捕捉垂足）
> 指定下一点或[闭合(C)/放弃(U)]：↙（按〈Enter〉键，结束"直线"命令）

4. 利用"直线"命令，绘制凹坑弧面轮廓线，如图 6-73 所示。

> 命令：_line　　　　（单击"绘图"面板中的"直线" ╱ 按钮）
> 指定第一点：14↙（将光标移到矩形的左下角点处，出现端点捕捉标记后向右移动光标，出现追踪轨迹，输入追踪距离14，按〈Enter〉键）
> 指定下一点或[闭合(C)/放弃(U)]：　　（向上移动光标，在水平线上捕捉垂足）
> 指定下一点或[闭合(C)/放弃(U)]：↙　（按〈Enter〉键，结束"直线"命令）

命令: _line （单击"绘图"面板中的"直线" ╱按钮）
指定第一点: 14 ↙ （将光标移到矩形的右下角点处,出现端点捕捉标记后向左移动光标,出现追踪轨迹,输入追踪距离14,按〈Enter〉键）
指定下一点或[闭合(C)/放弃(U)]: （向上移动光标,在水平线上捕捉垂足）
指定下一点或[闭合(C)/放弃(U)]: ↙ （按〈Enter〉键,结束"直线"命令）

图 6-72　绘制矩形和圆角　　　　　　　　　图 6-73　绘制轮廓线

5. 在命令行输入 Z 按〈Enter〉键,输入 W 按〈Enter〉键,利用"窗口缩放"命令将主视图放大显示。

6. 单击"修改"面板中的"圆角" ◻按钮,绘制两个 R2 的圆柱面圆角,圆角命令中的"修剪"选项设置为"不修剪"。重复"圆角"命令,绘制两个 R2 的凹坑轮廓线圆角,圆角命令中的"修剪"选项设置为"修剪"。如图 6-74 所示。

7. 单击"修改"面板中的"修剪" ┼按钮,修剪圆柱面轮廓线。

8. 将"点画线"层设置为当前层,单击"绘图"面板中的"直线" ╱按钮,将光标移到俯视图中凸台竖直对称点画线的上方端点上,向上移到光标,出现追踪轨迹,在适当位置单击,继续向上移到光标,在适当位置单击,绘制主视图中凸台的竖直对称点画线,如图 6-75 所示。

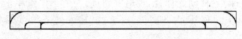　　　　　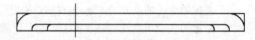

图 6-74　绘制凹坑圆角　　　　　　　图 6-75　修剪凹坑轮廓线,绘制凸台点画线

9. 单击"修改"面板中的"偏移" ◻按钮,对称偏移凸台竖直对称点画线,偏移的距离为10。重复"偏移"命令,对称偏移凸台竖直对称点画线,偏移的距离为20。重复"偏移"命令,向上偏移凹坑水平轮廓线,偏移的距离为7,如图 6-76 所示。

10. 单击"修改"面板中的"拉长" ╱按钮,输入 dy 按〈Enter〉键,利用"拉长"命令中的"动态"选项,拉伸偏移出来的粗实线。

11. 单击"图层"面板中的"匹配" ◻按钮,利用"图层匹配"命令将 4 条偏移出来点画线变为粗实线。

12. 单击"修改"面板中的"修剪" ┼按钮,修剪线条,结果如图 6-77 所示。

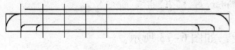　　　　　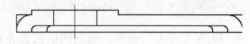

图 6-76　偏移点画线和轮廓线　　　　　　图 6-77　修剪结果

13. 在命令行输入 Z 按〈Enter〉键,输入 W 按〈Enter〉键,利用"窗口缩放"命令将主视图中凸台部分放大显示。

14. 单击"修改"面板中的"圆角" ◻按钮,绘制两个 R2 的凸台轮廓线圆角,"圆角"命令中的"修剪"选项设置为"修剪"。

15. 单击"修改"面板中的"偏移"按钮，对称偏移凸台垂直对称点画线，偏移的距离为15，得到两个螺孔的轴线。重复"偏移"命令对称偏移两个螺孔的轴线，偏移的距离为1.7。重复"偏移"命令对称偏移两个螺孔的轴线，偏移的距离为2，偏移结果如图6-78所示。

16. 单击"图层"面板中的"匹配"按钮，利用"图层匹配"命令将偏移距离为1.8的四条点画线变为粗实线。重复"图层匹配"命令将偏移距离为2的4条点画线变为细实线。

17. 单击"修改"面板中的"修剪"按钮，修剪这4条粗实线和细实线。

18. 单击"修改"面板中的"拉长"按钮，输入 dy 按〈Enter〉键，利用"拉长"命令中的"动态"选项，将螺孔轴线适当缩短，结果如图6-79所示。

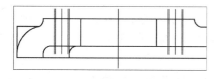
图6-78 偏移点画线

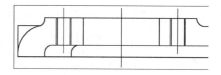
图6-79 绘制螺孔

三、绘制局部剖视图

1. 在绘图区空白处右击，在弹出的快捷菜单中选择"平移"选项，利用"实时平移"命令调整显示窗口，显示出俯视图中右侧同心圆。

2. 将"粗实线"层设置为当前层，单击"绘图"面板中的"直线"按钮，将光标移到水平轮廓线的右端点处，出现端点捕捉标记后向右移动光标，出现追踪轨迹，在适当位置单击后，向上移动光标，绘制一条垂直线，即箱盖底面轮廓线。

3. 单击"修改"面板中的"偏移"按钮，向右偏移箱盖底面轮廓线，偏移的距离分别为2和8。

4. 将"点画线"层设置为当前层，单击"绘图"面板中的"直线"按钮，将光标移到同心圆的水平点画线的右端点处，出现端点捕捉标记后向右移动光标，出现追踪轨迹，在适当位置单击后，向右继续移动光标，绘制一条水平点画线，即箱盖阶梯孔的轴线。

5. 单击"修改"面板中的"偏移"按钮，对称偏移阶梯孔的轴线，偏移的距离分别为3.25和5.5。

6. 将"粗实线"层设置为当前层，单击"绘图"面板中的"直线"按钮，连接局部剖视图中左右两侧垂直线的下端点。

7. 关闭状态栏中的"正交"按钮，将"细实线"层设置为当前层。单击"绘图"面板中的"样条曲线"按钮，绘制局部剖视图中的波浪线，波浪线的端点应指定在局部剖视图外，如图6-80所示。

8. 单击"图层"面板中的"匹配"按钮，利用"图层匹配"命令将偏移出来的4条点画线变为粗实线。

9. 单击"修改"面板中的"修剪"按钮，修剪波浪线和轮廓线，如图6-81所示。

10. 在命令行中输入 Z 按〈Enter〉键，输入 A 按〈Enter〉键，将图形全部显示。

11. 单击"修改"面板中的"缩放"按钮，将主视图、俯视图和局部剖视图放大两倍。

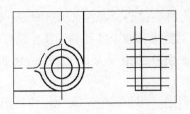

图6-80 绘制局部剖视图

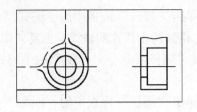

图6-81 修剪图形

12. 单击"修改"面板中的"移动"✛按钮，调整放大后的图形的位置。

13. 单击俯视图中的水平点画线，出现蓝色夹点后再双击该点画线，弹出"特性"面板，单击"线型比例"选型，将"线型比例"修改为0.9。关闭"特性"面板，按〈Esc〉键取消夹点。

14. 分别单击俯视图中的同心圆的中心线，出现蓝色夹点后再双击任意一条中心线，弹出"特性"面板，单击"线型比例"选型，将"线型比例"修改为0.5。关闭"特性"面板，按〈Esc〉键取消夹点。

15. 分别单击主视图中的两条螺孔轴线和局部视图中阶梯孔的轴线，出现蓝色夹点后再双击任意一条轴线，弹出"特性"面板，单击"线型比例"选型，将"线型比例"修改为0.6。关闭"特性"面板，按〈Esc〉键取消夹点。

16. 分别利用"直线"命令绘制两段长度为7的粗实线，在俯视图的右侧同心圆处标注局部剖视图的剖切符号。

17. 分别单击"绘图"面板中的"插入"🔳按钮，将"箭头"块插入到剖切符号的起始处，插入时旋转角度为 -90°。

18. 将"文字"层设置为当前层，将"字母与数字"设置为当前文字样式，单击"注释"面板中的"单行文字"**A**按钮，在局部剖视图的正上方输入"A – A"。重复"单行文字"命令，在剖切符号附近输入"A"。

19. 将"细实线层"设置为当前层，单击"绘图"面板中"图案填充"🔳按钮，弹出"图案填充创建"选项卡。在"图案"面板中选择 ANSI31 选项，在"特性"面板的"角度"文本框中输入0，在"比例"文本框中输入1。在主视图和局部视图需要填充的区域内单击后按〈Enter〉键，或单击"图案填充创建"选项卡中的"关闭图案填充创建"按钮，即可完成图案填充，如图 6-82 所示。指定填充区域时，注意主视图中螺孔的牙顶线和牙底线之间的区域也要选中。

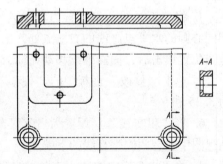

图6-82 放大视图后绘制剖面线

四、标注阶梯孔的尺寸和表面粗糙度

1. 由于箱盖零件图的俯视图只画出一半，因此宽度方向的尺寸需用"隐藏标注样式"进行标注。利用"线性标注"命令标注宽度尺寸时，第二尺寸界线的起点可以在俯视图上方任意指定，利用"标注"命令中的"文字"选项输入新的尺寸文字。再利用"分解"命令分解尺寸，利用"移动"命令调整尺寸文字的位置，利用"拉长"命令调整尺寸线的长度即可。

2. 其他尺寸是用"机械标注样式"和"径向标注补充样式"标注的，需将这两个标注样式的测量比例因子修改为 0.5。

3. 利用"引线标注"命令在局部剖视图中标注阶梯孔的尺寸时，需要准确的指定第二点相对于第一点的坐标，如 @30 < 40，以便标注表面粗糙度时确定表面粗糙度块的旋转角度。插入表面粗糙度块后还要编辑属性，调整表面粗糙度值的位置，如图 6-83 所示。

4. 单击"注释"面板中的"标注样式管理器" 按钮，弹出"标注样式管理器"对话框。在"样式"列表框中选中"机械标注样式"，单击"置为当前"按钮，再单击"替代"按钮，在弹出的对话框中打开"主单位"选项卡，在"前缀"文本框中输入"\fgdt:v"，如图 6-84 所示。单击"确定"按钮，在"样式"列表框中选中"替代样式"，右击，在弹出的快捷菜单中选择"重命名"选项，将"替代样式"重新命名为"阶梯沉孔标注样式"（如果标注锥形沉孔，则在"前缀"文本框中输入"\fgdt:w"）。

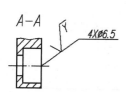

图 6-83　标注阶梯孔的尺寸和表面粗糙度

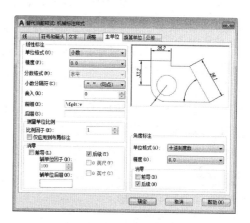

图 6-84　设置标注前缀

5. 将"阶梯沉孔标注样式"设置为当前样式，单击"注释"面板中的"线性标注" 按钮，在绘图区空白处任意单击两次，标注出一个带前缀的尺寸，如图 6-85 所示。

6. 双击该尺寸，在文字编辑器的"格式"下拉菜单中将"倾斜角度"文本框中的"15"修改为"0"，按〈Enter〉键后标注文字变正，如图 6-86 所示，单击"关闭文字编辑器"按钮。

图 6-85　添加前缀标注孔阶梯孔　　　　　图 6-86　编辑阶梯孔符号

7. 单击"修改"面板中的"分解" 按钮，将编辑后的尺寸分解，尺寸数字和孔深符号分离。

8. 双击标注文字，选中阶梯沉孔符号，右击，在弹出的快捷菜单中选择"复制"选项。

9. 利用"多行文字"命令在阶梯沉孔尺寸的水平引线下输入"%%C116"。

10. 双击尺寸 φ116，在文字编辑器中将输入符移到 φ116 之前，右击，在弹出的快捷菜单中选择"粘贴"选项，将阶梯沉孔符号粘贴在 φ116 之前。单击"关闭文字编辑器"按钮，结果如图 6-87 所示。

11. 单击"修改"面板中的"删除" ✍按钮，将任意标注的尺寸删除。

12. 标注阶梯孔深符号可参照绘制通气器和蜗杆轴零件图章节中的介绍，不再赘述。标注阶梯孔直径和深度的结果如图 6-88 所示。

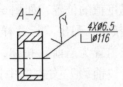

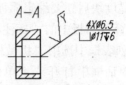

图 6-87　添加后缀标注孔深符号　　　　　图 6-88　编辑孔深符号

13. 标注表面粗糙度，输入技术要求，填写标题栏。

14. 单击"标准"面板中的"保存" 🖫按钮，保存绘制的零件图。

完成绘制箱盖。

6.6　箱体

箱体是蜗轮减速箱中重要的零件，用于包容蜗杆、蜗轮和锥齿轮的传动，支撑蜗杆轴、蜗轮轴和锥齿轮轴的转动，是蜗轮减速箱中最为复杂的零件。

箱体零件图是用 1:1 的比例绘制在 A2 图纸上，如图 6-89 所示。

绘图步骤

一、创建 A2 样板图形

1. 打开 A3 样板图形。

2. 单击"修改"面板中的"删除" ✍按钮，删除边界线和边框。

3. 利用"图形界限"命令，重新设置图形界限。

> 命令: _limits ∠　　（在命令行输入 limits 按〈Enter〉键）
> 重新设置模型空间界限:
> 指定左下角点或 [开 (ON)/关 (OFF)] <0.0000, 0.0000 > :∠（按〈Enter〉键，默认指标原点为图形界限的左下角）
> 指定右上角点 <420.0000, 297.0000 > :584, 420 ∠（输入图形界限的右上角坐标，按〈Enter〉键）

4. 将"边界线"层设置为当前层，单击"绘图"面板中的"矩形" ▭按钮，利用"矩形"命令绘制 584×420 的边界线，边界线的左下角点为坐标原点。

5. 将"边框"层设置为当前层。利用"矩形"命令绘制边框，其中左边框到左边界线的距离为 25，其余 3 条边框线到与其平行的边界线的距离均为 10。

6. 单击"修改"面板的"移动" ✥按钮，利用"移动"命令将标题栏移到边框的右下角。

7. 单击标题栏中的"另存为" 🖫按钮，将图形另名保存为"A2 样板 .dwt"。

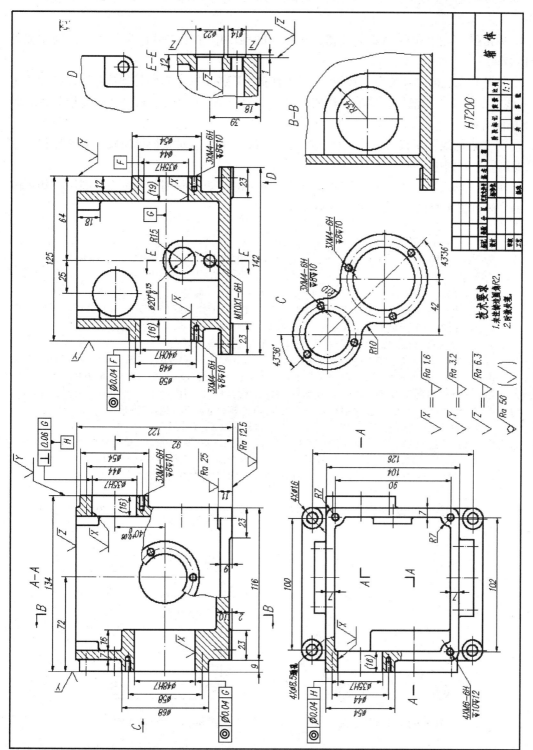

图6-89　箱体零件图

二、绘制俯视图

箱体的俯视图主要表达箱体顶部和底座的形状，并用局部剖视图表示蜗杆轴左轴孔的大小。

1. 单击界面左上角的浏览器按钮，在弹出的菜单中选择"另存为"选项，创建文件"箱体.dwg"。

2. 打开状态栏的"正交"⌐按钮、"对象捕捉"◻按钮和"对象捕捉追踪"∠按钮，将"粗实线"层设置为当前层，单击"绘图"面板中的"圆"⊙按钮，在适当位置绘制 $\phi16$ 和 $\phi8.5$ 的同心圆。

3. 将"点画线"层设置为当前层，利用"直线"命令、对象捕捉模式和对象捕捉追踪模式绘制同心圆的中心线。

4. 单击"修改"面板中的"阵列"下拉面板中的"矩形阵列"▦按钮，利用"矩形阵列"命令阵列出 4 个同心圆，如图 6-90 所示。

```
命令：_arrayrect
选择对象：指定对角点：找到 4 个        （用实线拾取框包围同心圆及其两条中心线）
选择对象：↙                          （按〈Enter〉键,结束选择阵列对象）
类型 = 矩形   关联 = 是
选择夹点以编辑阵列或［关联(AS)/基点(B)/计数(COU)/间距(S)/列数(COL)/行数(R)/层
数(L)/退出(X)］<退出>：R↙           （输入 R 按〈Enter〉键,选择"行数"选项）
输入行数数或［表达式(E)］<3>：2↙    （输入行数,按〈Enter〉键）
指定 行数 之间的距离或［总计(T)/表达式(E)］<104.5014>：126↙（输入行距,按〈Enter〉键）
指定 行数 之间的标高增量或［表达式(E)］<0>：↙     （按〈Enter〉键,标高增量为 0）
选择夹点以编辑阵列或［关联(AS)/基点(B)/计数(COU)/间距(S)/列数(COL)/行数(R)/层
数(L)/退出(X)］<退出>：COL↙        （输入 COL 按〈Enter〉键,选择"列数"选项）
输入列数数或［表达式(E)］<4>：2↙   （输入列数,按〈Enter〉键）
指定 列数 之间的距离或［总计(T)/表达式(E)］<102.8998>：100↙（输入列距,按〈Enter〉键）
选择夹点以编辑阵列或［关联(AS)/基点(B)/计数(COU)/间距(S)/列数(COL)/行数(R)/层
数(L)/退出(X)］<退出>：↙           （按〈Enter〉键,结束"矩形阵列"命令）
```

5. 将"粗实线"层设置为当前层，利用"直线"命令绘制 4 个 $\phi16$ 圆的公切线，如图 6-91 所示。

图 6-90　阵列同心圆

图 6-91　绘制公切线

6. 在命令行输入 Z 按〈Enter〉键，输入 W 按〈Enter〉键，利用"窗口缩放"命令将左下角同心圆放大显示。

7. 利用"圆"命令绘制一个 R7 的圆，该圆为箱体外壁圆、内壁顶部凸台的投影。

命令：_circle　（单击"绘图"面板中的"圆"◎按钮）
指定圆的圆心或[三点(3P)/两点(2P)/相切、相切、半径(T)]：from　（输入 from 按〈Enter〉
键，利用"捕捉自"指定圆心的位置）
基点：　（捕捉同心圆的圆心为基点）
<偏移>：@ -1 , 18　（输入圆心相对于基点的坐标，按〈Enter〉键）
指定圆的半径或[直径(D)]<4.25>：7　（输入圆的半径，按〈Enter〉键）

8. 重复"圆"命令，绘制一个与 R7 的同心圆、φ5.1 的圆，即箱体顶部连接螺孔的牙顶圆。

9. 将"细实线"层设置为当前层，利用"圆弧"命令绘制连接螺孔的牙底圆。

命令：_arc　（单击"绘图"面板中的"圆弧"下拉菜单中的"圆心、起点、端点"⌐按钮）
指定圆弧的起点或[圆心(C)]：_c 指定圆弧的圆心：　（捕捉 φ5.1 圆的圆心）
指定圆弧的起点：@3< -10　（输入起点相对于圆心的坐标，按〈Enter〉键）
指定圆弧的端点或[角度(A)/弦长(L)]：@3<280　（输入端点相对于圆心的坐标，按〈Enter〉键）

10. 将"点画线"层设置为当前层，利用"直线"命令、"对象捕捉"模式和"对象捕捉追踪"模式绘制螺孔圆的中心线，如图 6-92 所示。

11. 在命令行输入 Z 按〈Enter〉键，输入 P 按〈Enter〉键，利用"缩放上一个"命令返回到上一个显示窗口。

12. 利用"复制"命令复制 R7 的圆、螺孔的牙顶圆和牙底圆及其中心线，如图 6-93 所示。

命令：_copy　（单击"修改"面板中的"复制"ᵇ按钮）
选择对象：
指定对角点：　（用实线拾取窗口包围 R7 的圆）
找到 5 个
选择对象：　（按〈Enter〉键，结束选择复制对象）
当前设置：　复制模式 = 多个
指定基点或[位移(D)/模式(O)]<位移>：　（捕捉螺孔圆的圆心为复制基点）
指定第二个点或<使用第一个点作为位移>：102　（向右移动光标，输入距离102，按〈Enter〉键）
指定第二个点或[退出(E)/放弃(U)]<退出>：@102,90　（输入位移的第二点相对于基点的坐标，按〈Enter〉键）
指定第二个点或[退出(E)/放弃(U)]<退出>：　（按〈Enter〉键，结束"复制"命令）

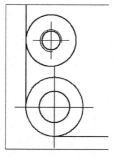

图 6-92　绘制螺孔

图 6-93　复制螺孔圆

13. 将"粗实线"层设置为当前层，单击"绘图"面板中的"直线" ╱ 按钮，绘制下方两个 R7 的圆的公切线。重复"直线"命令，过上方 R7 的圆的上象限点绘制一条水平切线，切线的另一端点为在左侧竖直轮廓线上捕捉的垂足，如图 6-94 所示。

14. 单击"修改"面板中的"偏移" ╚ 按钮，向内偏移 R7 的圆的两条水平切线及左右两侧竖直轮廓线，偏移的距离为 7，如图 6-95 所示。

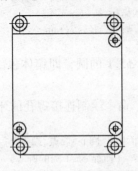

图 6-94　绘制箱体外壁轮廓线

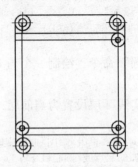

图 6-95　偏移出箱体内壁轮廓线

15. 在命令行输入 Z 按〈Enter〉键，输入 W 按〈Enter〉键，利用"窗口缩放"命令将左下角图形放大显示。

16. 单击"修改"面板中的"修剪" ╫ 按钮，修剪箱体内壁轮廓线，如图 6-96 所示。

17. 单击"修改"面板中的"圆角" ▱ 按钮，绘制两个 R2 的圆角，该圆角为内壁的铸造圆角，后面绘图过程中不再说明，如图 6-97 所示。

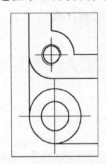

图 6-96　修剪内壁轮廓线

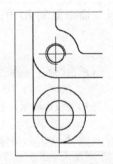

图 6-97　绘制圆角

18. 在命令行输入 Z 按〈Enter〉键，输入 P 按〈Enter〉键，利用"缩放上一个"命令返回到上一个显示窗口。

19. 同样方法可以修剪内壁 3 个角处的轮廓线，并绘制圆角，如图 6-98 所示。

20. 单击"修改"面板中的"偏移" ╚ 按钮，向外偏移左右两侧竖直轮廓线，偏移的距离为 9，得到直线 1 和直线 2。

21. 利用"延伸"命令将轮廓线 3 延伸至直线 1 和直线 2，如图 6-99 所示。

```
命令：_extend　（单击"修改"面板中的"延伸"╾╱按钮）
当前设置：投影 = UCS，边 = 无
选择边界的边...
选择对象：　　（单击直线 1）
找到 1 个
```

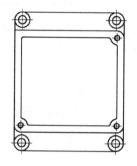

图6-98　绘制内壁轮廓线

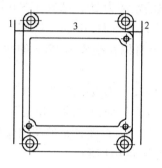

图6-99　延伸外壁轮廓线

22. 单击"修改"面板中的"偏移" 按钮,向下偏移直线3,偏移距离为27得到直线4。重复"偏移"命令,向下偏移直线3,偏移距离为54,得到直线5。重复"偏移"命令,偏移直线4,偏移距离为42,得到直线6。重复"偏移"命令,向下偏移直线6,偏移距离为34,得到直线7。偏移结果如图6-100所示。

23. 单击"图层"面板中的"匹配" 按钮,利用"图层匹配"命令将偏移出来的直线4和直线6变为点画线。

24. 单击"修改"面板中的"修剪" 按钮,修剪直线1、2、5、7,结果如图6-101所示。

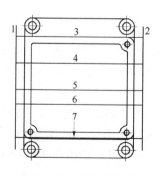

图6-100　偏移轮廓线

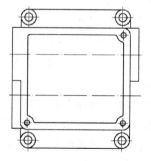

图6-101　绘制凸台和轴线

25. 单击"修改"面板中的"打断" 按钮,将上方水平点画线打断。

26. 单击"修改"面板中的"拉长" 按钮,输入dy按〈Enter〉键,利用"拉长"命令中的"动态"选项,调整点画线的长度,得到蜗杆轴左右两个轴孔的轴线和锥齿轮轴孔轴线。

27. 单击"修改"面板中的"圆角" 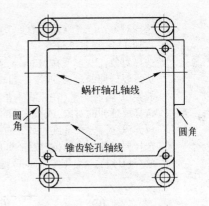 按钮，绘制两个 R2 的圆角，如图 6-102 所示。注意"圆角"命令中的"修剪"选项应设置为"不修剪"，然后利用修剪命令修剪其中一个圆角边。

图 6-102　绘制轴线和圆角

28. 单击"修改"面板中的"偏移"按钮，对称偏移蜗杆轴左右两侧轴孔的轴线，偏移的距离为 22。重复"偏移"命令，对称偏移蜗杆轴左侧轴孔的轴线，偏移的距离为 17.5。重复"偏移"命令，向下偏移锥齿轮轴孔轴线，偏移的距离为 29，结果如图 6-103 所示。

29. 单击"图层"面板中的"匹配"按钮，利用"图层匹配"命令将偏移距离为 17.5 的两条点画线变为粗实线。

30. 单击"修改"面板中的"修剪"按钮，修剪这两条粗实线。

31. 单击"修改"面板中的"拉长"按钮，输入 dy 按〈Enter〉键，利用"拉长"命令中的"动态"选项，调整其余偏移出来的点画线的长度，得到凸台上用于连接轴承盖的螺孔的轴线，如图 6-104 所示。

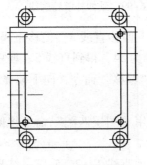

图 6-103　偏移轴线

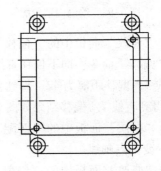

图 6-104　绘制轴孔和螺孔轴线

32. 在命令行输入 Z 按〈Enter〉键，输入 W 按〈Enter〉键，利用"窗口缩放"命令将蜗杆轴左轴孔处的图形放大显示。

33. 单击"修改"面板中的"偏移"按钮，对称偏移螺孔的轴线，偏移的距离分别为 1.7 和 2。重复"偏移"命令，向内偏移凸台左端面轮廓线，偏移的距离分别为 8 和 10，结果如图 6-105 所示。

34. 单击"图层"面板中的"匹配"按钮，利用"图层匹配"命令将偏移距离为 1.7 的两条点画线变为粗实线。重复"偏移"命令，将偏移距离为 2 的两条点画线变为细实线。

35. 单击"修改"面板中的"修剪"按钮，修剪线条，如图 6-106 所示。

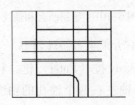

图 6-105　偏移点画线和轮廓线

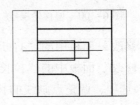

图 6-106　修剪线条

36. 单击"绘图"面板中的"直线" ╱ 按钮，过端点 A 绘制倾斜角度为 60°的辅助线 AB。重复"直线"命令连接端点 C 和交点 D，如图 6-107 所示。

37. 单击"修改"面板中的"修剪" ╫ 按钮，修剪直线 AB，绘制出螺孔，如图 6-108 所示。

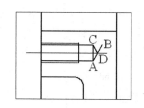

图 6-107　绘制钻角轮廓线

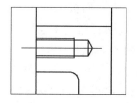

图 6-108　绘制螺孔

38. 在命令行输入 Z 按〈Enter〉键，输入 P 按〈Enter〉键，利用"缩放上一个"命令返回到上一个显示窗口。

39. 将"细实线"层设置为当前层，关闭状态栏中的"正交" ╚ 按钮、"对象捕捉" ▢ 按钮，单击"绘图"面板中的"样条曲线" ～ 按钮，绘制蜗杆轴左轴孔局部剖视图的波浪线。指定样条曲线的通过点时，可以利用"窗口缩放"命令放大显示图形，样条曲线的起点和端点应指定在外壁轮廓线外侧和内壁轮廓线内侧。利用"修剪"命令将多余的波浪线修剪掉。

40. 单击"修改"面板中的"偏移" ⟲ 按钮，向箱体外侧偏移外壁前后轮廓线，偏移的距离分别为 12 和 9，得到直线 8 和 9。

41. 将"点画线"层设置为当前层，分别利用"直线"命令、对象捕捉模式和对象捕捉追踪模式绘制蜗轮轴孔轴线。将光标移到直线 8 的左端点 E 点处，出现端点捕捉标记后，向右移动光标，出现追踪轨迹后输入追踪距离 72 按〈Enter〉键。再向上移动光标，在直线 9 上捕捉垂足，如图 6-109 所示。

42. 单击"修改"面板中的"打断" ▭ 按钮，将蜗轮轴孔轴线打断。

43. 单击"修改"面板中的"拉长" ╱ 按钮，输入 dy 按〈Enter〉键，利用"拉长"命令中的"动态"选项，分别调整蜗轮轴孔轴线的长度，使其超出相应轮廓线 3。

44. 单击"修改"面板中的"偏移" ⟲ 按钮，对称偏移蜗轮轴前轴孔的轴线，偏移的距离分别为 24 和 29。重复"偏移"命令，对称偏移蜗轮轴后轴孔的轴线，偏移的距离分别为 22 和 27，结果如图 6-110 所示。

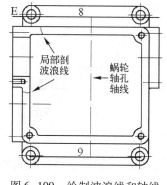

图 6-109　绘制波浪线和轴线

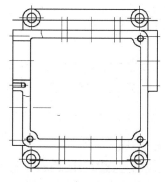

图 6-110　偏移轴线

45. 单击"图层"面板中的"匹配"🔄按钮，利用"图层匹配"命令将偏移出来的外侧的四条点画线变为粗实线。

46. 单击"修改"面板中的"修剪"✂按钮，修剪这4条粗实线和两条偏移出来的外壁轮廓线。

47. 单击"修改"面板中的"拉长"📏按钮，输入dy按〈Enter〉键，利用"拉长"命令中的"动态"选项，调整4条偏移出来的点画线的长度，得到前后凸台螺孔的轴线。

48. 单击"修改"面板中的"圆角"⬜按钮，绘制4个 *R2* 的圆角，如图6-111所示。注意绘制这4个圆角时，圆角命令中的"修剪"选项应设置为"不修剪"，然后利用"修剪"命令修剪其中一个圆角边。

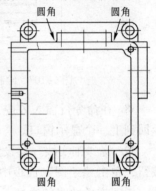

图 6-111　绘制蜗轮轴孔
凸台和圆角

49. 单击"修改"面板中的"偏移"📋按钮，向内偏移左侧凸台端面轮廓线，偏移距离为32。重复"偏移"命令向上偏移锥齿轮轴孔的轴线，偏移距离为34。重复"偏移"命令，向内偏移内壁右侧轮廓线，偏移距离为5。

50. 将"点画线"层设置为当前层，利用"直线"命令、中点捕捉和对象捕捉模式绘制油标孔的轴线。

51. 单击"修改"面板中的"偏移"📋按钮，对称偏移油标孔的轴线，偏移距离为15，如图6-112所示。

52. 单击"图层"面板中的"匹配"🔄按钮，利用"图层匹配"命令将偏移出来的3条点画线为粗实线。

53. 单击"修改"面板中的"修剪"✂按钮，修剪出箱体内腔两个凸台轮廓线。

54. 单击"修改"面板中的"圆角"⬜按钮，绘制内部凸台根部4个 *R2* 的圆角，圆角命令中的"修剪"选项应设置为"不修剪"，然后利用"修剪"命令修剪其中一个圆角边。重复"圆角"命令，绘制锥齿轮轴孔内部凸台的轮廓线圆角半径为2，"圆角"命令中的"修剪"选项应设置为"修剪"。

完成绘制俯视图，如图6-113所示。

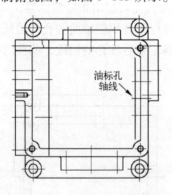

图 6-112　偏移轮廓线和轴线

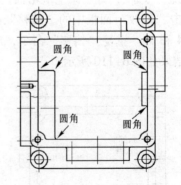

图 6-113　绘制凸台和圆角

三、绘制主视图

箱体零件图的主视图是阶梯局部剖视图，主要表达锥齿轮轴孔、蜗杆轴右轴孔的大小以及蜗轮轴孔前后凸台上螺孔的分布情况。

154

1. 利用"矩形"命令绘制箱体外壁及底座底面的轮廓线。

> 命令:_rectang （单击"绘图"面板中的"矩形"▭按钮）
> 指定第一个角点或[倒角(C)/标高(E)/圆角(F)/厚度(T)/宽度(W)]:（将光标移到俯视图底座左端面轮廓线的上方端点处，即同心圆竖直切线的端点处，出现端点捕捉标记后，向上移到光标，出现追踪轨迹，在适当位置单击）
> 指定另一个角点或[面积(A)/尺寸(D)/旋转(R)]:@116,120✓ （输入另一角点相对于第一角点的坐标，按〈Enter〉键）

2. 单击"修改"面板中的"分解"⬚按钮，分解矩形。

3. 分别利用"直线"命令绘制箱体底凸台和左右轴孔凸台，如图6-114所示。

> 命令:_line （单击"绘图"面板中的"直线"✏按钮）
> 指定第一点:（捕捉矩形的左下角点）
> 指定下一点或[放弃(U)]:2✓ （向下移动光标，输入垂直线的长度2，按〈Enter〉键）
> 指定下一点或[放弃(U)]:23✓ （向右移动光标，输入水平线的长度23，按〈Enter〉键）
>
> 指定下一点或[闭合(C)/放弃(U)]: （向上移动光标，在矩形的下方边上捕捉垂足）
> 指定下一点或[闭合(C)/放弃(U)]:✓ （按〈Enter〉键，结束"直线"命令）
>
> 命令:_line （按〈Enter〉键或单击"绘图"面板中的"直线"✏按钮）
> 指定第一点:（捕捉矩形的右下角点）
> 指定下一点或[放弃(U)]:2✓ （向下移动光标，输入垂直线的长度2，按〈Enter〉键）
> 指定下一点或[放弃(U)]:23✓ （向左移动光标，输入水平线的长度23，按〈Enter〉键）
> 指定下一点或[闭合(C)/放弃(U)]: （向上移动光标，在矩形的下方边上捕捉垂足）
> 指定下一点或[闭合(C)/放弃(U)]:✓ （按〈Enter〉键，结束"直线"命令）
>
> 命令:_line （按〈Enter〉键或单击"绘图"面板中的"直线"✏按钮）
> 指定第一点:3✓ （将光标移到矩形的左上角点处，出现端点捕捉标记后，向下移到光标，出现追踪轨迹后，输入追踪距离3，按〈Enter〉键）
> 指定下一点或[放弃(U)]:9✓ （向左移动光标，输入水平线的长度9，按〈Enter〉键）
> 指定下一点或[放弃(U)]:101✓ （向下移动光标，输入垂直线的长度101，按〈Enter〉键）
> 指定下一点或[放弃(U)]: （向右移动光标，在矩形的右侧边上捕捉垂足）
> 指定下一点或[闭合(C)/放弃(U)]:✓ （按〈Enter〉键，结束"直线"命令）
>
> 命令:_line （按〈Enter〉键或单击"绘图"面板中的"直线"✏按钮）
> 指定第一点:3✓ （将光标移到矩形的右上角点处，出现端点捕捉标记后，向下移到光标，出现追踪轨迹后，输入追踪距离3，按〈Enter〉键）
> 指定下一点或[放弃(U)]:9✓ （向右移动光标，输入水平线的长度9，按〈Enter〉键）
> 指定下一点或[放弃(U)]:54✓ （向下移动光标，输入垂直线的长度54，按〈Enter〉键）
> 指定下一点或[闭合(C)/放弃(U)]: （向左移动光标，在矩形的右侧边上捕捉垂足）
> 指定下一点或[闭合(C)/放弃(U)]:✓ （按〈Enter〉键，结束"直线"命令）

4. 单击"修改"面板中的"圆角"◰按钮，绘制4个凸台根部的6个圆角，"圆角"命令中的"修剪"选项应设置为"不修剪"，然后利用"修剪"命令修剪左右凸台的圆角边，利用"删除"命令删除底座凸台的圆角边。

5. 将"点画线"层设置为当前层，单击"绘图"面板中的"直线"✏按钮，利用中点捕捉绘制蜗杆轴右轴孔轴线。重复"直线"命令、利用对象捕捉模式和对象捕捉追踪模式绘制锥齿轮孔轴线,自蜗杆轴右轴孔轴线的左端点向下的追踪距离为40。重复"直线"命令,利用延长捕捉,在俯视图蜗轮轴孔轴线的延长线上,绘制蜗轮轴孔竖直中心线,如图6-115所示。

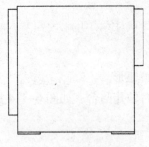

图6-114　绘制轮廓线

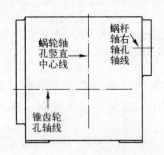

图6-115　绘制凸台和轴线

6. 单击"绘图"面板中的"圆"⊙按钮,捕捉点画线的交点为圆心,绘制 φ44 的点画线圆。将"粗实线"层设置为当前层,分别重复"圆"命令,捕捉点画线的交点为圆心,绘制 φ54、φ40 和 φ35 的同心圆,如图6-116所示。

7. 将"点画线"层设置为当前层,单击"绘图"面板中的"直线"／按钮,捕捉点画线的交点为直线的一个端点,绘制一条倾斜点画线,另一个端点相对于点画线的交点的坐标为@30<30。

8. 单击"修改"面板中的"复制"℃按钮,将俯视图中箱体顶部螺孔的牙顶圆和牙底圆复制到主视图中的竖直点画线、倾斜点画线与点画线圆的交点处。

9. 单击"修改"面板中的"缩放"□按钮,将复制的螺孔的牙顶圆和牙底圆缩小为原来的0.6667倍,即螺孔的公称直径修改为4,如图6-117所示。

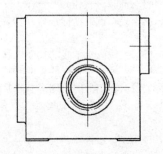

图6-116　绘制蜗轮轴孔凸台

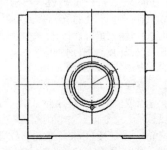

图6-117　复制螺孔圆

10. 单击"修改"面板中的"偏移"△按钮,向上偏移矩形下方边,偏移距离分别为7、9、10。分别重复"偏移"命令,向左偏移矩形右侧边,偏移距离分别为7、16。

11. 将"细实线"层设置为当前层,关闭状态栏中的"正交"┗按钮、"对象捕捉"□按钮。单击"绘图"面板中的"样条曲线"∿按钮,绘制局部剖视图的波浪线,波浪的起点和端点应指定在主视图外,如图6-118所示。

12. 单击"修改"面板中的"修剪"⊹按钮,修剪轮廓线和波浪线,并利用"拉长"命令适当调整蜗杆轴右轴孔轴线的长度,结果如图6-119所示。

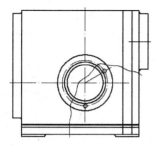
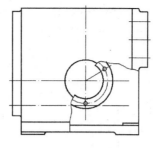

图 6-118　偏移轮廓线，绘制波浪线　　　　　图 6-119　修剪线条

13. 单击"修改"面板中的"偏移"⊿按钮，对称偏移蜗杆轴右轴孔的轴线和锥齿轮轴孔的轴线，偏移的距离分别为 17.5 和 24。重复"偏移"命令，向上偏移锥齿轮轴孔的轴线，偏移的距离为 34。重复"偏移"命令，向右偏移矩形左侧边，偏移的距离分别为 7 和 23。结果如图 6-120 所示。

14. 单击"图层"面板中的"匹配"✍按钮，利用"图层匹配"命令将偏移出来的 5 条点画线变为粗实线。

15. 单击"修改"面板中的"偏移"⊿按钮，修剪轮廓线，如图 6-121 所示。

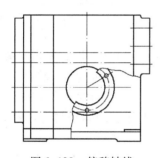
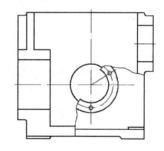

图 6-120　偏移轴线　　　　　　　　　图 6-121　绘制轴孔

16. 单击"修改"面板中的"圆角"◯按钮，绘制底座凸台根部圆角，"圆角"命令中的"修剪"选项设置为"不修剪"，利用"删除"命令删除圆角边。重复"圆角"命令，将"修剪"选项设置为"修剪"，绘制锥齿轮轴孔内腔凸台根部圆角。

17. 将"点画线"层设置为当前层，打开状态栏中的"正交"┗按钮、"对象捕捉"◻按钮，利用"直线"命令、"对象捕捉"模式和"对象捕捉追踪"模式绘制蜗杆轴左轴孔的轴线和底座右侧安装孔的轴线。

18. 单击"修改"面板中的"修剪"⊹按钮，修剪底座上表面轮廓线。

19. 单击"修改"面板中的"偏移"⊿按钮，向左偏移底座右侧安装孔的轴线，偏移的距离为 100，得到底座左侧安装孔的轴线，如图 6-122 所示。

20. 重复"偏移"命令，对称偏移蜗杆轴右轴孔的轴线、向上偏移蜗杆轴左轴孔的轴线，偏移的距离为 22。重复"偏移"命令，对称偏移锥齿轮轴孔的轴线，偏移的距离为 29。重复"偏移"命令，向下偏移蜗杆轴右轴孔的轴线，偏移距离分别为 53 和 74，如图 6-123 所示。

21. 单击"修改"面板中的"拉长"／按钮，输入 dy 按〈Enter〉键，利用"拉长"命令中的"动态"选项，调整偏移出来的点画线的长度，得到左右两侧凸台螺孔、油标孔和螺塞孔的轴线（同时调整锥齿轮轴孔轴线的长度和倾斜点画线的长度）。

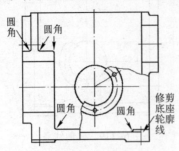

图 6-122　偏移圆角，修剪轮廓线

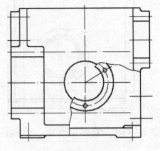

图 6-123　偏移轴线

22. 单击"修改"面板中的"复制" 按钮，复制俯视图中局部剖视图处的螺孔轮廓线和轴线，并利用"直线"命令连接螺孔牙底线的左端点，绘制一条辅助线。

23. 单击"修改"面板中的"镜像" △ 按钮，将复制的螺孔轮廓线、轴线及绘制的辅助线做竖直镜像，如图 6-124 所示。

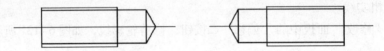

图 6-124　复制螺孔并做竖直镜像

24. 单击"修改"面板中的"复制" 按钮，复制螺孔轮廓线，复制的基点为螺孔轴线与辅助线的交点，位移的第二点为主视图中锥齿轮轴孔凸台上螺孔的轴线与凸台轮廓线的交点 G。重复"复制"命令，复制螺孔轮廓线的竖直镜像，复制的基点为螺孔轴线与辅助线的交点，位移的第二点为主视图中蜗杆轴右轴孔凸台上螺孔的轴线与凸台轮廓线的交点 H，如图 6-125 所示。

25. 将"粗实线"层设置为当前层，利用"直线"命令绘制箱体顶部圆弧凸台的投影。

命令：_line　　　（单击"绘图"面板中的"直线" ／ 按钮）
指定第一点：7 ✓（将光标移到端点 I 处，出现端点捕捉标记后，向右移动光标，出现追踪轨迹后，输入追踪距离 7，按〈Enter〉键）
指定下一点或[放弃(U)]：18 ✓（向下移动光标，输入垂直线的长度 18，按〈Enter〉键）
指定下一点或[放弃(U)]：（向左移动光标，在箱体内壁轮廓线上捕捉垂足）
指定下一点或[闭合(C)/放弃(U)]：✓（按〈Enter〉键，结束"直线"命令）

命令：_line　　　（单击"绘图"面板中的"直线" ／ 按钮）
指定第一点：_tt（单击"对象捕捉"面板中的"临时追踪点捕捉" ∘━ 按钮）
指定临时对象追踪点：（捕捉 J 点为临时追踪点）
指定第一点：7 ✓（将光标移到端点 J 处，出现端点捕捉标记后，向左移到光标，出现追踪轨迹后，输入追踪距离 7，按〈Enter〉键）
指定下一点或[放弃(U)]：18 ✓（向下移动光标，输入垂直线的长度 18，按〈Enter〉键）
指定下一点或[放弃(U)]：（向右移动光标，在箱体内壁轮廓线上捕捉垂足）
指定下一点或[闭合(C)/放弃(U)]：✓（按〈Enter〉键，结束"直线"命令）

26. 单击"修改"面板中的"圆角" △ 按钮，"圆角"命令中的"修剪"选项设置为"修剪"，绘制两个凸台轮廓线圆角。重复"圆角"命令，将"修剪"选项设置为"不修剪"，绘制两个凸台根部圆角，再利用"修剪"命令圆角边。完成绘制主视图，如图6-126所示。

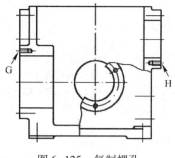

图6-125　复制螺孔

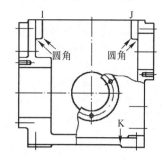

图6-126　绘制顶部凸台及其圆角

四、绘制左视图

1. 利用"矩形"命令绘制左视图中箱体外壁和底座底面轮廓线。

> 命令：_rectang　（单击"绘图"面板中的"矩形"□按钮）
> 指定第一个角点或[倒角(C)/标高(E)/圆角(F)/厚度(T)/宽度(W)]：_ext 于　（将光标移到主视图底座底面轮廓线的端点K处，参见图6-126，向右移动光标，出现延长轨迹，在适当位置单击）
> 指定另一个角点或[面积(A)/尺寸(D)/旋转(R)]：@104,120↙　（输入另一角点相对于第一角点的位置）

2. 单击"修改"面板中的"分解"⬚按钮，将绘制的矩形分解。

3. 单击"修改"面板中的"偏移"⬚按钮，向内偏移矩形的两个竖直边，偏移的距离为7。重复"偏移"命令，向上偏移矩形的下方水平边，偏移的距离为9，如图6-127所示。

4. 单击"修改"面板中的"修剪"⊬按钮，修剪偏移出来的轮廓线，得到内壁轮廓线。

5. 利用"拉长"命令中的"增量"选项将矩形的下方水平边的两端各延长19，得到直线LM，如图6-128所示。

> 命令：_lengthen　（单击"修改"面板中的"拉长"⬚按钮）
> 选择对象或[增量(DE)/百分数(P)/全部(T)/动态(DY)]：de↙　（输入de按〈Enter〉键，选择"增量"选项）
> 输入长度增量或[角度(A)]<0.0000>：19↙　（输入长度增量19，按〈Enter〉键）
> 选择要修改的对象或[放弃(U)]：　（在矩形的下方水平边的左端点处单击）
> 选择要修改的对象或[放弃(U)]：　（在矩形的下方水平边的右端点处单击）
> 选择要修改的对象或[放弃(U)]：↙　（按〈Enter〉键，结束"拉长"命令）

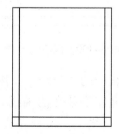

图6-127　绘制矩形并偏移

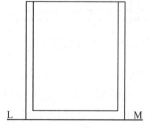

图6-128　拉长轮廓线

6. 单击"修改"面板中的"偏移"凸按钮，偏移直线 LM，偏移的距离为 7。

7. 利用"直线"命令绘制底座轮廓线，如图 6-129 所示。

命令：_line　　（单击"绘图"面板中的"直线"╱按钮）
指定第一点：　　（捕捉端点 L）
指定下一点或[放弃(U)]：9✓　　　　（向上移动光标，输入垂直线的长度 9，按〈Enter〉键）
指定下一点或[放弃(U)]：16✓　　　（向右移动光标，输入水平线线的长度 16，按〈Enter〉键）
指定下一点或[闭合(C)/放弃(U)]：　　（向下移到光标，在直线 LM 的偏移线上捕捉垂足）
指定下一点或[闭合(C)/放弃(U)]：✓　（按〈Enter〉键，结束"直线"命令）

命令：_line　　（按〈Enter〉键或单击"绘图"面板中的"直线"╱按钮）
指定第一点：　　（捕捉端点 M）
指定下一点或[放弃(U)]：9✓　　　　　（向上移动光标，输入竖直线的长度 9，按〈Enter〉键）
指定下一点或[放弃(U)]：16✓　　　　（向左移动光标，输入水平线线的长度 16，按〈Enter〉键）
指定下一点或[闭合(C)/放弃(U)]：　　（向下移到光标，在直线 LM 的偏移线上捕捉垂足）
指定下一点或[闭合(C)/放弃(U)]：✓　（按〈Enter〉键，结束"直线"命令）

命令：_line　　（按〈Enter〉键或单击"绘图"面板中的"直线"╱按钮）
指定第一点：　　（捕捉端点 L）
指定下一点或[放弃(U)]：2✓　　　　（向下移到光标，输入垂直线的长度 2，按〈Enter〉键）
指定下一点或[放弃(U)]：23✓　　　（向右移到光标，输入水平线的长度 23，按〈Enter〉键）
指定下一点或[闭合(C)/放弃(U)]：　　（向上移到光标，在直线 LM 上捕捉垂足）
指定下一点或[闭合(C)/放弃(U)]：✓　（按〈Enter〉键，结束"直线"命令）

命令：_line　　（按〈Enter〉键或单击"绘图"面板中的"直线"╱按钮）
指定第一点：　　（捕捉端点 M）
指定下一点或[放弃(U)]：2✓　　　　（向下移到光标，输入竖直线的长度 2，按〈Enter〉键）
指定下一点或[放弃(U)]：23✓　　　（向左移到光标，输入水平线的长度 23，按〈Enter〉键）
指定下一点或[闭合(C)/放弃(U)]：　　（向上移到光标，在直线 LM 上捕捉垂足）
指定下一点或[闭合(C)/放弃(U)]：✓　（按〈Enter〉键，结束"直线"命令）

8. 单击"修改"面板中的"修剪"╈按钮，修剪轮廓线，结果如图 6-130 所示。

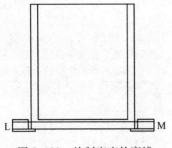

图 6-129　绘制底座轮廓线

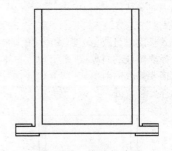

图 6-130　修剪轮廓线

9. 将"点画线"层设置为当前层，单击"绘图"面板中的"直线"╱按钮，利用中点捕捉和对象捕捉追踪绘制左视图近似对称竖直点画线和底座安装孔的轴线。重复"直线"命令，利用延长捕捉，在主视图中锥齿轮轴孔轴线的延长线上，绘制左视图中蜗轮轴孔轴线。

10. 单击"修改"面板中的"圆角"⬜按钮,"圆角"命令中的"修剪"选项设置为"修剪",绘制箱体内外壁底部 4 个圆角。重复"圆角"命令,将"修剪"选项设置为"不修剪",绘制底座两个凸台根部圆角,再利用"删除"命令删除圆角边,如图 6-131 所示。

11. 单击"修改"面板中的"偏移"🔁按钮,对称偏移蜗轮轴孔轴线,偏移的距离分别为 17.5、20、27 和 29。重复"偏移"命令,向左右两侧偏移箱体外壁竖直轮廓线,偏移的距离分别为 9 和 12,如图 6-132 所示。

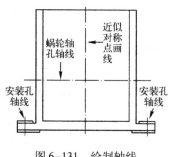

图 6-131　绘制轴线

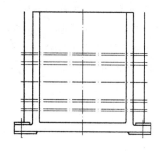

图 6-132　偏移轴线

12. 单击"图层"面板中的"匹配"⬆️按钮,利用"图层匹配"命令将偏移出来的 8条点画线变为粗实线。

13. 单击"修改"面板中的"修剪"🔧按钮,修剪轮廓线,结果如图 6-133 所示。

14. 单击"修改"面板中的"圆角"⬜按钮,"圆角"命令中的"修剪"选项设置为"修剪",绘制蜗轮轴孔凸台根部 4 个圆角。

15. 单击"修改"面板中的"偏移"🔁按钮,对称偏移蜗轮轴孔的轴线。偏移的距离分别为 22 和 24。重复"偏移"命令,向左偏移垂直点画线,偏移的距离为 25。

16. 单击"绘图"面板中的"直线"✏️按钮,利用延长捕捉,在主视图蜗杆轴孔轴线的延长线上绘制一条水平点画线,如图 6-134 所示。

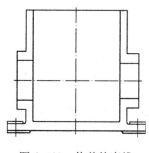

图 6-133　修剪轮廓线

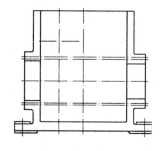

图 6-134　偏移轴线

17. 将"粗实线"层设置为当前层,单击"绘图"面板中的"圆"⭕按钮,捕捉利用延长捕捉绘制的水平点画线与偏移出来的垂直点画线的交点为圆心,绘制一个 $\phi35$ 的圆。

18. 单击"修改"面板中的"拉长"✏️按钮,输入 dy 按〈Enter〉键,利用"拉长"命令中的"动态"选项,调整偏移出来的点画线的长度。

19. 单击"修改"面板中的"复制"按钮，复制主视图中箱体顶部左侧圆弧凸台轮廓线，复制的基点为 I，参见图6-126，位移的第二点为 N 点。重复"复制"命令，复制主视图中箱体顶部右侧圆弧凸台轮廓线，复制的基点为 J，位移的第二点为 P 点。

20. 重复"复制"命令，将螺孔轮廓线复制到蜗轮轴孔后凸台的螺孔轴线处。重复"复制"命令，将螺孔轮廓线的垂直镜像复制到蜗轮轴孔前凸台的螺孔轴线处，如图6-135所示。

21. 单击"绘图"面板中的"圆"按钮，利用对象捕捉追踪模式，将光标移到竖直点画线与底座底面轮廓线的交点 Q 处，出现交点捕捉标记后，向上竖直追踪37，确定圆心，绘制一个 R15 的圆。重复"圆"命令，绘制一个与 R15 圆的同心圆，直径为20。

22. 单击"绘图"面板中的"直线"按钮，自 R15 的圆的左右两个象限点绘制箱体内腔底面轮廓线的垂线，如图6-136所示。

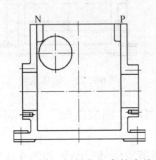
图6-135　复制内凸台轮廓线

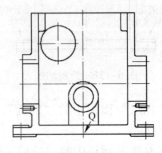
图6-136　绘制油标孔

23. 单击"修改"面板中的"修剪"按钮，修剪 R15 的圆。

24. 在命令行输入 Z 按〈Enter〉键，输入 W 按〈Enter〉键，利用"窗口缩放"命令将安装油标和螺塞的内凸台轮廓线放大显示。

25. 单击"绘图"面板中的"圆"按钮，利用对象捕捉追踪模式，将光标移到竖直点画线与底座底面轮廓线的交点 Q 处，出现交点捕捉标记后，向上竖直追踪16，确定圆心，绘制一个 ϕ8.5 的圆，即螺塞孔的牙顶圆。

26. 将"细实线"层设置为当前层，利用"圆弧"命令绘制螺塞孔的牙底圆。

命令：_arc　（单击"绘图"面板中的"圆弧"下拉菜单中的"圆心、起点、端点"按钮）
指定圆弧的起点或[圆心(C)]：_c 指定圆弧的圆心：　（捕捉 ϕ10 的圆的圆心）
指定圆弧的起点：@5< -10　（输入起点相对于圆心的坐标，按〈Enter〉键）
指定圆弧的端点或[角度(A)/弦长(L)]：@5<280　（输入端点相对于圆心的坐标，按〈Enter〉键）

27. 将"点画线"层设置为当前层，分别单击"绘图"面板中的"直线"按钮，绘制油标孔和螺塞孔的水平点画线，如图6-137所示。

28. 在命令行输入 Z 按〈Enter〉键，输入 P 按〈Enter〉键，利用"缩放上一个"命令返回到上一个显示窗口。完成绘制左视图，如图6-138所示。

五、绘制局部视图

绘制局部视图前，将从俯视图复制的螺孔轮廓线、轴线和绘制的辅助线，以及它们的垂直镜像删除。

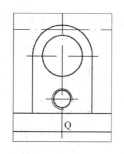

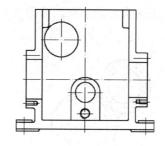

图 6-137　绘制螺塞孔　　　　　图 6-138　完成绘制左视图

箱体零件图中有两个局部视图，分别用于表达箱体左侧凸台和底座凸台的形状。

1. 单击"绘图"面板中的"直线" ╱ 按钮，绘制一条长度为 100，倾斜角度为 -43.6° 的点画线。

2. 单击"绘图"面板中的"圆" ⊙ 按钮，以倾斜点画线的上方端点为圆心，绘制一个 ϕ44 的点画线圆。

3. 将"粗实线"层设置为当前层，分别重复"圆"命令，捕捉倾斜点画线的上方端点为圆心，绘制 ϕ35 和 ϕ54 的同心圆。

4. 将"点画线"层设置为当前层，利用"直线"命令、对象捕捉模式和对象捕捉追踪模式绘制同心圆的两条中心线。

5. 单击"修改"面板中的"偏移" ⊘ 按钮，向右偏移同心圆的竖直中心线，偏移的距离为 42，如图 6-139 所示。

6. 单击"修改"面板中的"拉长" ⤢ 按钮，输入 dy 按〈Enter〉键，利用"拉长"命令中的"动态"选项，调整偏移出来的垂直点画线和倾斜点画线的长度。

7. 单击"绘图"面板中的"圆" ⊙ 按钮，以偏移出来的竖直点画线和倾斜点画线的交点为圆心，绘制 ϕ48 和 ϕ68 的同心圆。

8. 将"点画线"层设置为当前层，重复"圆"命令，绘制 ϕ34 圆的同心点画线圆，直径为 58。

9. 单击"绘图"面板中的"直线" ╱ 按钮，绘制右下方同心圆的水平中心线，如图 6-140 所示。

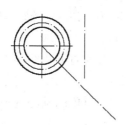

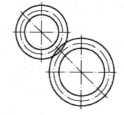

图 6-139　绘制点画线、圆，偏移点画线　　　图 6-140　绘制圆，调整点画线长度

10. 单击"修改"面板中的"圆角" ◻ 按钮，绘制 ϕ54 和 ϕ68 的圆的两个连接圆弧，半径为 10，如图 6-141 所示。

11. 单击"修改"面板中的"修剪" ⊹ 按钮，修剪 ϕ54 和 ϕ68 的圆。

12. 单击"修改"面板中的"复制" ⅋ 按钮，将主视图中的螺孔圆复制到倾斜点画线与

ϕ44 的点画线圆左上方交点处、倾斜点画线与 ϕ58 的点画线圆的右下方交点处，如图 6-142 所示。

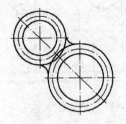
图 6-141　绘制连接圆弧

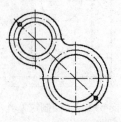
图 6-142　修剪圆

13. 单击"修改"面板中的"阵列" 按钮，将复制的螺孔圆做环型阵列，阵列数量均为 3 个，结果如图 6-143 所示。

14. 单击"绘图"面板中的"直线" 按钮，用点画线连接阵列出的 4 个螺孔圆和其所在的点画线圆的圆心，如图 6-144 所示。

15. 单击"修改"面板中的"拉长" 按钮，输入 dy 按〈Enter〉键，利用"拉长"命令中的"动态"选项，调整 4 条点画线连线的长度，如图 6-145 所示，完成绘制箱体左侧凸台局部视图。

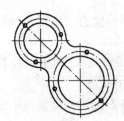
图 6-143　复制螺孔圆

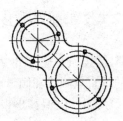
图 6-144　环型阵列

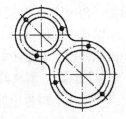
图 6-145　绘制螺孔圆的中心线

16. 单击"绘图"面板中的"矩形" 按钮，在适当位置绘制一个边长为 23 的正方形，即矩形的第二角点相对于第一角点的坐标为(@23,23)，如图 6-146 所示。

17. 单击"修改"面板中的"分解" 按钮，将正方形分解。

18. 单击"修改"面板中的"拉长" 按钮，输入 dy 按〈Enter〉键，利用拉长命令中的"动态"选项，将正方形的下方水平边和右侧竖直边拉长。

19. 单击"修改"面板中的"圆角" 按钮，在正方形的右下角绘制一个 R8 的圆角。重复"圆角"命令，在正方形的左上角绘制一个 R2 的圆角。

20. 单击"绘图"面板中的"圆" 按钮，捕捉 R8 的圆角的圆心为圆心，绘制一个 ϕ8.5 的圆。

21. 将"点画线"层设置为当前层，利用"直线"命令、对象捕捉模式和对象捕捉追踪模式，绘制 ϕ8.5 的圆的中心线。

22. 关闭状态栏中的"正交" 按钮，将"细实线"层设置为当前层，单击"绘图"面板中的"样条曲线" 按钮，绘制底座凸台局部视图的波浪线，波浪线的起点和端点可以指定在正方形两个边延长线的端点上。完成绘制底座凸台局部视图，如图 6-147 所示。

图 6-146 绘制底座凸台

图 6-147 绘制波浪线

六、绘制局部剖视图

箱体零件图中有两个局部剖视图，用于表达锥齿轮轴孔内部凸台的形状，以及油标和螺塞孔的结构形状。这两个局部剖视图的部分轮廓线与左视图和主视图的轮廓线相同，可以利用"复制"命令从视图中复制。

1. 单击"修改"面板中的"复制"💠按钮，复制左视图中左下角部分轮廓线，如图 6-148 所示。

2. 单击"修改"面板中的"拉长"🖊按钮，输入 dy 按〈Enter〉键，利用"拉长"命令中的"动态"选项，调整两条水平轮廓线和两条竖直轮廓线的长度。

3. 单击"修改"面板中的"偏移"📥按钮，向上偏移水平轮廓线 1，偏移的距离为 50。重复"偏移"命令，向右偏移竖直轮廓线 2，偏移的距离为 28，如图 6-149 所示。

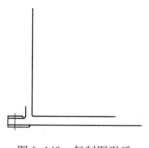

图 6-148 复制图形后

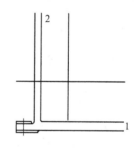

图 6-149 确定轴孔圆的圆心

4. 单击"图层"面板中的"匹配"🦋按钮，利用"图层匹配"命令将偏移出来的两条粗实线变为点画线。

5. 单击"绘图"面板中的"圆"◎按钮，以点画线的交点为圆心，绘制 $R24$ 和 $R34$ 的同心圆。

6. 单击"绘图"面板中的"直线"🖊按钮，过 $R34$ 的圆的上象限点和左象限点绘制箱体内壁竖直轮廓线和水平轮廓线的垂线，如图 6-150 所示。

7. 单击"修改"面板中的"修剪"🗡按钮，修剪 $R34$ 的圆。

8. 单击"修改"面板中的"拉长"🖊按钮，输入 dy 按〈Enter〉键，利用"拉长"命令中的"动态"选项，调整两条点画线的长度。

9. 关闭状态栏中的"对象捕捉"🔲按钮，将"细实线"层设置为当前层。单击"绘图"面板中的"样条曲线"〜按钮，绘制局部剖视中的波浪线，波浪线的起点和端点应指定在视图外，如图 6-151 所示。

10. 单击"修改"面板中的"修剪"🗡按钮，修剪轮廓线和波浪线，完成绘制锥齿轮轴孔内部凸台的局部剖视图，如图 6-152 所示。

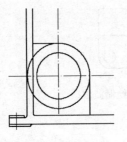
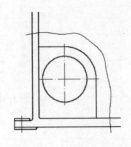
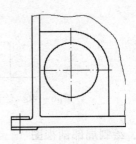

图 6-150　绘制凸台　　　　　图 6-151　绘制波浪线　　　　图 6-152　修剪线条

11. 单击"修改"面板中的"复制" 按钮，复制主视图中左下角部分轮廓线，如图 6-153 所示。

12. 打开状态栏中的"正交" 按钮，利用"镜像"命令做复制图形的垂直镜像，如图 6-154 所示。

命令：_mirror　　（单击"修改"面板中的"镜像" 按钮）
选择对象：
指定对角点：　　（用一个实线拾取窗口包围复制的图形）
找到 8 个
选择对象：✓　　（按〈Enter〉键,结束选择镜像对象）
指定镜像线的第一点：　　（在复制的对象的右侧单击）
指定镜像线的第二点：　　（向下移动光标,在适当位置单击,即镜像线为一条垂直线）
是否删除源对象？［是(Y)/否(N)］＜N＞:y✓　　（输入 y 按〈Enter〉键,删除源对象）

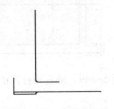
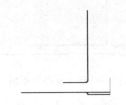

图 6-153　复制图形　　　　　　　　　图 6-154　做竖直镜像

13. 单击"修改"面板中的"拉长" 按钮，输入 dy 按〈Enter〉键，利用"拉长"命令中的"动态"选项，调整轮廓线的长度，如图 6-155 所示。

14. 打开状态栏中的"正交" 按钮，单击"修改"面板中的"移动" 按钮，向右移动箱体内部轮廓线，移动的距离为 11。

15. 单击"修改"面板中的"偏移" 按钮，向左偏移箱体外壁垂直轮廓线，偏移的距离分别为 1 和 7，如图 6-156 所示。

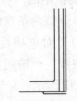

图 6-155　调整轮廓线长度　　　　　图 6-156　移动、偏移轮廓线

16. 在命令行输入 Z 按〈Enter〉键，输入 W 按〈Enter〉键，利用"窗口缩放"命令将图形的右下角放大显示。

17. 打开状态栏中的"对象捕捉" 按钮，将"点画线"层设置为当前层。分别单击"绘图"面板中的"直线" 按钮，利用对象追踪捕捉模式，自图形的右下角点向上追踪，追踪距离分别为 18 和 39，绘制两条水平点画线，如图 6-157 所示。

18. 单击"修改"面板中的"拉长" 按钮，输入 de 按〈Enter〉键，利用"拉长"命令中的"增量"选项，将两条点画线向两端延长 3，得到螺塞孔和油标孔的轴线，如图 6-158 所示。

19. 单击"修改"面板中的"偏移" 按钮，向上偏移油标孔的轴线，偏移的距离为 15。重复"偏移"命令对称偏移油标孔的轴线，偏移的距离分别为 10 和 11。重复"偏移"命令对称偏移螺塞孔的轴线，偏移的距离分别为 4.25、5 和 7，偏移结果如图 6-159 所示。

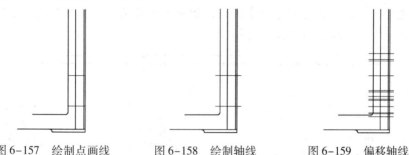

图 6-157 绘制点画线　　图 6-158 绘制轴线　　图 6-159 偏移轴线

20. 单击"图层"面板中的"匹配" 按钮，利用"图层匹配"命令将偏移距离为 5 得到的两条点画线变为粗实线。

21. 重复"图层匹配"命令，将偏移出来的另外 9 条点画线变为粗实线。

22. 单击"修改"面板中的"修剪" 按钮，修剪轮廓线，结果如图 6-160 所示。

23. 单击"修改"面板中的"圆角" 按钮，绘制内凸台的两个 R2 的圆角，圆角命令中的"修剪"选项应设置为"修剪"。

24. 关闭状态栏中的"正交" 按钮、"对象捕捉" 按钮，将"细实线"层设置为当前层，单击"绘图"面板中的"样条曲线" 按钮，绘制油标和螺塞孔的局部剖视图中的波浪线，如图 6-161 所示。

25. 单击"修改"面板中的"修剪" 按钮，修剪波浪线和轮廓线。

26. 在命令行输入 Z 按〈Enter〉键，输入 P 按〈Enter〉键，利用"缩放上一个"命令返回到上一个显示窗口。完成绘制油标和螺塞孔的局部剖视图，如图 6-162 所示。

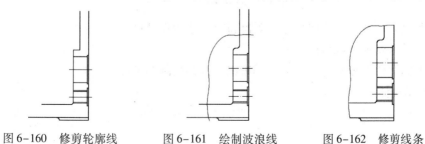

图 6-160 修剪轮廓线　　图 6-161 绘制波浪线　　图 6-162 修剪线条

七、完成绘制零件图

1. 将较短的通孔和螺孔的轴线以及交点不是细线画的中心线的线型比例修改为0.5。

2. 在俯视图中标注阶梯剖的剖切位置,在主视图中标注剖视图的名称、锥齿轮孔内凸台局部剖的剖切位置及投影方向、左侧凸台局部视图的投影方向,在左视图中标注油标和螺塞孔局部剖视图的剖切位置、底座凸台局部视图的投影方向,在局部视图上标注视图的名称,在局部剖视图上标注剖视图的名称。

3. 单击"修改"面板中的"移动"✛按钮,调整图形的位置。

4. 将"细实线"层设置为当前层,单击"绘图"面板中"图案填充"按钮,弹出"图案填充创建"选项卡。在"图案"选项栏中选择 ANSI31 选项,在"特性"选项栏的"角度"文本框中输入0,在"比例"文本框中输入1。在主视图、俯视图、左视图和局部剖视图需要填充的区域内单击后按〈Enter〉键,或单击"图案填充创建"选项卡中的"关闭图案填充创建"按钮,即可完成图案填充,如图6-163所示。指定填充区域时,注意螺孔的牙顶线和牙底线之间的区域也要选中。

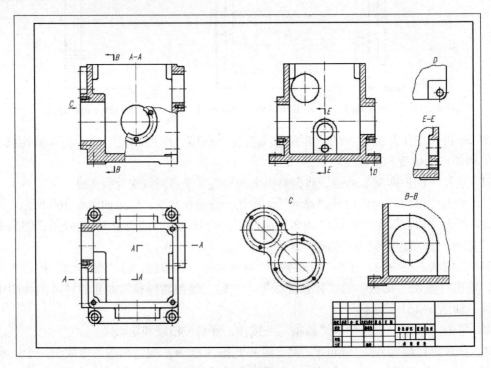

图6-163 标注视图,绘制剖面线

5. 标注尺寸、公差、几何公差、基准符号、表面粗糙度。

6. 输入技术要求、填写标题栏。

7. 单击标题栏面板中的"保存"按钮,保存绘制的零件图。

完成绘制箱体。

第7章 蜗轮减速箱装配图的绘制

用 AutoCAD 绘制装配图的方法是拼装法，即装配图由零件图中的视图拼装而成。拼装零件图的操作是：利用"插入"命令将零件图插入同一图形文件中（可以是空白文件），经过编辑后，再利用"移动"或"复制"命令将零件图移动或复制到各自的定位点处。将零件图移到一起后，还要修剪、删除、重画不符合要求的线条。如果装配图中有螺纹紧固件，则可以从 AutoCAD 设计中心的符号库中调用，经编辑后插入到装配图中。如果装配图中有其他标准件，如销、键、垫圈、油标等，则应按照国家标准要求进行绘制。

蜗轮减速箱有 3 个较为明显的装配线，即蜗杆轴装配线、蜗轮轴装配线和锥齿轮轴装配线。因此，零件图可以按照这 3 个装配干线进行拼装，这样减少拼装零件图的数量和编辑图线的数量，有利于操作和提高绘图效率。

蜗轮减速箱的装配图是用 1:1 的比例绘制在 A1 图纸上，如图 7-1 所示。

7.1 拼装蜗杆轴上的零件

插入零件图时的图形比例均应与装配图的比例统一，因此，插入时的缩放比例是零件图比例的倒数。

装配在蜗杆轴上的零件包括两个圆锥滚子轴承 30202 和带轮，蜗杆轴与带轮之间是键连接，并用挡圈和螺钉固定带轮的轴向位置。键和螺钉均是标准件，其中键的型号为"键 10 ×32 GB/T 1096"，可以单独绘制。螺钉的型号为"螺钉 M5×12 GB/T 891"，可以从 AutoCAD 设计中心符号库中调用。

绘图步骤

1. 单击标题栏中的"新建" 按钮，弹出"选择样板"对话框，在"打开"的下拉菜单中选择"无样板打开 – 公制（M）"选项，新建一个空白图形。

2. 单击标题栏中的"另存为" 按钮，或单击界面左上角的浏览器按钮，在弹出的菜单中选择"另存为"选项，创建文件"蜗轮减速箱 . dwg"。

3. 单击"块"面板中的"插入" 按钮，在弹出的下拉菜单中选择"更多选项"选项，弹出"插入"对话框，单击"浏览"按钮，弹出"选择图形文件"对话框。在零件图的保存目录中选择"蜗杆轴 . dwg"后，单击"打开"按钮，回到"插入"对话框。由于蜗杆轴零件图是用 2:1 的比例绘制的，与装配图的比例不同，因此，在"插入"对话框中的"缩放比例"面板中选择"统一比例"选项，在缩放比例文本框中输入 0.5，勾选"分解"复选框，如图 7-2 所示。单击"确定"按钮，即可将蜗杆轴零件图插入当前图形中。

4. 单击"修改"面板中的"删除" 按钮，将主视图外的其他对象全部删除。重复"删除"命令，删除蜗杆局部剖图处的线条。

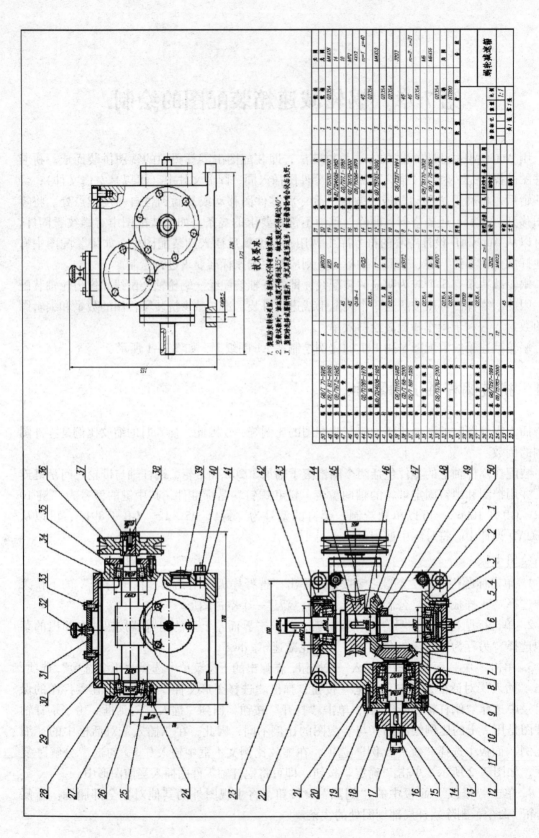

图7-1 蜗轮减速箱装配图

170

图7-2 利用"插入"命令插入零件图

5. 打开状态栏的"对象捕捉" □ 按钮，将"粗实线"层设置为当前层，利用"直线"命令重新绘制蜗杆齿顶线。

6. 双击蜗杆轴右端局部剖视图中的剖面线，弹出"图案填充编辑器"选项卡，在特性选项栏中的"角度"文本框中输入90，在"比例"文本框中输入0.75，如图7-3所示。单击"关闭图案填充编辑器"按钮，即可修改蜗杆轴剖面线的倾斜方向和间距。

图7-3 利用"特性"面板编辑剖面线

7. 单击"块"面板中的"插入" 🖦 按钮，在弹出的下拉菜单中选择"更多选项"选项，利用"插入"命令插入"轴承30202.dwg"，插入时的缩放比例为1。

8. 单击"修改"面板中的"删除" ✐ 按钮，删除轴承零件图中的尺寸。

9. 打开状态栏中的"正交" ⌐ 按钮，单击"修改"面板中的"镜像" ⚞ 按钮，做轴承30202的竖直镜像，且保留源对象。

10. 将光标移到轴承竖直镜像的剖面线上双击，弹出"图案填充编辑器"选项卡，在特性选项栏中的"角度"文本框中输入"0"，单击"关闭图案填充编辑器"按钮，统一轴承及其竖直镜像的剖面线的方向。

11. 单击"绘图"面板中的"插入" 🖦 按钮，在弹出的下拉菜单中选择"更多选项"选项，利用"插入"命令插入带轮零件图"带轮.dwg"，插入时的缩放比例为0.4。

12. 单击"修改"面板中的"删除" ✐ 按钮，将主视图外的所有对象全部删除。

13. 将光标移到带轮主视图的剖面线上双击，弹出"图案填充编辑器"选项卡，在特性选项栏中的"比例"文本框中选择1，单击"关闭图案填充编辑器"按钮，调整插入后带轮主视图的剖面线的比例。插入后经过编辑的零件图如图7-4所示。

14. 分别单击"修改"面板中的"移动" ✛ 按钮，将轴承30202及其垂直镜像、带轮移动到蜗杆轴上，移动的基点分别是 A_1、B_1、C_1，位移的第二点分别是 A_2、B_2、C_2。移动图形的结果如图7-5所示。

15. 分别单击"修改"面板中的"修剪" ╅ 按钮和"删除" ✐ 按钮，修剪、删除被蜗杆轴遮挡的线条，操作过程中可利用"窗口缩放"命令将要修剪的图形放大显示，结果如图7-6所示。

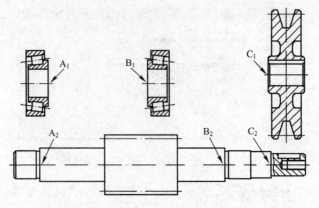

图 7-4　插入、编辑零件图

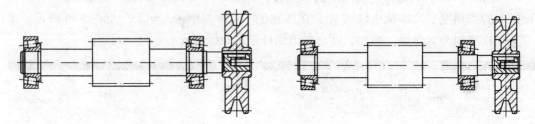

图 7-5　移动图形　　　　　　　图 7-6　修剪、删除被蜗杆轴遮挡的轮廓线

16. 在命令行输入 Z 按〈Enter〉键，输入 W 按〈Enter〉键，利用"窗口缩放"命令将蜗杆轴右端部分图形放大显示。

17. 单击"修改"面板中的"拉长" 按钮，输入 de 按〈Enter〉键，利用"拉长"命令中的"增量"选项，将键槽轮廓线 AB、CD 向上延长 1.5，得到直线 AE、CF。

18. 单击"绘图"面板中的"直线" 按钮，连接直线 EF。重复"直线"命令，连续绘制直线 GH、HI、IJ、JK、KL，其中 GH、KL 的长度为 1，HI、JK 的长度为 4，IJ 的长度为 20，即挡圈的直径为 20、厚度为 4。

19. 单击"修改"面板中的"偏移" 按钮，向内偏移挡圈轮廓线 HI 和 KJ，偏移的距离为 4.3，得到直线 MN、OP。重复"偏移"命令，向内偏移挡圈轮廓线 HI 和 KJ，偏移的距离为 7.25，得到直线 QR、ST。

20. 单击"绘图"面板中的"直线" 按钮，过 N 点绘制一条倾斜线 NU，U 点相对于 N 点的坐标为@5 < 225。重复直线命令，过直线 NU 与 QR 的交点 V 绘制直线 ST 的垂线 VW。以上绘制的键和挡圈如图 7-7 所示。

21. 单击"修改"面板中的"修剪" 按钮，修剪被键遮挡的轮廓线 BD，以及挡圈的沉孔轮廓线 QR、ST、NU，并删除直线 MN 和 OP。

22. 将"细实线"层设置为当前层，单击"绘图"面板中"图案填充" 按钮，弹出"图案填充创建"选项卡。在"图案"选项栏中选择 ANSI31 选项，在"特性"选项栏的"角度"文本框中输入 0，在"比例"文本框中输入 1。在挡圈视图需要填充的区域内单击后按〈Enter〉键，或单击"图案填充创建"选项卡中的"关闭图案填充创建"按钮，即可完成图案填充，如图 7-8 所示。

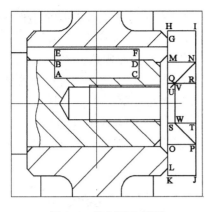

图 7-7　绘制键和挡圈

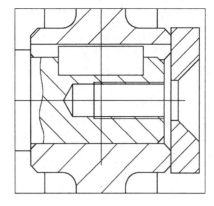

图 7-8　修剪轮廓线，绘制剖面线

23. 在命令行输入 Z 按〈Enter〉键，输入 P 按〈Enter〉键，利用"缩放上一个"命令返回到上一个显示窗口。完成拼装蜗杆轴上的零件，如图 7-9 所示。蜗杆轴和挡圈之间需要用螺钉连接，在装配紧固件时可将从 AutoCAD 设计中心符号库中调用的螺钉拼装到蜗杆轴和挡圈上。

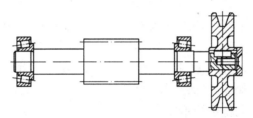

图 7-9　拼装蜗杆轴上的零件图

7.2　拼装蜗轮轴上的零件

装配在蜗轮轴上的零件包括蜗轮、调整片、锥齿轮、两个不同型号的圆锥滚子轴承，一个为"轴承 30202"，另一个为"轴承 30203"。其中蜗轮、调整片和锥齿轮用垫圈和圆形螺母固定在蜗轮轴上，垫圈的型号为"垫圈 20 GB/T 848"，圆形螺母的型号为"螺母 M20 × 1.5 GB/T 812"，二者都是标准件，可以单独绘制。

绘图步骤

1. 单击"块"面板中的"插入" 按钮，在弹出的下拉菜单中选择"更多选项"选项，利用"插入"命令插入蜗轮零件图"蜗轮.dwg"，插入时的缩放比例为 0.5，并注意勾选"分解"复选框。

2. 单击"修改"面板中的"删除" 按钮，将蜗轮主视图外的其他对象全部删除，如图 7-10 所示。

3. 单击"修改"面板中的"拉长" 按钮，输入 dy 按〈Enter〉键，利用"拉长"命令中的"动态"选项，调整上方点画线圆弧和垂直点画线的长度。

4. 单击"修改"面板中的"删除" 按钮，将上方的水平点画线、剖面线和蜗轮孔的上方轮廓线删除，如图 7-11 所示。

5. 单击"修改"面板中的"镜像" ⚏按钮，做蜗轮孔下方轮廓线的水平镜像，镜像线为蜗轮的轴线。

6. 单击"绘图"面板中的"直线" ✎按钮，绘制蜗轮孔两端倒角轮廓线。

7. 将"细实线"层设置为当前层，单击"绘图"面板中"图案填充" ▨按钮，弹出"图案填充创建"选项卡。在"图案"选项栏中选择 ANSI31 选项，在"特性"选项栏的"角度"文本框中输入 0，在"比例"文本框中输入 1。在蜗轮主视图需要填充的区域内单击后按〈Enter〉键，或单击"图案填充创建"选项卡中的"关闭图案填充创建"按钮，即可完成图案填充，如图 7-12 所示。

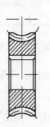 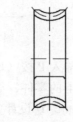 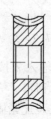

　图 7-10　蜗轮主视图　　　图 7-11　修改图形　　　图 7-12　修改结果

8. 单击"块"面板中的"插入" ⬚按钮，在弹出的下拉菜单中选择"更多选项"选项，利用"插入"命令插入蜗轮轴零件图"蜗轮轴 . dwg"，插入时的缩放比例为 0.5。

9. 单击"修改"面板中的"删除" ✐按钮，将蜗轮轴的主视图外的其他对象全部删除。

10. 单击"块"面板中的"插入" ⬚按钮，在弹出的下拉菜单中选择"更多选项"选项，利用"插入"命令插入锥齿轮零件图"锥齿轮 . dwg"，插入时的缩放比例为 0.5。

11. 单击"修改"面板中的"删除" ✐按钮，将锥齿轮的主视图外的其他对象删除，如图 7-13 所示。

12. 重复"删除"命令，将主视图中的分度线、细实线、剖面线和锥齿轮孔的上方轮廓线删除。

13. 利用"合并"命令将蜗轮轴的主视图中被打断的轮廓线合并为一条线。

命令: _join	（单击"修改"面板中的"合并" ⤙按钮）
选择源对象：	（单击被打断的轮廓线）
选择要合并到源的直线：	（单击另一段被打断的轮廓线）
找到 1 个	
选择要合并到源的直线：↙	（按〈Enter〉键，结束"合并"命令）
已将 1 条直线合并到源	

14. 单击"修改"面板中的"拉长" ✎按钮，输入 dy 按〈Enter〉键，利用"拉长"命令中的"动态"选项，调整点画线的长度，如图 7-14 所示。

15. 单击"修改"面板中的"镜像" ⚏按钮，做锥齿轮孔的下方轮廓线的水平镜像，镜像线为蜗轮的轴线。

16. 将"粗实线"层设置为当前层，分别单击"绘图"面板中的"直线" ✎按钮，绘制锥齿轮孔两端倒角轮廓线。

17. 单击"修改"面板中的"镜像" ⚏按钮，做锥齿轮主视图的垂直镜像，且删除源对象。

18. 将"细实线"层设置为当前层，单击"绘图"面板中"图案填充"██按钮，弹出"图案填充创建"选项卡。在"图案"选项栏中选择 ANSI31 选项，在"特性"选项栏的"角度"文本框中输入 90，在"比例"文本框中输入 0.75。在锥齿轮主视图垂直镜像需要填充的区域内单击后按〈Enter〉键，或单击"图案填充创建"选项卡中的"关闭图案填充创建"按钮，即可完成图案填充，如图 7-15 所示。

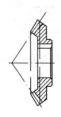      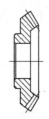

图 7-13　锥齿轮主视图　　　　图 7-14　修改图形　　　　图 7-15　修改结果

19. 单击"块"面板中的"插入"██按钮，在弹出的下拉菜单中选择"更多选项"选项，利用"插入"命令插入"轴承 30202.dwg"和"轴承 30203.dwg"，插入时的缩放比例为 1。

20. 单击"修改"面板中的"删除"██按钮，删除零件图中的尺寸。

21. 单击"修改"面板中的"镜像"██按钮，做轴承 30203 的垂直镜像，且删除源对象。

22. 单击"块"面板中的"插入"██按钮，在弹出的下拉菜单中选择"更多选项"选项，利用"插入"命令插入调整片零件图"调整片.dwg"，插入时的缩放比例为 0.25。

23. 单击"修改"面板中的"删除"██按钮，删除主视图以外的所有对象。

24. 双击蜗杆轴右端局部剖视图中的剖面线，弹出"图案填充编辑器"选项卡，在特性选项栏中的"角度"文本框中输入 90，在"比例"文本框中输入 0.5。单击"关闭图案填充编辑器"按钮，即可修改调整片剖面线的倾斜方向和间距。

插入后经过编辑的零件图如图 7-16 所示。

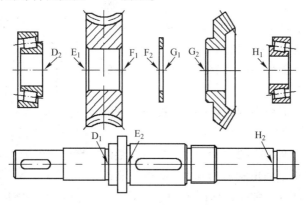

图 7-16　插入并编辑零件图

25. 单击"修改"面板中的"移动"██按钮，将轴承 30203 的垂直镜像、蜗轮、调整片、锥齿轮、轴承 30202 移动到蜗轮轴上，移动的基点分别是 D_2、E_1、F_1、G_1、H_1，位移的第二点分别是 D_1、E_2、F_1、G_1、H_2。移动图形的结果如图 7-17 所示。

26. 单击"修改"面板中的"修剪" ⊹按钮和"删除" ⊿按钮，修剪、删除被蜗轮轴遮挡的线条，操作过程中可利用"窗口缩放"命令将要修剪的图形放大显示，结果如图 7-18 所示。

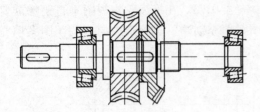

图 7-17　拼装零件图

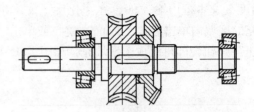

图 7-18　修剪、删除被蜗轮轴遮挡的轮廓线

27. 在命令行输入 Z 按〈Enter〉键，输入 W 按〈Enter〉键，利用"窗口缩放"命令将锥齿轮上半部分图形放大显示。

28. 打开状态栏中的"正交" ⌐按钮、"对象捕捉" □按钮，将"粗实线"层设置为当前层。单击"绘图"面板中的"直线" ╱按钮，利用"对象捕捉追踪"模式，将光标移到端点 A_3 处，向上追踪 6，捕捉到 B_3 点。向右移动光标，绘制水平线 B_3C_3，长度为 3，向下移动光标，在蜗轮轴外螺纹的牙顶线上捕捉垂足 D_3，绘制出垫圈上半部分外轮廓线，即垫圈的厚度为 3，外圈的直径为 34。

29. 重复"直线"命令，利用"对象捕捉追踪"模式，将光标移到端点 D_3 点处，向上追踪 0.5，捕捉到 E_3 点。向左移动光标，在锥齿轮的轮廓线即 B_3A_3 上捕捉垂足，得到垫圈内孔轮廓线，即垫圈内孔的直径为 21。

30. 重复"直线"命令，过端点 C_3 绘制竖直线 C_3F_3，长度为 0.5。向右移动光标，绘制水平线 F_3G_3，长度为 8。即圆形螺母的外圈直径为 35，厚度为 8。绘制竖直线 G_3H_3，H_3 为在蜗轮轴外螺纹的牙顶线上捕捉的垂足。

31. 分别单击"修改"面板中的"偏移" ⏍按钮，向下偏移直线 F_3G_3，偏移的距离分别为 2.5（圆形螺母的槽深为 2.5）和 4，得到直线 I_3J_3 和 K_3L_3。

32. 单击"绘图"面板中的"直线" ╱按钮，过端点 K_3 绘制直线 K_3M_3，M_3 点相对于 K_3 点的坐标为@ 8 <60。以上绘图结果如图 7-19 所示。

33. 单击"修改"面板中的"修剪" ⊹按钮，修剪轮廓线 F_3G_3、I_3J_3 和 K_3M_3。

34. 单击"修改"面板中的"删除" ⊿按钮，删除直线 K_3L_3 和 C_3F_3。

35. 单击"修改"面板中的"倒角" ⟂按钮，绘制垫圈和圆形螺母的倒角，倒角距离为 0.5，即可绘制出垫圈和圆形螺母上半部分轮廓线，如图 7-20 所示。

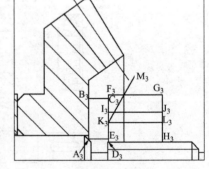

图 7-19　绘制垫圈和螺母上半部分轮廓线的过程

36. 在命令行输入 Z 按〈Enter〉键，输入 P 按〈Enter〉键，利用"缩放上一个"命令返回到上一个显示窗口。

37. 单击"修改"面板中的"镜像" ⚎按钮，将绘制的垫圈和螺母上半部分轮廓线做水平镜像，镜像线为蜗轮轴的轴线。

176

38. 单击"修改"面板中的"修剪" ⊬按钮，修剪锥齿轮的轮廓线。

39. 将"细实线"层设置为当前层，单击"绘图"面板中"图案填充" 按钮，弹出"图案填充创建"选项卡。在"图案"选项栏中选择 ANSI31 选项，在"特性"选项栏的"角度"文本框中输入 90，在"比例"文本框中输入 0.5。在垫圈视图需要填充的区域内单击后按〈Enter〉键，或单击"图案填充创建"选项卡中的"关闭图案填充创建"按钮，即可完成图案填充。

40. 重复"图案填充"命令，弹出"图案填充创建"选项卡。在"图案"选项栏中选择 ANSI31 选项，在"特性"选项栏的"角度"文本框中输入 0，在"比例"文本框中输入 0.5。在螺母视图需要填充的区域内单击后按〈Enter〉键，或单击"图案填充创建"选项卡中的"关闭图案填充创建"按钮，即可完成图案填充，如图 7-21 所示。

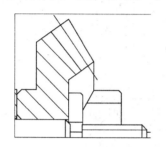

图 7-20 绘制出垫圈和螺母上半部分轮廓线

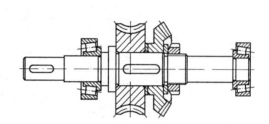

图 7-21 拼装蜗轮轴上的零件

7.3 拼装锥齿轮轴上的零件

装配在锥齿轮轴上的零件包括挡圈、轴承套、两个圆锥滚子轴承 30203、套圈和圆柱齿轮，其中圆柱齿轮用垫圈和螺母固定在锥齿轮轴承上。垫圈的型号为"垫圈 10 GB/T 97.1"，垫圈可以单独绘制。螺母的型号为"螺母 M10 GB/T 6170"，可以从 AutoCAD 设计中心符号库中调用。

绘图步骤

1. 单击"块"面板中的"插入" 按钮，在弹出的下拉菜单中选择"更多选项"选项，利用"插入"命令将锥齿轮轴、挡圈、轴承套、轴承 30203、套圈和圆柱齿轮的零件图插入到挡圈图形中，插入时的缩放比例分别为 0.4、0.25、0.5、1、0.25 和 0.5，注意勾选"分解"复选框。

2. 单击"修改"面板中的"删除" 按钮，将每个零件图主视图外的对象全部删除。

3. 单击"修改"面板中的"镜像" 按钮，做轴承 30203 的垂直镜像，且保留源对象。

4. 单击"修改"面板中的"拉长" 按钮，输入 dy 按〈Enter〉键，利用"拉长"命令中的"动态"选项，调整锥齿轮轴和圆柱齿轮主视图中点画线的长度。

5. 双击锥齿轮轴的剖面线，在"图案填充编辑器"选项卡中将其剖面线的"角度"设置为 90，"比例"设置为 0.75。双击挡圈的剖面线，在"图案填充编辑器"选项卡中将其剖面线的"角度"设置为 90，"比例"设置为 0.5。双击轴承套的剖面线，在"图案填充编辑器"选项卡中将其剖面线的"角度"设置为 90，"比例"设置为 0.75。双击轴承 30203

垂直径向剖面线，在"图案填充编辑器"选项卡中将其剖面线的"角度"设置为0。双击套圈的剖面线，在"图案填充编辑器"选项卡中将其剖面线的"角度"设置为90，"比例"设置为0.5。

6. 和修改蜗轮孔、锥齿轮孔的方法一样，先删除圆柱齿轮的剖面线和齿轮孔上方的轮廓线。然后做齿轮孔下方轮廓线的镜像，利用"直线"命令连接倒角轮廓线，再重新绘制齿轮的剖面线，剖面线的"角度"设置为90，"比例"设置为1。

插入后经过编辑的零件图如图7-22所示。

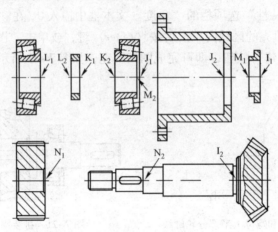

图7-22　插入并编辑零件图

7. 单击"修改"面板中的"移动"✦按钮，将挡圈、轴承套、轴承30203、套圈、轴承30203的垂直镜像、圆柱齿轮移动到锥齿轮轴上，移动的基点分别为I_1、J_1、K_1、L_1、M_1、N_1，位移的第二点分别为I_2、J_2、K_2、L_2、M_2、N_2。移动图形的结果如图7-23所示。

8. 单击"修改"面板中的"修剪"✂按钮和"删除"✐按钮，修剪、删除被蜗轮轴遮挡的线条，操作过程中可利用窗口缩放命令将要修剪的图形放大显示，并注意不要修剪圆柱齿轮左端面轮廓线，结果如图7-24所示。

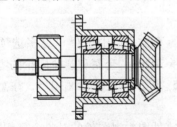

图7-23　拼装零件图

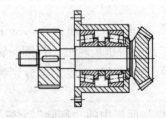

图7-24　修剪、删除被锥齿轮轴遮挡的轮廓线

9. 在命令行输入Z按〈Enter〉键，输入W按〈Enter〉键，利用"窗口缩放"命令将锥齿轮轴左端的图形放大显示。

10. 将"粗实线"层设置为当前层。单击"绘图"面板中的"直线"╱按钮，利用"对象捕捉追踪"模式，将光标移到交点N_3点，向上追踪10，捕捉到P_3点。向左移动光标，绘制水平线P_3Q_3，长度为2。向下移动光标，绘制竖直线Q_3R_3，长度为20。向右移动光标，绘制水平线R_3S_3，S_3是在圆柱齿轮左端面上捕捉的垂足，如图7-25所示。绘制出垫圈外轮廓线，即垫圈的厚度为 2，外圈的直径为 20。

11. 单击"修改"面板中的"修剪" ✚ 按钮和"删除" ✎ 按钮，修剪、删除被垫圈遮挡的锥齿轮轴的轮廓线。

12. 在命令行输入 Z 按〈Enter〉键，输入 P 按〈Enter〉键，利用"缩放上一个"命令返回到上一个显示窗口。

完成拼装锥齿轮轴上的零件，如图 7-26 所示。

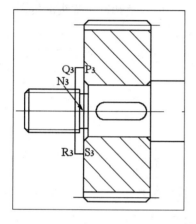

图 7-25　绘制垫圈

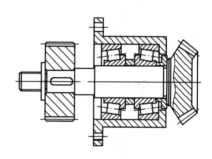

图 7-26　拼装锥齿轮轴轴上的零件

7.4　插入、编辑紧固件

蜗轮减速箱中装配了很多螺纹紧固件，分别是 7 个螺栓 M4×10、12 个螺栓 M4×12、3 个螺栓 M4×18、1 个沉头螺钉 M5×12、4 个内六角柱头螺钉 M6×10、1 个六角螺母 M10、1 个六角螺母 M6，装配螺纹紧固件这样的标准件，可以从 AutoCAD 设计中心的符号库中调用。

绘图步骤

1. 单击"块"面板中的"插入" 🗔 按钮，在弹出的下拉菜单中选择"更多选项"选项，弹出"插入"对话框。单击"浏览"按钮，弹出"选择图形文件"对话框，在 Auto-CAD 2017 的文件列表中依次打开 Sample →zh-cn→ Design Center → Fasteners-Metric 文件，如图 7-27 所示。

图 7-27　打开"公制螺纹紧固件"文件

返回"插入"对话框后，将插入比例设置为 1，勾选"分解"复选框，单击"确定"按钮即可将 Fasteners – Metric（公制紧固件）中的图形插入到当前图形中，如图 7-28 所示

AutoCAD 设计中心符号库中紧固件的公称直径为 9.843，与装配图中的紧固件不符，需要按照设计要求进行编辑。而且符号库中的紧固件是定义在 0 图层上的，需要转换图层，并重新绘制不合要求的线条，如外螺纹紧固件的牙底线、内螺纹紧固件的牙顶线等。

2. 单击"修改"面板中的"删除"✍按钮，按照蜗轮减速箱装配图中所使用的紧固件，保留沉头螺钉、螺栓及其头部投影、螺母及其端面投影、内六角螺钉及其头部投影，将其他紧固件图形删除，如图 7-29 所示。

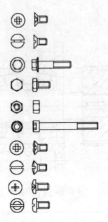

图 7-28　插入紧固件

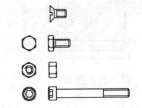

图 7-29　分解、删除紧固件

3. 在命令行输入 Z 按〈Enter〉键，输入 W 按〈Enter〉键，利用"窗口缩放"命令将螺栓的两个图形放大显示，如图 7-30 所示。从图中可以看出，螺栓的牙底线是用虚线绘制的，且没有画到倒角内，这不符合要求，需要编辑。此外在装配图中，可以省略不画螺栓头部的凸台。

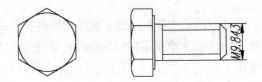

图 7-30　放大显示螺栓

4. 单击"修改"面板中的"分解"✿按钮，将螺栓的两个图形分解。

5. 单击"绘图"面板中的"直线"╱按钮，过端点 A 绘制一条水平辅助线 AC，AC 与螺栓头部凸台轮廓线的交点为 b，如图 7-31 所示。

6. 单击"修改"面板中的"修剪"╋按钮，将辅助线 AC 上的直线 AB 修剪掉。

7. 单击"修改"面板中的"删除"✍按钮，将螺栓头部的凸台轮廓线删除，如图 7-32 所示。

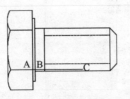

图 7-31　绘制辅助线

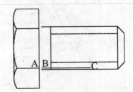

图 7-32　删除凸台轮廓线

8. 单击"修改"面板中的"拉伸" 按钮，用虚线拾取窗口选择螺栓头部的垂直轮廓线和水平轮廓线为拉伸对象，如图 7-33a 所示。捕捉端点 A 为基点，捕捉端点 B 为位移的第二点，即拉伸螺栓的头部，并使其垂直轮廓线过两条牙顶线的两个左端点。

9. 单击"修改"面板中的"删除" 按钮，将辅助线删除，如图 7-33b 所示。

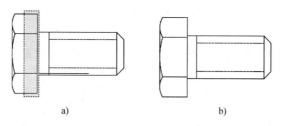

图 7-33　拉伸螺栓的头部

10. 在命令行输入 Z 按〈Enter〉键，输入 P 按〈Enter〉键，利用"缩放上一个"命令返回到上一个显示窗口。

11. 分别单击"修改"面板中的"缩放" 按钮，将沉头螺钉缩小 0.508 倍，即将沉头螺钉的公称直径修改为 M5；将螺栓的两个图形缩小 0.4064 倍，即将螺栓的公称直径修改为 M4；将螺母的两个图形放大 1.016 倍，将螺母的公称直径修改为 M10；将内六角柱头螺钉的两个图形缩小 0.6096 倍，即将该螺钉的公称直径修改为 M6。

12. 单击"修改"面板中的"复制" 按钮，复制放大后螺母的两个图形。

13. 单击"修改"面板中的"缩放" 按钮，将复制的螺母的两个图形缩小 0.6 倍，即将其公称直径修改为 M6。

经过上述缩放后的紧固件的公称直径符合设计要求，如图 7-34 所示。

装配图中的紧固件一般按全螺纹绘制，下面以螺栓为例，将其修改为全螺纹螺栓。

14. 在命令行输入 Z 按〈Enter〉键，输入 W 按〈Enter〉键，利用"窗口缩放"命令将螺栓放大显示。

15. 单击"修改"面板中的"拉伸" 按钮，用虚线拾取窗口包围螺纹全部轮廓线，如图 7-35a 所示。捕捉端点 D 为基点，捕捉端点 E 为位移的第二点，即拉伸螺栓的螺纹轮廓线，使其变为全螺纹螺栓，如图 7-35b 所示。

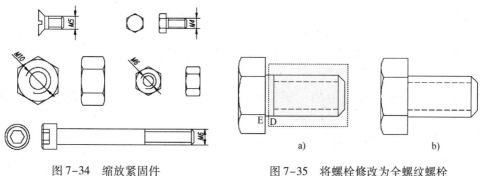

图 7-34　缩放紧固件　　　　图 7-35　将螺栓修改为全螺纹螺栓

16. 在命令行输入 Z 按〈Enter〉键，输入 P 按〈Enter〉键，利用"缩放上一个"命令返回到上一个显示窗口。

17. 单击"修改"面板中的"分解"按钮，将沉头螺钉、螺母和内六角柱头螺钉分解。

18. 单击"修改"面板中的"删除"按钮，将柱头螺钉的内六棱柱孔的投影和倒角圆删除。

19. 利用拉伸螺栓的方法，将沉头螺钉和内六角柱头螺钉修改为全螺纹螺钉，如图 7-36 所示。

从图中可以看出，沉头螺钉、螺栓、内六角柱头螺钉的长度和牙底线，以及螺母的牙顶圆不符合要求，需要修改。

20. 单击"修改"面板中的"删除"按钮，将沉头螺钉、螺栓、内六角柱头螺钉的牙底线及螺母的牙顶圆删除。

21. 用光标单击紧固件的轮廓线，将"粗实线"层设置为当前层，按〈Esc〉键，紧固件的轮廓线变为粗实线。

22. 将"细实线"层设置为当前层，单击"绘图"面板中的"直线"按钮和"对象捕捉追踪"模式，自螺纹的牙顶线的左端点向下追踪 0.3，绘制一条牙底线。同样方法可以绘制另一条牙底线，如图 7-37a 所示。

23. 单击"修改"面板中的"修剪"按钮，修剪两条牙底线，绘制出符合要求的螺栓图形，如图 7-37b 所示。

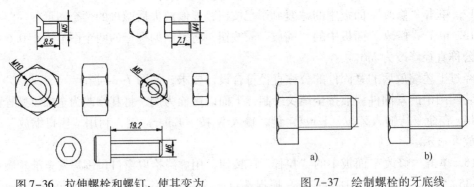

图 7-36 拉伸螺栓和螺钉，使其变为
全螺纹紧固件

图 7-37 绘制螺栓的牙底线

24. 利用绘制螺栓牙底线的方法，重新绘制沉头螺钉和内六角柱头螺钉的牙底线，牙底线和牙顶线的距离分别为 0.4 和 0.45。

25. 单击"修改"面板中的"删除"按钮，将两个螺母的牙顶圆和 3/4 牙底圆删除。

26. 单击"绘图"面板中的"圆"按钮，重新绘制两个螺母的牙顶圆 $\phi 4.25$ 和 $\phi 2.55$。

27. 单击两个螺母的 3/4 牙底圆，将"细实线"层设置为当前层，按〈Esc〉键，牙底圆变为细实线。

28. 单击"修改"面板中的"拉伸"按钮，将沉头螺钉、螺栓和内六角柱头螺钉拉伸 3.5、2.9 和 -9.2，即将它们的长度分别修改为 12、10 和 10。

29. 单击"修改"面板中的"复制"按钮，复制出两个长度为 10 的螺栓。

30. 单击"修改"面板中的"拉伸"⬛按钮，将复制的螺栓拉伸 2 和 8，即将复制的螺栓的长度分别修改为 12 和 18。

完成编辑蜗轮减速箱装配图使用的紧固件，如图 7-38 所示。

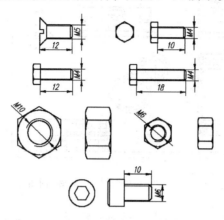

图 7-38 编辑紧固件的结果

7.5 拼装蜗轮减速箱主视图

蜗轮减速箱装配图的主视图表达了蜗杆和蜗轮的传动关系，蜗杆与轴承、带轮的装配连接关系，箱体与蜗杆轴左右轴承盖、油标、螺塞的装配连接关系，箱盖与加油孔盖的连接关系，加油孔盖与通气器的焊接关系。

绘图步骤

一、修改箱体主视图

蜗轮减速箱装配图的主视图是在箱体上做了两个局部剖，剖切位置与箱体主视图的剖切位置不同。因此，拼装蜗轮减速箱主视图时，需要修改箱体的主视图。

1. 单击"块"面板中的"插入"🔲按钮，在弹出的下拉菜单中选择"更多选项"选项，利用"插入"命令插入箱体零件图"箱体.dwg"，注意勾选"分解"复选框。

2. 单击"修改"面板中的"删除"✎按钮，保留箱体零件图的主视图、俯视图、左视图、C 向局部视图和 E-E 局部剖视图、边界线、边框、和标题栏，将其他对象全部删除，其中标题栏中将零件名称和材料名称也要删除，保留比例 1:1。

3. 单击"修改"面板中的"移动"✛按钮，将拼装的蜗杆轴上的零件、蜗轮轴上的零件、锥齿轮轴上的零件和编辑的紧固件移动到边框内。

4. 重复"移动"命令，在命令行中输入 All 按〈Enter〉键，选择所有的对象为移动对象，捕捉边界线的左下角点为移动的基点，坐标原点为位移的第二点，调整图形的位置，结果如图 7-39 所示。

5. 在命令行输入 Z 按〈Enter〉键，输入 W 按〈Enter〉键，利用"窗口缩放"命令将箱体的主视图放大显示。

6. 单击"修改"面板中的"删除"✎按钮，删除剖面线、波浪线、蜗轮轴孔及其凸台轮廓线、锥齿轮孔及其凸台轮廓线，结果如图 7-40 所示。

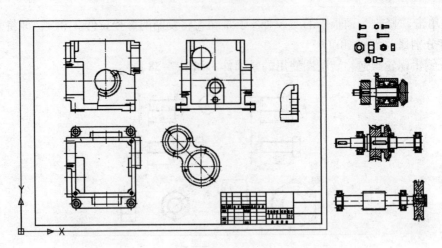

图 7-39　插入箱体零件图，调整图形的位置

7. 单击"修改"面板中的"修剪" ⊬按钮，将箱体底座的底面轮廓线修剪为直线 FG。

8. 单击"修改"面板中的"镜像" ⚼按钮，选择底座上表面轮廓线及其圆柱凸台轮廓线为镜像对象，以 FG 的中垂线为镜像线，做竖直镜像，并删除源对象。

9. 重复"镜像"命令，选择蜗杆轴左轴孔凸台的上方轮廓线和圆角、以及该凸台的上方螺孔轴线为镜像对象，该轴孔的轴线为镜像线，做水平镜像，且保留源对象。

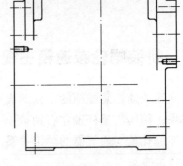

图 7-40　删除箱体主视图中的
波浪线和部分轮廓线

10. 将"粗实线"层设置为当前层，分别单击"绘图"面板中的"直线" ∕按钮，过蜗杆轴右轴孔两条轮廓线的左端点绘制两条水平线，端点为在蜗杆轴左轴孔凸台轮廓线上捕捉的垂足。

11. 单击"绘图"面板中的"圆" ⊙按钮，以蜗轮轴孔两条中心线的交点为圆心，绘制 $\phi54$ 和 $\phi60$ 的圆。

12. 将"点画线"层设置为当前层，重复"圆"命令，以蜗轮轴孔两条中心线的交点为圆心，绘制 $\phi44$ 和 $\phi52$ 的点画线圆。

13. 关闭状态栏中的"正交" ∟按钮和"对象捕捉" ▢按钮，单击"绘图"面板中的"样条曲线" ∿按钮，绘制上半部分局部剖视图的波浪线，波浪线的起点和端点指定在视图外。

14. 单击"修改"面板中的"延伸" ⊸按钮，将箱体外壁左侧轮廓线延伸到镜像出的圆角，将箱体内壁左侧轮廓线延伸到波浪线。以上操作的结果如图 7-41 所示。

15. 单击"修改"面板中的"修剪" ⊬按钮，修剪波浪线和轮廓线。

16. 打开状态栏中的"对象捕捉" ▢按钮，单击"修改"面板中的"移动" ✛按钮，将箱体左侧凸台上的螺孔轮廓线向下移动，移动的基点为原螺孔的轴线与凸台轮廓线的交点，位移的第二点为下方螺孔的轴线与凸台轮廓线的交点，并将原轴线删除。

17. 单击"修改"面板中的"移动" ✛按钮，将 E-E 局部剖视图移动到箱体主视图附

184

近，并将剖面线删除，如图 7-42 所示。

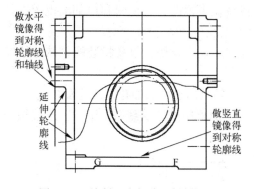

图 7-41　绘制上半部分局部剖视图

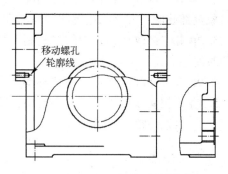

图 7-42　修剪、移动轮廓线，调整局部
剖视图的位置

18. 单击"修改"面板中的"拉长" 按钮，输入 dy 按〈Enter〉键，利用"拉长"命令中的"动态"选项，调整蜗轮孔两条中心线的长度。

19. 单击"修改"面板中的"复制" 按钮，复制油标孔和螺塞孔局部剖视图中所有内部轮廓线，复制的基点为局部剖视图中油标孔的轴线与箱体外壁轮廓线的交点，位移的第二点为箱体主视图中油标孔的轴线与箱体外壁轮廓线的交点。

20. 单击"修改"面板中的"删除" 按钮，将油标孔和螺塞孔局部剖视图删除。

21. 关闭状态栏中的"对象捕捉" 按钮，单击"绘图"面板中的"样条曲线" 按钮，绘制下半部分局部剖视图的波浪线，波浪线的起点和端点指定在视图外。

22. 单击"修改"面板中的"延伸" 按钮，将箱体底座上表面的轮廓线延伸至波浪线，如图 7-43 所示。

23. 单击"修改"面板中的"修剪" 按钮，修剪波浪线和轮廓线，结果如图 7-44 所示。

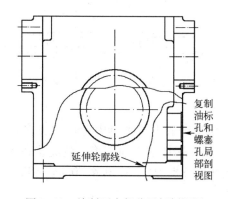

图 7-43　绘制下半部分局部剖视图

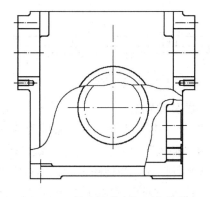

图 7-44　修改箱体主视图的结果

二、修改箱盖主视图

在蜗轮减速箱装配图中箱盖方向与零件图中主视图的方向不同，因此，需要对箱盖的主视图进行修改。

1. 单击"块"面板中的"插入" 按钮，在弹出的下拉菜单中选择"更多选项"选项，利用"插入"命令插入箱盖零件图"箱盖.dwg"，插入比例为0.5。

2. 单击"修改"面板中的"删除"✍按钮，将箱盖主视图、俯视图和局部剖视图以外的对象全部删除，并删除主视图和局部剖视图中的剖面线，如图7-45所示。

3. 单击"修改"面板中的"复制"℃按钮，复制箱盖主视图，以备拼装蜗轮减速箱左视图时使用。

4. 单击"修改"面板中的"移动"✛按钮，移动箱盖凸台、加油孔、螺孔及其轴线。

5. 将"粗实线"层设置为当前层，单击"绘图"面板中的"直线"╱按钮，连接箱盖上表面轮廓线，如图7-46所示。

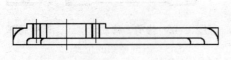

图7-45 插入箱盖零件图，并修改

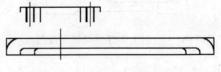

图7-46 移动、连接轮廓线

6. 单击"修改"面板中的"拉伸"□按钮，拉伸凸台水平轮廓线，拉伸距离为20。重复"拉伸"命令，拉伸箱盖水平轮廓线，拉伸距离为12。

7. 单击"修改"面板中的"移动"✛按钮，移动保留的凸台和加油孔的垂直对称点画线，移动的基点为该点画线与箱盖底面轮廓线的交点，位移的第二点为箱盖底面轮廓线的中点，如图7-47所示。

8. 重复"移动"命令，移动拉伸后的凸台、加油孔、螺孔及其轴线，移动的基点为凸台轮廓线的中点，位移的第二点是自箱盖底面轮廓线的中点向上追踪10，移动结果如图7-48所示。

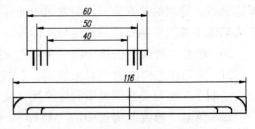

图7-47 拉伸轮廓线、调整点画线的位置

9. 单击"修改"面板中的"修剪"╱按钮，修剪箱盖上表面轮廓线，如图7-49所示。

图7-48 移动轮廓线

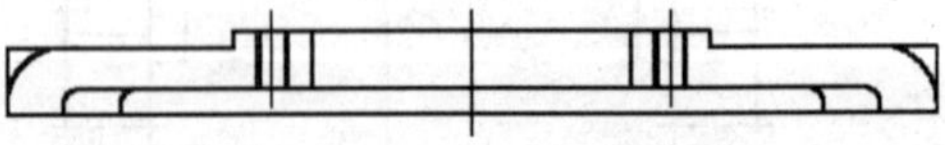

图7-49 修改箱盖主视图

三、拼装零件图

1. 单击"块"面板中的"插入"➡按钮，在弹出的下拉菜单中选择"更多选项"选项，利用"插入"命令将通气器、蜗杆轴左轴承盖、蜗杆轴右轴承盖、装配状态的油标组件和螺塞零件图插入当前图形中，插入时的缩放比例分别为0.25、0.4、0.4、1和0.25，注意勾选"插入"对话框中的"分解"复选框。

2. 单击"修改"面板中的"删除"✍按钮，将主视图以外的对象全部删除、将蜗杆轴左轴承盖主视图中的剖面线删除。

3. 单击"修改"面板中的"拉伸"□按钮，将蜗杆轴左轴承盖主视图下方轮廓线向下拉伸4。

4. 单击"修改"面板中的"镜像"⚎按钮，做蜗杆轴左轴承盖主视图上方通孔轮廓线及其轴线的水平镜像，镜像线为轴承盖的轴线。

5. 单击"修改"面板中的"删除" ✍ 按钮，将蜗杆轴左轴承盖主视图上方通孔轮廓线删除。

6. 将"细实线层"设置为当前层，单击"绘图"面板中"图案填充" ▨ 按钮，弹出"图案填充创建"选项卡。在"图案"选项栏中选择 ANSI31 选项，在"特性"选项栏的"角度"文本框中输入 90，在"比例"文本框中输入 0.75。在蜗杆轴左轴承盖主视图需要填充的区域内单击后按〈Enter〉键，或单击"图案填充创建"选项卡中的"关闭图案填充创建"按钮，即可完成图案填充。

7. 单击"修改"面板中的"删除" ✍ 按钮，将蜗杆轴右轴承盖主视图中的剖面线和上方通孔轮廓线删除。

8. 单击"修改"面板中的"镜像" ⚟ 按钮，做蜗杆轴右轴承盖主视图的竖直镜像，并将源对象删除。

9. 单击"绘图"面板中的"图案填充" ▨ 按钮，单击"绘图"面板中"图案填充" ▨ 按钮，弹出"图案填充创建"选项卡。在"图案"选项栏中选择 ANSI31 选项，在"特性"选项栏的"角度"文本框中输入 0，在"比例"文本框中输入 0.75。在蜗杆轴右轴承盖需要填充的区域内单击后按〈Enter〉键，或单击"图案填充创建"选项卡中的"关闭图案填充创建"按钮，即可完成图案填充。

10. 双击通气器主视图中的网状线，在"图案填充编辑器"文本框中将图案的比例修改为 0.5。

11. 单击"修改"面板中的"移动" ✛ 按钮，将沉头螺钉、螺栓的头部投影及公称直径为 6 的螺母端面投影移动到箱体主视图附近。

12. 单击"修改"面板中的"复制" ⊕ 按钮，将长度为 10 和 12 的螺栓复制到箱体主视图附近。

13. 单击"修改"面板中的"镜像" ⚟ 按钮，做螺塞、沉头螺钉和长度为 12 的螺栓的竖直镜像，并将螺塞和沉头螺钉源对象删除，保留长度为 12 的螺栓的源对象。

14. 单击"修改"面板中的"旋转" ↻ 按钮，将长度为 10 的螺栓旋转 −90°，即顺时针旋转 90°。

```
命令：_rotate
UCS 当前的正角方向： ANGDIR = 逆时针   ANGBASE = 0
选择对象：
指定对角点：                           （用实线拾取窗口包围长度为 12 的螺栓）
找到 20 个
选择对象：✓                          （按〈Enter〉键，结束选择旋转对象）
指定基点：                            （捕捉螺栓端面轮廓线的中点）
指定旋转角度，或［复制(C)/参照(R)］＜0＞：−90 ✓（输入旋转角度，按〈Enter〉键）
```

经过上述操作，修改零件图的结果如图 7-50 所示。

15. 单击"修改"面板中的"移动" ✛ 按钮，将拼装的蜗杆轴上的零件、装配状态的油标组件、螺塞、螺母端面投影和螺栓头部投影移动到箱体的主视图上，移动的基点分别为 L_1、R_1、S_1、T_1、U_1，位移的第二点分别为 L_2、R_2、S_2、T_2、U_2。

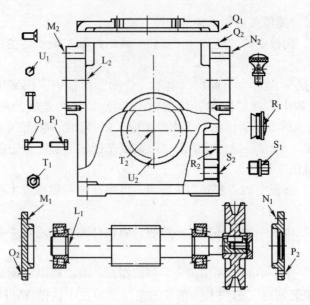

图 7-50　插入零件图并进行修改

16. 单击"修改"面板中的"移动" ✛ 按钮，移动蜗杆轴左右轴承盖和箱盖，移动的基点分别为 M_1、N_1、Q_1。指定这 3 个零件位移的第二点需要利用对象捕捉追踪点模式，即分别自 M_2、N_2、Q_2 向箱体主视图外侧追踪的距离均为 1。

17. 单击"修改"面板中的"移动" ✛ 按钮，移动长度为 12 的螺栓及其竖直镜像，移动的基点为 O_1、P_1，位移的第二点为 O_2、P_2。移动的结果如图 7-51 所示。

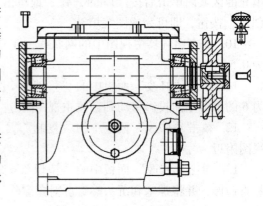

图 7-51　移动后的图形

四、编辑蜗轮减速箱主视图

编辑蜗轮减速箱的主视图就是使蜗轮减速箱的主视图正确地表达各种传动、连接关系。

（一）编辑螺钉联接

1. 在命令行输入 Z 按〈Enter〉键，输入 W 按〈Enter〉键，利用"窗口缩放"命令将蜗杆轴右端和挡圈部分图形放大显示。

2. 单击"绘图"面板中的"直线" ╱ 按钮，在挡圈沉孔倾斜轮廓线和蜗杆轴螺孔的延长线上绘制两条辅助线，如图 7-52 所示。

3. 单击"修改"面板中的"移动" ✛ 按钮，移动沉头螺钉，移动的基点为螺钉上方牙顶线的右端点，位移的第二点为两条辅助线的交点。

4. 单击"修改"面板中的"删除" ╱ 按钮，将两条辅助线和蜗杆轴的剖面线删除。

5. 按照国家标准的规定，内外螺纹旋合在一起后，旋合的部分画成外螺纹，未旋合的部分仍然画成内螺纹。将螺孔的牙顶线和牙底线删除，利用"直线"命令重新绘制，牙顶线为粗实线，牙底线为细实线。

6. 单击"绘图"面板中的"图案填充"▨按钮，重新绘制蜗杆轴的剖面线，剖面线的角度设置为 90，比例设置为 0.75。注意沉头螺钉的轮廓线内不要绘制剖面线，如图 7-53 所示。

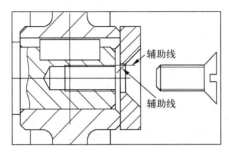
图 7-52　利用辅助线确定移动图形的位移第二点

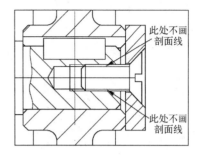
图 7-53　编辑螺钉联接

（二）编辑箱盖、加油孔盖及其螺栓联接

1. 单击"标准"面板中的"平移"🖑按钮，调整显示显示窗口，显示出装配在箱体上方的箱盖。

2. 单击"修改"面板中的"偏移"⚏按钮，向上偏移箱盖凸台水平轮廓线，偏移的距离为 1 和 5，即垫片的厚度为 1，加油孔盖的厚度为 4。

3. 单击"修改"面板中的"拉长"⌒按钮，输入 dy 按〈Enter〉键，利用"拉长"命令中的"动态"选项，适当拉长加油孔盖的油孔竖直对称点画线和螺孔轴线。

4. 单击"修改"面板中的"偏移"⚏按钮，对称偏移加油孔盖的两条螺孔轴线，偏移的距离为 2.25。

5. 单击后偏移出来的 4 条点画线，将"粗实线"层设置为当前层，按〈Esc〉键，4 条点画线变为粗实线。

6. 单击"修改"面板中的"修剪"✂按钮，修剪这 4 条粗实线，得到加油孔盖通孔轮廓线。

7. 单击"修改"面板中的"延伸"⊣按钮，将箱体左右两侧内外壁及内腔凸台轮廓线延伸至箱盖底面轮廓线，将加油孔盖内外轮廓线延伸至箱盖凸台轮廓线，如图 7-54 所示。

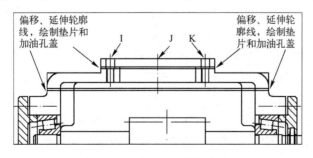
图 7-54　偏移、延伸轮廓线

8. 单击"修改"面板中的"复制"⊙按钮，复制长度为 10 的螺栓，复制的基点为螺栓头部底面轮廓线的中点，位移的第二点为箱盖螺孔的轴线与加油孔盖上表面轮廓线的交点 i。

9. 单击"修改"面板中的"移动" ✛按钮，移动长度为10的螺栓和通气器，移动的基点为螺栓头部底面轮廓线的中点和通气器轴肩轮廓线的中点，位移的第二点为箱盖螺孔的轴线、箱盖对称点画线与加油孔盖上表面轮廓线的交点 J、K。复制、移动图形的结果如图 7-55 所示。

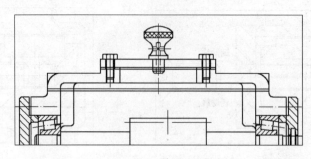

图 7-55　复制、移动图形

10. 单击"修改"面板中的"修剪" ⊬按钮，修剪被螺栓和通气器遮挡的轮廓线。

11. 删除箱盖螺孔轮廓线，并重新绘制未旋合螺孔部分轮廓线。

12. 单击"修改"面板中的"延伸" ⊸按钮，将通气器头部倒角轮廓线延伸至垫片轮廓线，得到焊点剖断面轮廓线。

13. 单击"绘图"面板中的"图案填充" ▨按钮，弹出"图案填充创建"选项卡。在"图案"选项栏中选择 SOLID 选项。在需要填充的箱体和箱盖之间的垫片轮廓线内、箱盖和加油孔盖之间的垫片轮廓线内和通气器的焊点轮廓线内单击后按〈Enter〉键，或单击"图案填充创建"选项卡中的"关闭图案填充创建"按钮，即可将垫片、焊点轮廓线涂黑。

14. 将"细实线"层设置为当前层，重复"图案填充"命令，绘制箱盖和加油孔盖的剖面线，图案角度分别设置为 90 和 0，比例分别设置为 0.75 和 0.5。

编辑箱盖。加油孔盖的结果如图 7-56 所示。

（三）编辑蜗杆轴左轴承盖及其螺栓联接

1. 在绘图区空白处右击，在弹出的快捷菜单中选择"缩放"选项，利用"实时缩放"命令将图形显示缩小。

2. 在绘图区空白处右击，在弹出的快捷菜单中选择"平移"选项，利用"实时平移"命令调整图形位置，显示出蜗杆轴左轴承盖部分轮廓线。

3. 单击"修改"面板中的"修剪" ⊬按钮，修剪被轴承盖、蜗杆轴和螺栓遮挡的轮廓线。

4. 删除箱体螺孔轮廓线，并重新绘制未旋合螺孔部分轮廓线。

5. 单击"修改"面板中的"延伸" ⊸按钮，将轴承盖及其通孔轮廓线延伸至箱体，得到垫片轮廓线。

6. 将"粗实线"层设置为当前层，弹出"图案填充创建"选项卡。在"图案"选项栏中选择 SOLID 选项。在垫片轮廓线内单击后按〈Enter〉键，或单击"图案填充创建"选项卡中的"关闭图案填充创建"按钮，即可将垫片轮廓线涂黑，如图 7-57 所示。

190

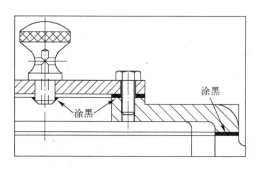

图 7-56 编辑箱盖和加油孔盖

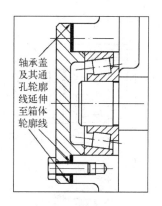

图 7-57 编辑蜗杆轴左轴
承盖和螺栓联接

（四）编辑蜗杆轴右轴承盖及其螺栓联接

1. 在绘图区空白处右击，在弹出的快捷菜单中选择"缩放"选项，利用"实时缩放"命令将图形显示缩小。

2. 在绘图区空白处右击，在弹出的快捷菜单中选择"平移"选项，利用"实时平移"命令调整图形位置，显示出蜗杆轴右轴承盖部分轮廓线。

3. 单击"修改"面板中的"修剪" ╌按钮，修剪被轴承盖、蜗杆轴和螺栓遮挡的轮廓线。

4. 单击"修改"面板中的"删除" ✐按钮，将蜗杆轴右轴承盖毡圈孔的垂直轮廓线删除。

5. 删除箱体螺孔轮廓线，并重新绘制未旋合的螺孔部分轮廓线。

6. 单击"修改"面板中的"延伸" ╌╱按钮，将轴承盖及其通孔廓线延伸至箱体，得到垫片轮廓线。

7. 将"粗实线"层设置为当前层，弹出"图案填充创建"选项卡。在"图案"选项栏中选择选择 SOLID 选项。在垫片轮廓线内单击后按〈Enter〉键，或单击"图案填充创建"选项卡中的"关闭图案填充创建"按钮，即可将垫片轮廓线涂黑。

8. 将"细实线"层设置为当前层，重复"图案填充"命令，弹出"图案填充创建"选项卡。在"图案"选项栏中选择 ANSI37 选项，在"特性"选项栏的"比例"文本框中选择0.25。在蜗杆轴右轴承盖毡圈孔轮廓线内单击后按〈Enter〉键，或单击"图案填充创建"选项卡中的"关闭图案填充创建"按钮，即可绘制出毡圈的网状剖面线，如图 7-58 所示。

（五）编辑油标和螺塞联接

1. 在绘图区空白处右击，在弹出的快捷菜单中选择"平移"选项，利用"实时平移"命令调整显示显示窗口，显示出油标和螺塞部分图形。

2. 单击"修改"面板中的"修剪" ╌按钮，修剪被油标遮挡的轮廓线。

3. 删除螺塞孔轮廓线，并重新绘制未旋合的螺塞孔部分轮廓线。

4. 单击"绘图"面板中的"图案填充" ▨按钮，弹出"图案填充创建"选项卡。在"图案"选项栏中选择 SOLID 选项。在螺塞衬垫轮廓线内单击后按〈Enter〉键，或单击"图案填充创建"选项卡中的"关闭图案填充创建"按钮，即可将衬垫轮廓线涂黑，如

191

图 7-59 所示。

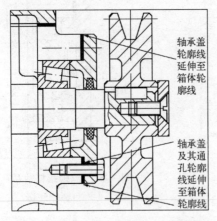

轴承盖轮廓线延伸至箱体轮廓线

轴承盖及其通孔轮廓线延伸至箱体轮廓线

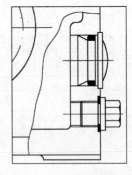

图 7-58　编辑蜗杆轴右轴承盖和螺栓联接　　图 7-59　编辑油标和螺塞联接

（六）编辑蜗轮轴前轴承盖上的螺栓、螺母、螺钉的投影

1. 在绘图区空白处右击，在弹出的快捷菜单中选择"平移"选项，利用"实时平移"命令调整显示窗口，显示出蜗轮减速箱主视图中央处的同心圆弧，即蜗轮轴前轴承盖的投影。

2. 单击"修改"面板中的"阵列" 🔡按钮，将螺栓头部投影做环型阵列。

3. 单击"修改"面板中的"删除" ∡按钮，将螺母的螺孔圆删除。

4. 单击"绘图"面板中的"圆" ⊙按钮，以水平点画线和垂直点画线的交点为圆心，绘制柱端紧定螺钉的牙顶圆 φ6。

5. 将"细实线"层设置为的当前层，单击"绘图"面板中的"圆弧"下拉菜单中的"圆心、起点、端点" ⌒按钮，绘制紧定螺钉的 3/4 牙底圆 R2.55。

6. 将"粗实线"层设置为当前层，单击"绘图"面板中的"直线" ∕按钮，过水平点画线和垂直点画线的交点绘制一条倾斜交点为 45°的辅助线。

7. 将"点画线"层设置为当前层，分别重复"直线"命令，连接阵列出来的两个正六边形的对角点，如图 7-60 所示。

8. 单击"修改"面板中的"拉长" ⁄按钮，输入 dy 按〈Enter〉键，利用"拉长"命令中的"动态"选项，拉长辅助线和两个正六边形的对角线。

9. 单击"修改"面板中的"打断" ⚇按钮，将螺栓头部投影之间的点画线圆打断。

10. 单击"修改"面板中的"偏移" ⚏按钮，对称偏移辅助线，偏移的距离为 0.5，如图 7-61 所示。

11. 单击"修改"面板中的"删除" ∡按钮，将中间的辅助线删除。

12. 单击"修改"面板中的"修剪" ⊬按钮，修剪两条偏移出来的辅助线，得到紧定螺钉一字槽的轮廓线。

13. 单击"绘图"面板中的"图案填充" ▨按钮，弹出"图案填充创建"选项卡。在"图案"选项栏中选择 SOLID 选项。在紧定螺钉一字槽轮廓线内单击后按〈Enter〉键，或单击"图案填充创建"选项卡中的"关闭图案填充创建"按钮，即可将一字槽轮廓线涂黑。

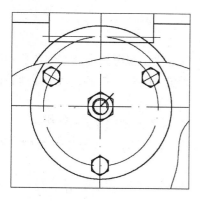

图 7-60　绘制螺塞和紧定螺钉的投影

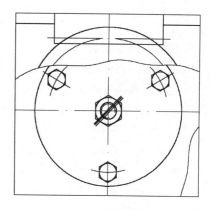

图 7-61　对称偏移辅助线

14. 单击"修改"面板中的"旋转"○按钮，将螺母投影中的正六边形旋转 90°，以与俯视图中螺母的投影保持正确的投影关系，如图 7-62 所示。

15. 在绘图区空白处右击，在弹出的快捷菜单中选择"缩放"选项，利用"实时缩放"命令将图形显示缩小。

16. 在绘图区空白处右击，在弹出的快捷菜单中选择"平移"选项，利用"实时平移"命令调整图形位置，显示出蜗轮减速箱主视图。

17. 将"细实线"层设置为当前层，弹出"图案填充创建"选项卡。在"图案"选项栏中选择 ANSI31 选项，在"特性"选项栏的"角度"文本框中输入 0，在"比例"文本框中输入 1。在箱体主视图需要填充的区域内单击后按〈Enter〉键，或单击"图案填充创建"选项卡中的"关闭图案填充创建"按钮，即可完成图案填充。

完成拼装蜗轮减速箱主视图，如图 7-63 所示。

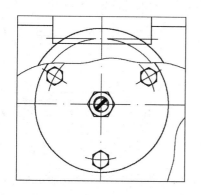

图 7-62　编辑蜗轮轴前轴承盖的螺母联接

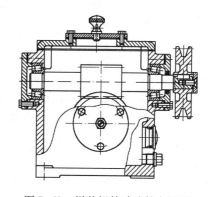

图 7-63　拼装蜗轮减速箱主视图

7.6　拼装蜗轮减速箱俯视图

俯视图表达了锥齿轮与锥齿轮轴的传动关系，蜗轮轴与蜗轮、调整片、锥齿轮、轴承的装配连接关系，锥齿轮轴与轴承、挡圈、套圈、圆柱齿轮的装配连接关系，箱体与蜗轮轴前后轴承盖、锥齿轮轴承盖、轴承套的连接关系及箱体底座的外形结构。

绘图步骤

一、修改箱体和箱盖俯视图

蜗轮减速箱的俯视图是局部剖视图,剖切位置与箱体俯视图的局部剖切位置不同,而箱盖在蜗轮减速箱俯视图中的方向与零件图中的方向不同。因此,在拼装蜗轮减速箱俯视图之前必须修改箱体和箱盖的俯视图。

1. 单击"修改"面板中的"修剪" ✝ 按钮,修剪箱体俯视图中外壁轮廓线。

2. 单击"修改"面板中的"删除" ✍ 按钮,将箱体俯视图中的部分轮廓线和点画线删除。

3. 单击"修改"面板中的"延伸" ⊸ 按钮,延伸锥齿轮轴孔内部凸台轮廓线和箱体外壁轮廓线,如图7-64所示。

4. 单击"修改"面板中的"修剪" ✝ 按钮,修剪蜗杆轴左轴孔凸台轮廓线。

5. 单击"修改"面板中的"圆角" ⌐ 按钮,绘制左后方箱体外壁圆角R7,"圆角"命令中的"修剪"选项设置为"不修剪",然后利用"修剪"命令修剪后方箱体外壁轮廓线。

6. 重复"圆角"命令,绘制锥齿轮轴孔凸台圆角。

7. 单击"修改"面板中的"镜像" ⚏ 按钮,将锥齿轮轴孔凸台上螺孔轴线做水平镜像,镜像线为锥齿轮轴孔的轴线,并删除源对象。

8. 单击"修改"面板中的"偏移" ⬚ 按钮,对称偏移蜗轮轴前轴孔、后轴孔的轴线及锥齿轮轴孔的轴线,偏移的距离分别为17.5、20和24,如图7-65所示。

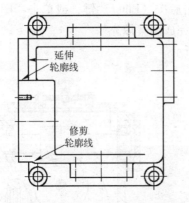

图7-64 修剪、删除、拉长轮廓线

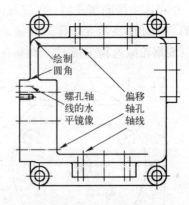

图7-65 镜像、偏移轴线

9. 单击"修改"面板中的"复制" ⊶ 按钮,将未删除的蜗杆轴左轴孔凸台上的螺孔及其轴线复制到视图外。

10. 单击"绘图"面板中的"直线" ∕ 按钮,过复制螺孔轮廓线的端点绘制一条辅助线。

11. 单击"修改"面板中的"旋转" ↻ 按钮,将复制的螺孔及其轴线、绘制的辅助线旋转-90°,即顺时针旋转90°。

12. 单击"修改"面板中的"镜像" ⚏ 按钮,做螺孔、轴线、辅助线的水平镜像。以上操作过程及结果如图7-66所示。

13. 单击"图层"面板中的"匹配" ⬚ 按钮,利用"图层匹配"命令将偏移出来的

4 条点画线变为粗实线。

14. 单击"修改"面板中的"修剪"✚按钮，修剪这 4 条粗实线、箱体外壁前后轮廓线以，得到蜗轮轴孔轮廓线和锥齿轮轴孔轮廓线。

15. 单击"修改"面板中的"移动"✛按钮，移动俯视图中的螺孔，移动的基点为螺孔的轴线与端面轮廓线的交点，位移的第二点为锥齿轮轴孔凸台上螺孔的轴线与端面轮廓线的交点。

16. 单击"修改"面板中的"删除"✐按钮，将原螺孔的轴线删除。

17. 单击"修改"面板中的"复制"❀按钮，将镜像螺孔的源对象复制到蜗轮轴后轴孔凸台上螺孔的轴线处。重复"复制"命令，将螺孔的水平镜像复制到蜗轮轴前轴孔凸台上螺孔的轴线处，结果如图 7-67 所示。

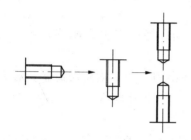 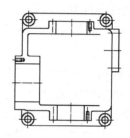

图 7-66　复制、旋转、镜像螺孔　　　　图 7-67　移动、复制螺孔

18. 单击"修改"面板中的"删除"✐按钮，将视图外的螺孔轮廓线删除。

19. 单击"修改"面板中的"移动"✛按钮，将箱盖俯视图移到箱体俯视图附近。

20. 将"细实线"层设置为当前层，单击"绘图"面板中的"样条曲线"∿按钮，在靠近同心圆的位置绘制波浪线，波浪线的起点和端点指定在视图外。

21. 单击"修改"面板中的"修剪"✚按钮，修剪波浪线和轮廓线。

22. 单击"修改"面板中的"删除"✐按钮，删除波浪线上方的对象、点画线、虚线、两个通孔圆及凸台轮廓线。

23. 单击"修改"面板中的"旋转"↻按钮，修改后的箱盖俯视图旋转 90°，如图 7-68 所示。

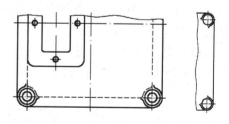

图 7-68　修改箱盖俯视图的结果

二、拼装零件图

1. 单击"块"面板中的"插入"🗗按钮，在弹出的下拉菜单中选择"更多选项"选项，利用"插入"命令将蜗轮轴前轴承盖、蜗轮轴后轴承盖、锥齿轮轴承盖、压盖和柱端紧定螺钉零件图插入当前图形中，插入是的缩放比例分别为 0.4、0.5、0.5、0.25 和 1，注意勾选"分解"复选框。

2. 单击"修改"面板中的"删除"✐按钮，将蜗轮轴前轴承盖主视图中的剖面线和上方通孔轮廓线删除。

3. 单击"修改"面板中的"旋转"↻按钮，将蜗轮轴前轴承盖旋转 90°。

4. 单击"修改"面板中的"删除"✐按钮，将蜗轮轴后轴承盖主视图中的剖面线和下方通孔轮廓线删除。

5. 单击"修改"面板中的"旋转"⟳按钮，将与蜗轮轴拼装在一起的图形旋转-90°，即顺时针旋转90°。

6. 重复"旋转"命令，将蜗轮轴后轴承盖旋转-90°，即顺时针旋转90°。

7. 将"细实线"层设置为当前层，单击"绘图"面板中的"图案填充"▨按钮，弹出"图案填充创建"选项卡。在"图案"选项栏中选择ANSI31选项，在"特性"选项栏的"角度"文本框中输入90，在"比例"文本框中输入0.75。在旋转后的蜗轮轴后轴承盖主视图需要填充的区域内单击后按〈Enter〉键，或单击"图案填充创建"选项卡中的"关闭图案填充创建"按钮，即可完成图案填充。

8. 双击锥齿轮轴轴承盖的剖面线，在弹出的"图案填充编辑器"对话框的"特性"选项栏的"角度"文本框中输入0，在"比例"文本框中输入0.75。单击"关闭图案填充编辑器"按钮，修改该零件剖面线的方向和间距。

9. 单击"修改"面板中的"旋转"⟳按钮，将压盖主视图旋转180°，即逆时针旋转180°。

10. 双击旋转后压盖主视图的剖面线，在弹出的"图案填充编辑器"对话框的"特性"选项栏的"角度"文本框中输入0，在"比例"文本框中输入0.5。单击"关闭图案填充编辑器"按钮，修改该零件剖面线的方向和间距。

11. 单击"修改"面板中的"旋转"⟳按钮，将柱端紧定螺钉主视图旋转90°，即逆时针旋转90°。

12. 单击"修改"面板中的"移动"✛按钮，将长度为12和18的螺栓、公称直径为10和6的螺母、内六角柱头螺钉的头部投影移到箱体俯视图附近。

13. 单击"修改"面板中的"复制"⁛按钮，将长度为10的螺栓复制到箱体俯视图附近。

14. 单击"修改"面板中的"旋转"⟳按钮，将长度为12的螺栓和公称直径为6的螺母旋转-90°，即顺时针旋转90°。

15. 单击"修改"面板中的"镜像"⚐按钮，做旋转后螺栓的水平为镜像，并保留源对象。

经过以上编辑的零件图如图7-69所示。

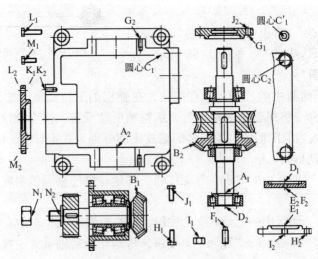

图7-69　插入零件图并进行修改

16. 单击"修改"面板中的"移动" ✛ 按钮,将图 7-62 所示的各零件移到各自的位移第二点,移动的基点用小写字母加数字 1 表示,位移的第二点用小写字母加数字 2 表示。其中移动蜗轮轴后轴承盖时需要利用临时追踪点捕捉,即捕捉 g_2 为临时追踪点,位移的第二点为从该点向上追踪 1(即垫片的厚度)所捕捉到的点。移动的结果如图 7-70 所示。

三、编辑蜗轮减速箱俯视图

编辑蜗轮减速箱的俯视图就是使蜗轮减速箱的俯视图正确地表达的各种传动、连接关系。

（一）编辑锥齿轮

1. 单击"标准"面板中的"窗口" ⏹ 按钮,将锥齿轮和锥齿轮轴啮合部分的图形放大显示。

2. 两个齿轮啮合时,其中一个齿轮的齿顶线应绘制成虚线。单击锥齿轮的齿顶线,将"虚线"层设置为当前层,按〈Esc〉键,锥齿轮的齿顶线变为虚线。

3. 单击"修改"面板中的"修剪" ⊬ 按钮,修剪锥齿轮的轮廓线,如图 7-71 所示。

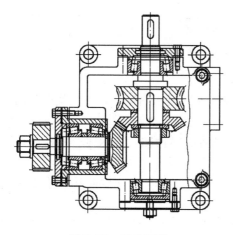

图 7-70　移动图形

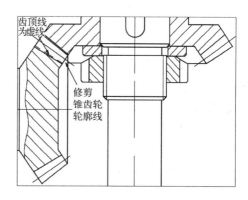

图 7-71　编辑锥齿轮

（二）编辑蜗轮轴前轴承盖及其螺栓、螺钉联接

1. 在绘图区空白处右击,在弹出的快捷菜单中选择"平移"选项,利用"实时平移"命令调整显示窗口,显示出蜗轮轴前轴承盖部分图形。

2. 单击"修改"面板中的"修剪" ⊬ 按钮,修剪被轴承盖、螺栓和螺母遮挡的轮廓线。

3. 单击"修改"面板中的"延伸" ⊣ 按钮,将前轴承盖及其通孔的轮廓线延伸至箱体,得到垫片轮廓线。

4. 单击"修改"面板中的"删除" ✐ 按钮,删除螺孔轮廓线,并重新绘制未旋合部分螺孔轮廓线。

5. 重复"删除"命令,删除柱端紧定螺钉与蜗轮轴前轴承盖的螺孔轮廓线重合的部分,在螺母外侧的外螺纹的延长线上重新绘制外螺纹,利用"修剪"命令修剪超出的轮廓线。

6. 将"细实线"层设置为当前层,单击"绘图"面板中的"图案填充" ▨ 按钮,弹出"图案填充创建"选项卡。在"图案"选项栏中选择 ANSI31 选项,在"特性"选项栏的"角度"文本框中输入 90,在"比例"文本框中输入 0.75。单击"边界"选项栏中的"拾取点"▩按钮，在蜗轮轴前轴承盖轮廓线内单击后按〈Enter〉键，或单击"图案填充创建"选项卡中的"关闭图案填充创建"按钮，即可完成图案填充。

7. 将"粗实线"层设置为当前层，单击"绘图"面板中的"图案填充"▩按钮，在弹出的"边界图案填充"对话框中，在"图案"下拉列表中选择 SOLID 选项。单击"添加：拾取点"按钮，在垫片轮廓线内单击，按〈Enter〉键两次，即可将垫片涂黑，如图 7-72 所示。

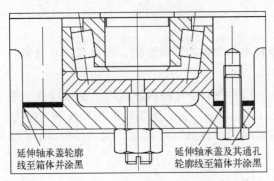

延伸轴承盖轮廓
线至箱体并涂黑

延伸轴盖及其通孔
轮廓线至箱体并涂黑

图 7-72　编辑蜗轮轴前轴承盖的螺栓联接

（三）编辑蜗轮轴后轴承盖及其螺栓联接

1. 单击"标准"面板中的"实时平移"✋按钮，调整显示窗口，显示出蜗轮轴后轴承盖部分图形。

2. 单击"修改"面板中的"修剪"✂按钮，修剪被蜗轮轴、轴承盖、螺栓遮挡的轮廓线。

3. 单击"修改"面板中的"删除"✎按钮，将蜗轮轴后轴承盖毡圈孔的水平轮廓线删除。

4. 单击"修改"面板中的"延伸"⤳按钮，将前轴承盖及其通孔的轮廓线延伸至箱体，得到垫片轮廓线。

5. 删除螺孔轮廓线，并重新绘制未旋合部分螺孔轮廓线。

6. 将"细实线"层设置为当前层，单击"绘图"面板中的"图案填充"▩按钮，在弹出的"边界图案填充"对话框中，在"图案"下拉列表中选择 ANSI37 选项，在"比例"下拉列表框中选择 0.25。在蜗轮轴后轴承盖毡圈孔轮廓线内单击，按〈Enter〉键两次，即可绘制出毡圈的网状剖面线。

7. 将"粗实线"层设置为当前层，重复"图案填充"命令，弹出"图案填充编辑器"选项卡。在"图案"选项栏中选择 SOLID 选项。在垫片轮廓线内单击后按〈Enter〉键，或单击"图案填充创建"选项卡中的"关闭图案填充编辑器"按钮，即可将垫片涂黑，如图 7-73 所示。

（四）编辑锥齿轮轴部分的螺栓、螺母联接

1. 在绘图区空白处右击，在弹出的快捷菜单中选择"平移"选项，利用"实时平移"命令调整显示窗口，显示出锥齿轮轴部分图形。

2. 单击"修改"面板中的"修剪"✂按钮，修剪被锥齿轮轴、轴承盖、轴承套、螺栓和螺母遮挡的轮廓线。

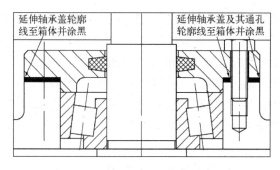

图 7-73　编辑蜗轮轴前轴承盖的螺栓联接

3. 单击"修改"面板中的"延伸"按钮，将锥齿轮轴轴承盖及其通孔的轮廓线延伸至轴承套，得到轴承盖垫片轮廓线。重复"延伸"命令，将轴承套及其通孔的轮廓线延伸至箱体，得到轴承套垫片的轮廓线。

4. 删除箱体螺孔、轴承套螺孔轮廓线和剖面线，并重新绘制未旋合部分螺孔轮廓线。

5. 将"细实线"层设置为当前层，单击"绘图"面板中的"图案填充"按钮，弹出"图案填充创建"选项卡。在"图案"选项栏中选择 ANSI31 选项，在"特性"选项栏的"角度"文本框中输入 90，在"比例"文本框中输入 0.75。在轴承套轮廓线内单击后按〈Enter〉键，或单击"图案填充创建"选项卡中的"关闭图案填充创建"按钮，即可完成图案填充。

6. 重复"图案填充"命令，弹出"图案填充创建"选项卡。在"图案"选项栏中选择 ANSI31 选项，在"特性"选项栏的"角度"文本框中输入 0，在"比例"文本框中输入 0.25。在锥齿轮轴轴承盖毡圈孔轮廓线内单击后按〈Enter〉键，或单击"图案填充创建"选项卡中的"关闭图案填充创建"按钮，即可绘制出毡圈的网状剖面线。

7. 将"粗实线"层设置为当前层，重复"图案填充"命令，在弹出的"边界图案编辑器"对话框中，在"图案"下拉列表中选择 SOLID 选项。在垫片轮廓线内单击后按〈Enter〉键，或单击"图案填充创建"选项卡中的"关闭图案填充创建"按钮，即可将垫片涂黑，如图 7-74 所示。

（五）编辑蜗杆轴右轴承盖和带轮

1. 在绘图区空白处右击，在弹出的快捷菜单中选择"平移"选项，利用"实时平移"命令调整显示窗口，显示出蜗轮减速箱俯视图。

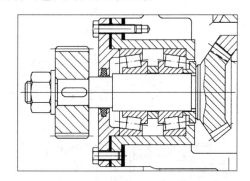

图 7-74　编辑锥齿轮轴轴承盖和
圆柱齿轮的连接

2. 单击"修改"面板中的"偏移"按钮，向右偏移蜗杆轴右轴孔凸台轮廓线，偏移的距离分别为 1 和 6。

3. 单击"修改"面板中的"延伸"按钮，将箱体轮廓线延伸至右侧偏移线，得到垫片和蜗杆轴右轴承盖轮廓线。

4. 单击"修改"面板中的"修剪"↗按钮，将波浪线右侧的箱体内壁轮廓线修剪掉。

5. 将"细实线"层设置为当前层，单击"绘图"面板中的"图案填充"▨按钮，弹出"图案填充创建"选项卡。在"图案"选项栏中选择 ANSI31 选项，在"特性"选项栏的"角度"文本框中输入 0，在"比例"文本框中输入 1。在箱体俯视图轮廓线内单击后按〈Enter〉键，或单击"图案填充创建"选项卡中的"关闭图案填充创建"按钮，即可完成图案填充。

6. 在绘图区空白处右击，在弹出的快捷菜单中选择"平移"选项，利用"实时平移"命令调整显示窗口，显示出蜗轮减速箱主视图。

7. 单击"修改"面板中的"复制"℃按钮，复制主视图处于蜗杆轴右轴承盖右侧的带轮、蜗杆轴、键、挡圈和沉头螺钉，捕捉蜗杆轴右轴孔凸台的上方端点为基点。在绘图区空白处右击，在弹出的快捷菜单中选择"平移"选项，利用"实时平移"命令调整显示窗口，在俯视图中捕捉蜗杆轴右轴孔凸台轮廓线的上方端点为位移的第二点。复制结果如图 7-75 所示。

8. 在命令行输入 Z 按〈Enter〉键，输入 W 按〈Enter〉键，利用"窗口缩放"命令将俯视图中带轮部分图形放大显示。

9. 单击"修改"面板中的"倒角"△按钮，绘制蜗杆轴右轴承盖的倒角，倒角距离为 1。

10. 单击"绘图"面板中的"直线"／按钮，绘制蜗杆轴右轴承盖的倒角轮廓线。

11. 单击"修改"面板中的"删除"✐按钮，将带轮、挡圈的剖面线及其内表面轮廓线、键和沉头螺钉删除。

12. 单击"绘图"面板中的"直线"／按钮，绘制带轮和挡圈的外轮廓线，结果如图 7-76 所示。

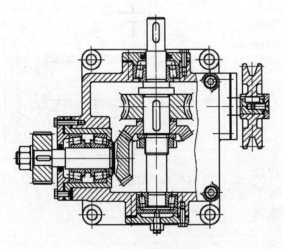

图 7-75　复制带轮等图形

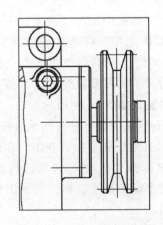

图 7-76　绘制带轮等零件

13. 在命令行输入 Z 按〈Enter〉键，输入 P 按〈Enter〉键，利用"缩放上一个"命令返回到上一个显示窗口。

完成绘制蜗轮减速箱俯视图，如图 7-77 所示。

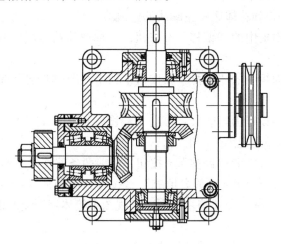

图 7-77　蜗轮减速箱俯视图

7.7　拼装蜗轮减速箱左视图

左视图主要表达了箱体与箱盖的连接关系、箱体底座的安装尺寸以及蜗杆轴左轴承盖、锥齿轮轴承盖上联接螺栓的分布情况。

绘图步骤

一、修改箱体左视图

箱体零件图的左视图是全剖视图，而蜗轮减速箱的左视图是局部剖视图，因此，拼装蜗轮减速箱左视图前必须修改箱体的左视图。

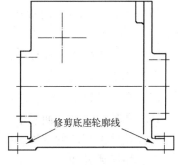

1. 单击"修改"面板中的"删除" 按钮，将箱体左视图中的剖面线、蜗轮轴孔轮廓线、油标和螺塞凸台轮廓线、蜗杆轴左轴孔圆及箱体内壁部分轮廓线删除。

2. 单击"修改"面板中的"修剪" 按钮，修剪箱体底座轮廓线，如图 7-78 所示。

图 7-78　删除、修剪轮廓线

3. 单击"修改"面板中的"拉长" 按钮，利用"拉长"命令中的"全部"选项，将箱体底座右侧轮廓线的长度拉长为 18。

命令：_lengthen
选择对象或［增量（DE）/百分数（P）/全部（T）/动态（DY）］：t✓　　　（输入 t 按〈Enter〉键，选择"全部"选项）
指定总长度或［角度（A）］＜1.0000＞：18✓　　　（输入总长 18，按〈Enter〉键）
选择要修改的对象或［放弃（U）］：　　　　（在箱体底座右侧轮廓线的左端点处单击）
选择要修改的对象或［放弃（U）］：✓　　　（按〈Enter〉键，结束"拉长"命令）

4. 重复"拉长"命令，利用"拉长"命令中的"全部"选项，将箱体底座左侧轮廓线的长度拉长为 10。

5. 单击"修改"面板中的"复制" 按钮，将蜗轮轴前后轴孔凸台的圆角复制到两条拉长轮廓线的端点处，得到箱体底座轮廓线的过渡线。

6. 单击"修改"面板中的"偏移" 按钮，对称偏移箱体底座后安装孔的轴线，偏移的距离为4.25。

7. 单击"图层"面板中的"匹配" 按钮，利用"图层匹配"命令将偏移出来的两条点画线变为粗实线。

8. 将"细实线"层设置为当前层，单击"绘图"面板中的"样条曲线" 按钮，绘制箱体底座后安装孔处局部剖视图的波浪线。

9. 单击"修改"面板中的"修剪" 按钮，修剪两条偏移出来的轮廓线和波浪线。

10. 单击"绘图"面板中的"图案填充" 按钮，绘制局部剖视图的剖面线。剖面线的角度和比例的设置应与蜗轮减速箱主视图、俯视图中箱体剖面线的设置相同，即角度设置为0，比例设置为1。

11. 单击"修改"面板中的"偏移" 按钮，将蜗轮轴前轴孔凸台竖直轮廓线向右偏移1和5。

12. 单击"修改"面板中的"延伸" 按钮，将蜗轮轴前轴孔凸台的水平轮廓线延伸至第二条偏移线，得到垫片和前轴承盖轮廓线。

13. 分别单击"修改"面板中的"偏移" 按钮，将蜗轮轴后轴孔凸台轮廓线向左偏移1和6.5。

14. 单击"修改"面板中的"延伸" 按钮，将蜗轮轴后轴孔凸台的水平轮廓线延伸至第二条偏移线，得到垫片和后轴承盖轮廓线。

15. 单击"修改"面板中的"偏移" 按钮，向上偏移箱体顶面轮廓线，偏移距离为1。

16. 单击"修改"面板中的"延伸" 按钮，将箱体外壁垂直轮廓线延伸至水平偏移线，得到箱盖垫片轮廓线。

17. 单击"修改"面板中的"修剪" 按钮，修剪箱体内壁轮廓线。

18. 单击"修改"面板中的"合并" 按钮，合并箱体外壁轮廓线。

修改箱体左视图的结果如图7-79所示。

二、拼装零件图

1. 单击"修改"面板中的"删除" 按钮，将箱盖主视图中加油孔轮廓线、螺孔轮廓线、箱盖圆角和凹坑圆角删除，结果如图7-80所示。

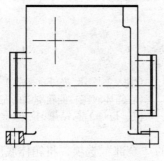
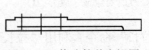

图7-79　修改箱体左视图　　　　　图7-80　修改箱盖主视图

202

2. 单击"修改"面板中的"单点打断"□按钮，将箱体局部视图中倾斜的长点画线打断。

3. 单击"修改"面板中的"删除"✍按钮，将箱体局部视图中的蜗杆轴左轴孔圆、锥齿轮轴孔圆、螺孔圆及锥齿轮轴孔凸台上两个螺孔圆的中心线、倾斜长点画线的下半部分删除，如图 7-81 所示。

5. 单击"修改"面板中的"拉长"✍按钮，输入 de 后按〈Enter〉键，利用"拉长"命令中的"增量"选项，将倾斜点画线向两端各延长 2。

6. 单击"修改"面板中的"阵列"▦按钮，将保留的锥齿轮轴孔凸台上螺孔圆的中心线左环型阵列，阵列出 6 条均布的中心线，如图 7-82 所示。

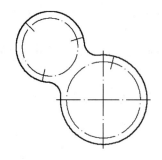   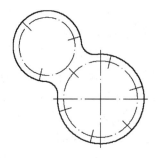

图 7-81　删除对象　　　　　　　图 7-82　修改箱体局部视图

7. 单击"修改"面板中的"旋转"↻按钮，将箱盖局部剖视图旋转 90°。

8. 重复"旋转"命令，将内六角螺钉旋转 –90°，即顺时针旋转 90°。

9. 重复"旋转"命令，将螺母投影旋转 90°。

10. 重复"旋转"命令，将螺栓头部投影旋转 –15°，即顺时针旋转 15°。

11. 单击"修改"面板中的"移动"✛按钮，将修改后的箱盖主视图和局部剖视图、箱体局部视图、内六角螺钉、公称直径为 10 的螺母的端面投影、螺栓的头部投影移动到箱体左视图附近，如图 7-83 所示。

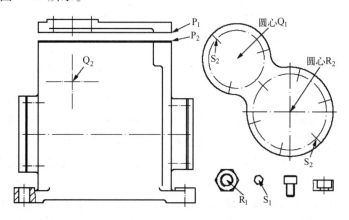

图 7-83　拼装蜗轮减速箱左视图的图形

12. 重复"移动"命令，将箱盖主视图、箱体局部视图和公称直径为 10 的螺母的端面投影移动到各自的位移第二点。移动的基点用小写字母加数字 1 表示，位移的第二点用小写字母加数字2表示。

13. 单击"修改"面板中的"复制" 按钮，将螺栓的头部投影复制带位移的第二点 S_2 ，复制的基点为螺栓的头部投影的中心 S_1 。

14. 单击"修改"面板中的"删除" ✍按钮，将原螺栓的头部投影删除。

拼装零件图的结果如图7-84所示。

三、编辑蜗轮减速箱左视图

编辑蜗轮减速箱左视图，就是使蜗轮减速箱左视图表达出箱盖和箱体的螺钉联接、蜗轮轴键槽的局部剖视图和其他零件的外形。

（一）编辑螺钉联接、绘制加油孔盖

1. 在命令行输入 Z 按〈Enter〉键，输入 W 按〈Enter〉键，利用"窗口缩放"命令将蜗轮减速箱的右上角图形放大显示。

2. 将"点画线"层设置为当前层，利用"直线"命令和对象捕捉追踪模式绘制内六角柱头螺钉连接的轴线，该轴线与箱体外壁的距离为7。

3. 利用"偏移"命令绘制直径为6、深为10、盲孔深为12的螺孔。在前面章节中已经多次利用偏移命令绘制螺孔，这里不再介绍绘图过程。

4. 将"细实线"层设置为当前层，单击"绘图"面板中的"样条曲线" ∿按钮，绘制螺钉联接处局部剖视图的波浪线，如图7-85所示。

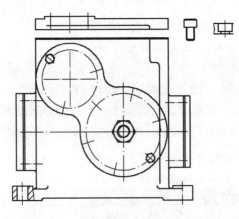

图7-84 拼装零件图

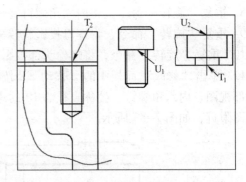

图7-85 绘制螺孔和波浪线

5. 单击"修改"面板中的"修剪" ⊬按钮，修剪箱盖、箱体轮廓线和波浪线。

6. 单击"修改"面板中的"移动" ✛按钮，将箱盖局部剖视图中的阶梯孔轮廓线和内六角螺钉移动到各自位移第二点 T_2 、 U_2 处，移动的基点为 T_1 、 U_1 。

7. 单击"修改"面板中的"删除" ✍按钮，将剩下的箱盖局部剖视图中的线条删除。

拼装螺钉联接的结果如图7-86所示。

8. 重复"删除"命令，将螺孔轮廓线删除，并重新绘制未旋合螺孔部分轮廓线。

9. 单击"修改"面板中的"延伸" ⌐/按钮，将箱盖凹坑和通孔轮廓线延伸至箱体，得到箱盖垫片的轮廓线。

10. 单击"绘图"面板中的"图案填充" ▩按钮，绘制箱体在螺钉联接局部剖视图中的剖面线。剖面线的角度和比例的设置应与蜗轮减速箱主视图、俯视图中箱体剖面线的设置

204

相同，并注意未旋合螺孔的牙顶线和牙底线之间也要绘制剖面线。

11. 重复"图案填充"命令，绘制箱盖在螺钉联接局部剖视图中的剖面线。剖面线的角度和比例的设置应与蜗轮减速箱主视图中箱盖剖面线的设置相同。

12. 将"粗实线"层设置为当前层，重复"图案填充"命令，弹出"图案填充"选项栏，在"图案"选项栏中选择 SOLID 选项，将垫片轮廓线涂黑，如图 7-87 所示。

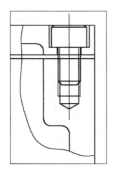

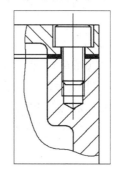

图 7-86　移动图形　　　　　图 7-87　螺钉联接局部剖视图

13. 在命令行输入 Z 按〈Enter〉键，输入 P 按〈Enter〉键，利用"缩放上一个"命令返回到上一个显示窗口。

14. 单击"修改"面板中的"偏移"按钮，将箱盖凸台水平轮廓线向上偏移1 和 5。

15. 单击"修改"面板中的"延伸"按钮，将箱盖凸台垂直轮廓线延伸至第二条偏移线，得到加油孔盖及其垫片的轮廓线。

四、编辑轴承盖

1. 单击"修改"面板中的"阵列"下拉面板中的"环形阵列"按钮，将螺栓头部投影及其中心线做环形阵列。阵列出 3 个均布和 6 个均布的螺栓头部投影。

2. 将"粗实线"层设置为当前层，单击"绘图"面板中的"直线"按钮，输入 from 按〈Enter〉键，利用"捕捉自"绘制倾斜辅助线 MN，M 点相对于交点 l 的坐标为 @ 50 < -43.6，N 点相对于 M 点的坐标为 @ 30 < 46.4，如图 7-88 所示

3. 单击"修改"面板中的"拉长"按钮，输入 dy 按〈Enter〉键，利用"拉长"命令中的"动态"选项，拉长直线 NM 和 $\phi 54$ 的圆弧，使拉长后的圆弧与辅助线相交。

4. 利用"合并"命令将 $\phi 68$ 的圆弧变为为整圆，如图 7-89 所示。

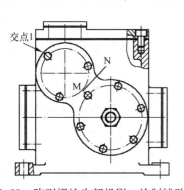
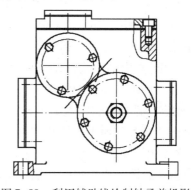

图 7-88　阵列螺栓头部投影，绘制辅助线　　　图 7-89　利用辅助线绘制轴承盖投影

5. 单击"修改"面板中的"修剪" ⊬按钮，修剪 ϕ54 的圆弧和辅助线。

6. 单击"绘图"面板中的"圆" ⊙按钮，以螺母投影的中心为圆心，绘制 ϕ20 的圆，得到公称直径为 10 的垫片的投影，即该垫片的外径为 20，如图 7-90 所示。

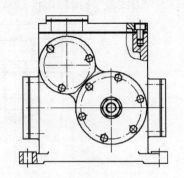

图 7-90　绘制轴承盖、垫圈和
螺母的投影

五、编辑蜗轮轴、螺母和紧定螺钉

1. 单击"修改"面板中的"复制" ⊙按钮，复制蜗轮减速箱俯视图中蜗轮轴后端处于箱体外面的轮廓线，如图 7-91a 所示。

2. 重复"复制"命令，复制蜗轮减速箱俯视图中处于箱体外面的柱头紧定螺钉及其旋合螺母的轮廓线，如图 7-91b 所示。

3. 单击"修改"面板中的"旋转" ↻按钮，分别将图 7-82 所示的两个图形旋转 90°，如图 7-92 所示。

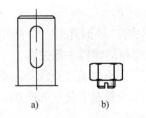

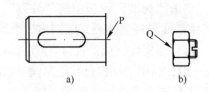

a)　　　　　b)　　　　　　　　　　a)　　　　　　b)

图 7-91　复制俯视图中的图形　　　　图 7-92　旋转复制的图形

4. 单击"修改"面板中的"移动" ✛按钮，移动图 7-92a 所示的图形，移动的基点为 P 点，指定位移的第二点时利用对象捕捉追踪模式，即自左视图中蜗轮轴后轴承盖轮廓线的中点向左追踪 1，所捕捉的点即为位移的第二点。

5. 重复"移动"命令，移动图 7-92b 所示的图形，移动的基点为 Q 点，位移的第二点为左视图中蜗轮轴前轴承盖轮廓线的中点。

6. 单击"修改"面板中的"拉长" ⟋按钮，输入 dy 按〈Enter〉键，利用"拉长"命令中的"动态"选项，将箱盖上的 3 条点画线适当拉长，得到螺栓联接和通气器的轴线。

7. 单击"修改"面板中的"复制" ⊙按钮，将箱体主视图中处于箱盖上方的通气器轮廓线和水平点画线复制到蜗轮减速箱左视图中通气器的轴线处。

8. 单击"绘图"面板中的"圆" ⊙按钮，在复制的通气器的点画线的交点处绘制一个 ϕ2 的圆，如图 7-93 所示。

9. 在命令行输入 Z 按〈Enter〉键，输入 W 按〈Enter〉键，利用"窗口缩放"命令将蜗轮轴后端部分放大显示。

10. 单击"绘图"面板中的"直线"按钮，利用对象捕捉追踪模式，自 R 点向上追踪在上方水平轮廓线上捕捉到交点 S。向下绘制竖直线 ST，长度为 3，向右绘制水平线 TU，长度为 16。向上移动光标，在上方水平轮廓线上捕捉垂足 V，如图 7-94 所示。

11. 单击"修改"面板中的"删除"按钮，将原来的键槽长圆删除。

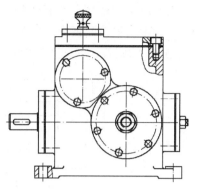

图 7-93 从其他视图中复制图形

12. 将"细实线"层设置为当前层，单击"绘图"面板中的"样条曲线"按钮，绘制蜗轮轴局部剖视图的波浪线。

13. 单击"修改"面板中的"修剪"按钮，修剪轮廓线和波浪线。

14. 单击"绘图"面板中的"图案填充"按钮，弹出"图案填充创建"选项卡。在"图案"选项栏中选择 ANSI31 选项，在"特性"选项栏的"角度"文本框中输入 90，在"比例"文本框中输入 0.75，在蜗轮轴视图需要填充的区域内单击后按〈Enter〉键，或单击"图案填充创建"选项卡中的"关闭图案填充创建"按钮，即可完成图案填充。

15. 将"粗实线"层设置为当前层，利用"直线"命令绘制蜗轮轴处于后轴承盖外侧的轮廓线，长度均为 1，如图 7-95 所示。

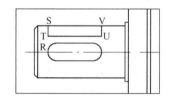

图 7-94 绘制键槽

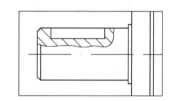

图 7-95 绘制蜗轮轴局部剖视图

16. 在绘图区空白处右击，在弹出的快捷菜单中选择"平移"选项，利用"实时平移"命令调整显示窗口，显示出蜗轮减速箱主视图中蜗轮轴前轴承盖上的螺母部分图形。

17. 将"粗实线"层设置为当前层，过螺母的上下两条水平轮廓线的端点绘制两条水平辅助线。

18. 在绘图区空白处右击，在弹出的快捷菜单中选择"平移"选项，利用"实时平移"命令调整显示窗口，显示出蜗轮减速箱左视图中蜗轮轴前轴承盖上的螺母和紧定螺钉部分图形，如图 7-96 所示。

19. 单击"修改"面板中的"拉长"按钮，输入 dy 按〈Enter〉键，利用"拉长"命令中的"动态"选项，拉长螺母的竖直轮廓线。

20. 单击"修改"面板中的"修剪"按钮，修剪螺母垂直轮廓线和辅助线。

21. 单击"修改"面板中的"删除"按钮，将螺母其他轮廓线以及柱端紧定螺钉的一字槽轮廓线删除。

22. 单击"绘图"面板中的"直线" ╱ 按钮，连接竖直轮廓线的中点 AB。

23. 单击绘图面板中"圆弧"下拉菜单中的"起点，端点，半径" ⌒ 按钮，过端点 C 和 B 绘制 R6 的圆弧，如图 7-97 所示。

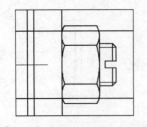

图 7-96　利用辅助线编辑螺母

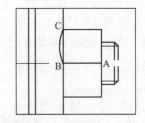

图 7-97　修剪轮廓线后绘制圆弧

24. 单击"修改"面板中的"移动" ✛ 按钮，移动圆弧，移动的基点为圆弧的中点，位移的第二点为在蜗轮轴前轴承盖轮廓线上捕捉的垂足。

25. 单击"修改"面板中的"复制" ⬚ 按钮，复制圆弧，复制的基点为 D 点，位移的第二点为 E 点。

26. 单击"修改"面板中的"镜像" ⚎ 按钮，做两个圆弧的垂直镜像，镜像线是轮廓线 AB 的中垂线。

27. 单击"修改"面板中的"修剪" ╱ 按钮，修剪轮廓线 AB。

28. 单击"修改"面板中的"合并" ⤙ 按钮，分别合并柱端紧定螺钉的端面轮廓线和倒角轮廓线，如图 7-98 所示

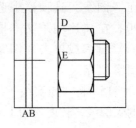

图 7-98　编辑螺母和紧定螺钉

六、编辑螺栓

在 AutoCAD 设计中心的符号库中，没有给出螺栓头部左视图中的投影，需要单独绘制。公称直径为 4 的螺栓头部在主视图中的投影的长度为 7.39，高度为 2.65。由此可以计算出其在左视图中的投影的长度为 6.4，高度也为 2.65。

1. 单击"绘图"面板中的"矩形" ⊐ 按钮，绘制一个 6.4×2.65 的矩形。

2. 单击"绘图"面板中的"直线" ╱ 按钮，连接矩形长边的中点 M 和 N。

3. 单击绘图面板中"圆弧"下拉菜单中的"起点，端点，半径" ⌒ 按钮，过中点 N 和端点 P 绘制 R4 的圆弧，如图 7-99 所示。

4. 单击"修改"面板中的"移动" ✛ 按钮，移动圆弧，移动的基点为圆弧的中点，位移的第二点为在矩形上方边上捕捉的垂足。

5. 单击"修改"面板中的"复制" ⬚ 按钮，复制圆弧，复制的基点为 R 点，位移的第二点为 Q 点。

6. 单击"修改"面板中的"修剪" ╱ 按钮，修剪轮廓线 MN，如图 7-100 所示。

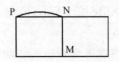

图 7-99　绘制矩形和圆弧

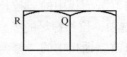

图 7-100　移动复制圆弧

7. 单击"修改"面板中的"复制" 按钮，将绘制的螺栓头部投影移动到蜗轮减速箱左视图中，复制的基点为 M，位移的第二点为箱盖螺孔的轴线与加油孔盖上表面轮廓线的交点。复制后删除复制对象。

完成拼装蜗轮减速箱左视图，如图 7 – 101 所示。

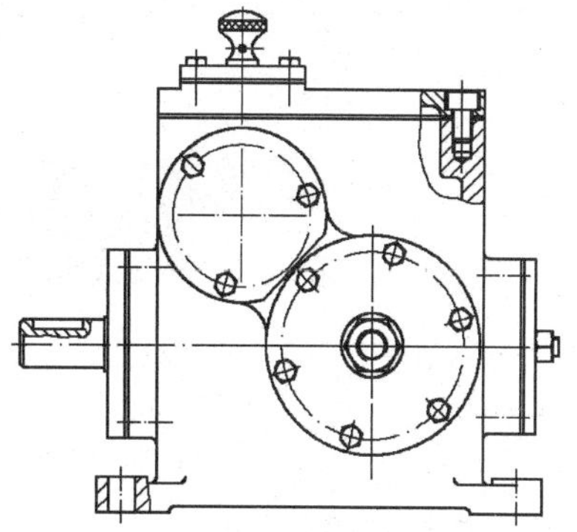

图 7–101　拼装蜗轮减速箱左视图

7.8　修改安装轴线、标注尺寸

安装轴线是零件的安装中心线，拼装零件图时由于多个零件的轴线重合，造成安装轴线成为一条不符合要求的点画线，必须进行修改。此外，在绘制零件图时为避免与尺寸相交，有的点画线需要打断，但在装配图中应连续起来。

修改安装轴线的原则是对于较易确定位置的安装轴线，如蜗杆轴的轴线、蜗轮轴的轴线和锥齿轮轴的轴线，这 3 条主安装轴线的位置利用中点捕捉和正交模式非常容易绘制。但有的安装轴线的位置必须根据零件图中的尺寸才能确定，如螺栓联接、螺钉联接、螺塞联接的轴线及油标的安装轴线、通气器的安装轴线等，最好不要全部删除重画。可以保留一条点画线，将其他重合的点画线删除，然后利用"拉长"命令拉长即可。

由于蜗轮减速箱装配图是用 1∶1 的比例绘制的，当点画线较短时显示为细实线，和箱体零件图一样，将线型的比例因子修改为 0.5。

装配图中尺寸包括规格尺寸、配合尺寸、重要的相对位置尺寸、总体尺寸、安装尺寸及其他重要的尺寸。

为了使标注的尺寸与视图协调，将"机械标注样式"和"隐藏标注样式"中的文字高度设置为 3.5、尺寸界线超出尺寸线的长度设置为 2、箭头的大小设置为 3、测量比例因子设置为 1。蜗轮减速箱装配图中的所有尺寸都可以线性标注命令标注出，在标注尺寸前，应将"标注"层设置为当前层。

一、规格尺寸

蜗轮减速箱装配图中的规格尺寸包括带轮的公称直径 $\phi65$ 和蜗轮轴后端的直径 $\phi15h6$，将"机械标注样式"设置为当前样式，利用"线性标注"命令中的"文字（T）"选项可以标注出。

二、配合尺寸

蜗轮减速箱装配图中的配合尺寸包括带轮与蜗杆轴的间隙配合 $\phi12H7/h6$，圆柱齿轮与锥齿轮轴间隙配合 $\phi12H7/h6$。

将"隐藏标注样式"设置为当前样式，利用"线性标注"命令中的"多行文字"选项可以将左右分子分母形式的配合尺寸变为上下分子分母形式的配合尺寸。

启动"线性标注"命令后，输入 M 后按〈Enter〉键，选择"多行文字"选项，弹出"文字编辑器"选项卡，用 Simplex 字体输入"％％ C12H7/h6"，选中"H7/h6"如图 7-102 所示。单击"格式"选项栏中的"堆叠" 按钮，变为上下分子分母的形式，如图 7-103 所示。单击"关闭文字编辑器"按钮，即可标注出上下分子分母形式的配合尺寸。

图 7-102　输入左右分子分母形式的
尺寸文字

图 7-103　上下分子分母形式的
配合尺寸文字

三、重要的相对位置尺寸

蜗轮减速箱装配图重要的相对位置尺寸包括蜗杆轴和蜗轮轴之间的距离 $40^{+0.06}_{0}$，和蜗杆轴到箱体底座凸台底面的距离 92。

标注尺寸 $40^{+0.06}_{0}$ 时，可以利用标注样式管理器中的一个公差样式，在其"公差"选项卡中进行重新设置，并将公差样式的文字高度设置为 3.5、尺寸界线超出尺寸线的长度设置为 2、箭头的大小设置为 3、测量比例因子设置为 1 即可。

四、总体尺寸

总体尺寸即总长、总宽和总高，蜗杆蜗轮减速箱的总长为 176、总宽为 175、总高为 155。

五、安装尺寸

蜗轮减速箱的安装尺寸包括箱体底座上四个安装孔的尺寸，以及这四孔长度方向的定位尺寸 100，宽度方向的定位尺寸 126。

六、其他重要尺寸

圆锥滚子轴承的内圈直径和外圈直径是重要的尺寸，在装配图中应标注。轴承 30202 内圈直径为 $\phi15k6$、外圈直径为 $\phi35K7$，轴承 30203 内圈直径为 $\phi17k6$，外圈直径为 $\phi40K7$。轴承的直径尺寸与轴线和轮廓线相交，需要利用打断命令将轴线和轮廓线打断。

在 3 个视图中修改轴线、标注尺寸的结果如图 7-104～图 7-106 所示。

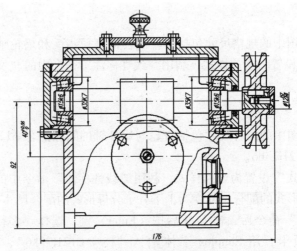

图 7-104　在主视图中修改轴线、标注尺寸的结果

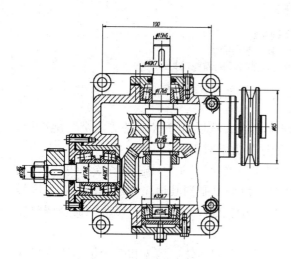

图 7-105　在俯视图中修改轴线、
标注尺寸的结果

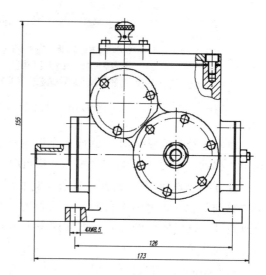

图 7-106　在左视图中修改轴线、
标注尺寸的结果

7.9　完成装配图其他内容

完成了装配图的视图绘制和尺寸标注后，还需要标注序号、输入技术要求、填写明细栏和主标题栏。

一、标注序号

在装配图中标注序号，就是给参与装配的零件进行编号，一般将标准件和非标准件都标注序号，序号的字高为7。

标注序号时需要先设置引线样式（参见4.5节），将引线的箭头设置为"小点"，然后利用"多重引线"命令标注序号。标注较薄的零件如垫片和衬垫的序号时，需要利用"引线"Leader命令，该命令可以使引线的箭头为"实心闭合"，而无须设置引线样式。利用"引线"Leader命令标注序号后，需要利用"文字缩放"命令将序号的高度放大为7。

装配图中的序号必须顺时针或逆时针排列，且应上下对正、左右对齐，要做到这一点，必须输入绝对坐标指定引线标注的第二点。为了使水平引线的长度一致（一般为10即可），第三点相对于第二点的坐标可为（@4,0）或（@-4,0），这两个相对坐标分别表示向右方画水平引线和向左方画水平引线。

标注序号的结果可参见图7-1。

二、输入技术要求

将"文字"层设置为当前层，利用"多行文字"输入命令技术要求内容。其中"技术要求"4个字的字高为7，其余字的字高为5，如图7-107所示。

三、填写明细栏和主标题栏

1. 利用"直线"命令和"偏移"命令绘制明细栏，请注意明细栏中左边线、右边线和下边线为粗实线，上边线和内格线为细实线。

2. 利用"单行文字"命令和"多行文字"命令输入明细栏内容。

技术要求

1. 装配后须转动灵活，各密封处不得有漏油现象。
2. 空载试验时，油池温度不得超过35°，轴承温度不得超过40°。
3. 装配时选择或磨削调整片，使其厚度适当适当，保证齿轮啮合状态良好。

图 7-107　蜗轮减速箱装配图中的技术要求

输入序号时可以利用"单行文字"命令连续输入，然后打开状态栏"正交" ▣ 按钮，利用"移动"命令上下调整位置，这样可以保证序号上下对正。

也可以巧妙利用"复制"命令，例如利用"单行文字"命令只输入序号"49"，并利用"移动"命令调整其为位置。然后利用"复制"命令复制到其他序号栏中，再双击序号修改即可。这样操作的好处是即使序号上下对正，又免去了反复使用"移动"命令调整序号位置的麻烦。

输入相同文字时也可以利用"复制"命令复制。例如箱体、箱盖和5个轴承盖的材料均为HT200，可以利用"单行文字"命令输入箱体的材料HT200，然后复制HT200即可。

输入类似的零件名称时，也可以利用"复制"命令复制，再双击修改即可，如输入轴承盖名称、标准件的标准名称等。

3. 在主标题栏的部件名称栏中输入"蜗轮减速箱"，字高为7。在比例栏中输入"1:1"。填写主标题栏和明细栏的结果如图7-108所示。

图 7-108　主标题栏和明细栏

4. 单击标题栏中的"保存" ▣ 按钮，保存绘制的装配图。

完成蜗轮减速箱装配图。

第8章　标准件三维实体

本章将创建蜗轮减速箱中使用的标准件的三维实体，包括螺栓三维实体、螺母三维实体、垫圈三维实体、柱端紧定螺钉三维实体、轴承三维实体和油标及其组件三维实体。

8.1　螺栓三维实体

蜗轮减速箱中使用的六角头全螺纹螺栓规格分别为 M4×10、M4×12、M4×18 和 M6×10，可以先创建 M10×50 螺栓的三维实体，然后根据螺栓的公称直径进行缩放，根据螺栓的长度进行切割即可。

绘图步骤

一、创建螺纹三维实体

1. 在标题栏或状态栏中的"工作空间"下拉列表中将"三维建模"切换为当前空间。

2. 单击标题栏中的"新建"按钮，弹出"选择样板"对话框，在"打开"下拉列表中选择"无样板打开 - 公制（M）"选项，新建一个图形文件。

3. 单击"图层"面板中"图层特性管理器"按钮，弹出"图层特性管理器"对话框。单击对话框中的"新建"按钮或按〈Enter〉键，新建一个图层，将其命名为"轮廓线"层，如图 8-1 所示，单击"确定"按钮。

图 8-1　创建"轮廓线"层

4. 利用"螺旋"命令绘制用于生成外螺纹的螺旋线。

命令:_Helix　　　（单击"绘图"面板中的"螺旋"按钮）
圈数 = 3.0000　　　扭曲 = CCW
指定底面的中心点:0,0,0 ✓　　　（以坐标原点为底面的中心）
指定底面半径或 [直径(D)] <1.0000 >:4.5 ✓　　　（输入螺旋底面半径4.5,按〈Enter〉键）
指定顶面半径或 [直径(D)] <4.5000 >:✓　　　（按〈Enter〉键,螺旋顶面半径和底面半径相同）
指定螺旋高度或 [轴端点(A)/圈数(T)/圈高(H)/扭曲(W)] <1.0000 >:T ✓　　　（输入 T 按〈Enter〉键,选择"圈数"选项）
输入圈数 <3.0000 >:60 ✓　　　（输入圈数60,按〈Enter〉键）
指定螺旋高度或 [轴端点(A)/圈数(T)/圈高(H)/扭曲(W)] <1.0000 >:60 ✓　　　（输入螺旋高度60,按〈Enter〉键）

5. 在命令行输入 Z 按〈Enter〉键，输入 W 按〈Enter〉键，利用"窗口缩放"命令将绘制的图形放大显示。

6. 将光标移到绘图区右上角的"视口立方体"ViewCube 图标上，移动鼠标使该图标旋转，调整观察方向。

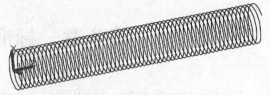

7. 单击"视觉样式"面板中的"隐藏"
◎按钮，将图形显示为隐藏视觉样式，如图 8-2 所示。

图 8-2　绘制螺旋线

8. 在命令行输入 Z 按〈Enter〉键，输入 W 按〈Enter〉键，利用"窗口缩放"命令将螺旋线底面放大显示，如图 8-3 所示。

9. 打开状态栏中的"正交"⌐按钮、"对象捕捉"□按钮，单击"坐标"面板中的"三点"⌐按钮，调整坐标系的方向，使螺旋线的起点处在 X 轴上，如图 8-4 所示。

命令:_ucs
当前 UCS 名称:＊没有名称＊
指定 UCS 的原点或［面(F)/命名(NA)/对象(OB)/上一个(P)/视图(V)/世界(W)/X/Y/Z/Z 轴(ZA)]<世界>:_3
指定新原点 <0,0,0>:　　（捕捉螺旋线的圆心）
在正 X 轴范围上指定点 <1.0000,0.0000,0.0000>:　　（捕捉螺旋线的起点）
在 UCS XY 平面的正 Y 轴范围上指定点 <-0.7329,0.6804,0.0000>:　　（在 Y 轴的正方向任意位置单击）

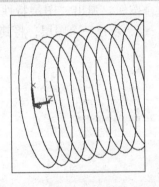

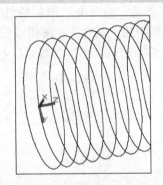

图 8-3　放大显示螺旋线底面　　　　图 8-4　调整坐标系方向

10. 将光标移到绘图区右上角的"视口立方体"ViewCube 图标上，移动鼠标使该图标旋转，调整观察方向。

11. 单击"坐标"面板中的"X"⌐按钮，将坐标系绕 X 轴旋转 -90°。

命令:_ucs
当前 UCS 名称:＊没有名称＊
指定 UCS 的原点或［面(F)/命名(NA)/对象(OB)/上一个(P)/视图(V)/世界(W)/X/Y/Z/Z 轴(ZA)]<世界>:_x
指定绕 X 轴的旋转角度 <90>:-90↙　　（输入绕 X 轴的旋转角度 -90,按〈Enter〉键）

12. 利用"正多边形"命令绘制牙型的正三角形，如图 8-5 所示。

命令:_polygon　　（单击"绘图"面板中的"正多边形"⬠按钮）
输入边的数目<4>:3 ✓　　（输入边数3,按〈Enter〉键）
指定正多边形的中心点或[边(E)]:　　（捕捉螺旋线的起点）
输入选项[内接于圆(I)/外切于圆(C)]<I>:✓　　（按〈Enter〉键,选择默认选项"内接于圆"）
指定圆的半径:@0.5,0 ✓　　（输入相对于正三角形中心的坐标,按〈Enter〉键）

13. 单击"坐标"面板中的⬛按钮,返回上一个坐标系。

14. 在命令行输入 Z 按〈Enter〉键,输入 P 按〈Enter〉键,利用"缩放上一个"命令返回到上一个显示窗口。

15. 利用"扫掠"命令沿螺旋线扫掠正三角形,创建出螺纹实体,如图8-6所示。

命令:_sweep　　（单击"建模"面板中的"扫掠"🗗按钮）
当前线框密度:　ISOLINES = 4
选择要扫掠的对象:　　（单击正三角形）
找到 1 个
选择要扫掠的对象:✓　　（按〈Enter〉键,结束选择扫掠对象）
选择扫掠路径或[对齐(A)/基点(B)/比例(S)/扭曲(T)]:　　（单击螺旋线）

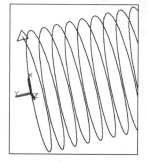

图8-5　绘制等边三角形　　　　　　　　图8-6　螺纹实体

二、创建螺杆三维实体

1. 在绘图区空白处右击,在弹出的快捷菜单中选择"平移"选项,利用"实时平移"命令调整显示窗口。

2. 利用"圆柱体"命令创建两个圆柱实体,如图8-7所示。

命令:_cylinder　　（单击"建模"面板中的"圆柱体"🗑按钮）
指定底面的中心点或[三点(3P)/两点(2P)/相切、相切、半径(T)/椭圆(E)]:　　（在适当位置单击）
指定底面半径或[直径(D)]:4.3 ✓　　（输入底面半径4.3,按〈Enter〉键）
指定高度或[两点(2P)/轴端点(A)]:60 ✓　　（输入圆柱体高度60,按〈Enter〉键）

3. 打开状态栏"对象捕捉"□按钮,利用"移动"命令将螺纹三维实体和圆柱实体移动一起,如图8-8所示。

命令:_move　　（单击"建模"面板中的"移动"✛按钮）
选择对象:　　（单击螺纹实体）
找到 1 个
选择对象:✓　　（按〈Enter〉键,结束选择三维移动对象）

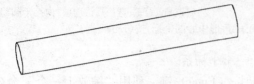

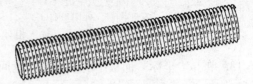

图8-7　创建圆柱体　　　　　　　　图8-8　移动三维实体

4. 利用"并集"命令将两个圆柱体和螺纹实体合并，如图8-9所示。

命令：_union　　　（单击"实体编辑"面板中的"并集"◎按钮）
选择对象：
指定对角点：　　　（用拾取框包围3个实体）
找到3个
选择对象：✓　　　（按〈Enter〉键,结束选择合并对象）

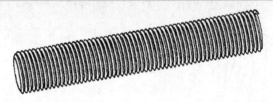

图8-9　合并三维实体

5. 利用"剖切"命令进行剖切，得到长度为50的螺杆三维实体，如图8-10所示。

命令：_slice　　　（单击"实体编辑"面板中的"剖切"按钮）
选择要剖切的对象：　　　（单击合并后的三维实体）
找到1个
选择要剖切的对象：✓　　　（按〈Enter〉键,结束选择要剖切的对象）
指定切面的起点或［平面对象(O)/曲面(S)/Z轴(Z)/视图(V)/XY/YZ/ZX/三点(3)］<三点>:YZ
✓　（输入"YZ",按〈Enter〉键,剖切平面与YZ平面平行）
指定YZ平面上的点<0,0,0>:from✓　　　（输入from按〈Enter〉键,利用"捕捉自"命令指定点的位置）
基点：　　（捕捉实体可见端面圆心）
<偏移>:@0,0,5✓　　　（输入剖切面经过的点相对于基点的坐标,按〈Enter〉键）
在所需的侧面上指定点或［保留两个侧面(B)］<保留两个侧面>:（捕捉实体不可见端面圆心）

命令：_slice　　　（按〈Enter〉键或单击"实体编辑"面板中的"剖切"按钮）
选择要剖切的对象：　　　（单击合并后的三维实体）
找到1个
选择要剖切的对象：✓　　　（按〈Enter〉键,结束选择要剖切的对象）
指定切面的起点或［平面对象(O)/曲面(S)/Z轴(Z)/视图(V)/XY/YZ/ZX/三点(3)］<三点>:YZ
✓　（输入"YZ",按〈Enter〉键,剖切平面与YZ平面平行）
指定YZ平面上的点<0,0,0>:from✓（输入from按〈Enter〉键,利用"捕捉自"指定点的位置）
基点：　　（捕捉实体不可见端面圆心）
<偏移>:@0,0,-5✓　　　（输入剖切面经过的点相对于基点的坐标,按〈Enter〉键）
在所需的侧面上指定点或［保留两个侧面(B)］<保留两个侧面>：　　　（捕捉实体可见端面圆心）

图 8-10　螺杆三维实体

6. 单击标题栏中的"另存为"⊟按钮，或单击界面左上角的浏览器按钮，在弹出的菜单中选择"另存为"选项，将创建的三维实体保存为"M10 螺杆三维实体 . dwg"。

三、创建头部三维实体

1. 利用"正多边形"命令绘制正六边形。

命令:_polygon　　（单击"绘图"面板中的"正多边形"⬠按钮）
输入边的数目 < 4 > :6↙　　（输入边数6,按〈Enter〉键）
指定正多边形的中心点或［边(E)］:　　（在适当位置单击,指定正六边形的中心）
输入选项［内接于圆(I)/外切于圆(C)］< I > :↙　　（按〈Enter〉键,选择"内接于圆"选项）
指定圆的半径:@0,8↙　　（输入光标相对于正六边形中心的坐标,按〈Enter〉键）

2. 绘制正六边形的内切圆，如图 8-11 所示。

命令:_circle　　（单击"绘图"面板中"圆"下拉菜单中的"相切,相切,相切"⭘按钮）
指定圆的圆心或［三点(3P)/两点(2P)/相切、相切、半径(T)］:_3p
指定圆上的第一个点:_tan 到　　（将光标移动正六边形的一条边上,出现切点捕捉标记后单击）
指定圆上的第二个点:_tan 到　　（将光标移动正六边形的另一条边上,出现切点捕捉标记后单击）
指定圆上的第三个点:_tan 到　　（将光标移动正六边形的第三条边上,出现切点捕捉标记后单击）

3. 利用"拉伸"命令将正六边形拉伸为正六棱柱，如图 8-12 所示。

命令:_extrude　　（单击"建模"面板中的"拉伸"🔲按钮）
当前线框密度:　ISOLINES = 4
选择要拉伸的对象:　　（单击正六边形为拉伸对象）
找到 1 个
选择要拉伸的对象:↙　　（按〈Enter〉键,结束选择拉伸对象）
指定拉伸的高度或［方向(D)/路径(P)/倾斜角(T)］:6.4 ↙　　（输入拉伸高度6.4,按〈Enter〉键）

图 8-11　绘制正六边形及其内切圆　　　图 8-12　拉伸六边形为六棱柱

4. 利用"拉伸"命令将正六边形的内切圆拉伸为圆锥，如图 8-13 所示。

命令:_extrude   (单击"建模"面板中的"拉伸"Ｔ按钮)
当前线框密度: ISOLINES = 4
选择要拉伸的对象: (单击正六边形的内切圆为拉伸对象)
找到 1 个
选择要拉伸的对象:✓   (按〈Enter〉键,结束选择要拉伸的对象)
指定拉伸的高度或 [方向(D)/路径(P)/倾斜角(T)]:T✓   (输入 T 按〈Enter〉键,选择"倾
斜角"选项)
指定拉伸的倾斜角度 <0>:60✓   (输入拉伸的倾斜角度60,按〈Enter〉键)
指定拉伸的高度或 [方向(D)/路径(P)/倾斜角(T)]: -10✓   (输入拉伸高度10,按〈Enter〉键)

5. 利用"缩放"命令将圆锥放大2.5倍,如图8-14所示(放大圆锥的比例越大越好,如果过小将使正六棱柱的高度在和圆锥做"交"运算后缩短。限于插图不宜过大,这里将缩放比例设置为2.5,读者在实际操作时不妨将缩放比例设置为3,甚至更大也可以)。

命令:_scale   (单击"修改"面板中的"缩放"口按钮)
选择对象: (单击圆锥为缩放对象)
找到 1 个
选择对象:✓   (按〈Enter〉键,结束选择缩放对象)
指定基点: (捕捉圆锥的顶点为基点)
指定比例因子或 [复制(C)/参照(R)] <1.0000>:2.5✓   (输入比例因子2.5,按〈Enter〉键)

6. 利用"交集"命令将正六棱柱实体和圆锥实体做交集运算,得到头部实体,如图8-15所示。

命令:_intersect   (单击"实体编辑"面板中的"交集"◎按钮)
选择对象: (单击正六棱柱)
找到 1 个
选择对象: (单击圆锥)
找到 1 个,总计 2 个
选择对象:✓   (按〈Enter〉键,结束"交集"命令)

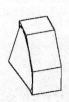　　

图8-13　将内切圆拉伸为圆锥　　图8-14　放大圆锥　　图8-15　"交"运算结果

四、创建螺栓三维实体

1. 利用"用户坐标系"命令调整坐标系原点的位置。

命令:_ucs   (单击"坐标"面板中的⌊ 按钮)
当前 UCS 名称: *没有名称*
指定 UCS 的原点或 [面(F)/命名(NA)/对象(OB)/上一个(P)/视图(V)/世界(W)/X/Y/Z/Z
轴(ZA)] <世界>:_o
指定新原点 <0,0,0>:   (捕捉内切圆的圆心)

2. 利用"三维移动"命令将螺杆三维实体和头部三维实体移到一起。

```
命令:_3d move        (单击"修改"面板中的"三维移动"⊕按钮)
选择对象:           (单击螺杆三维实体)
找到 1 个
选择对象:↙          (按〈Enter〉键,结束选择三维移动对象)
指定基点或[位移(D)]<位移>:    (捕捉螺杆三维实体可见端面的圆心)
指定第二个点或<使用第一个点作为位移>:0,0,6.4↙    (输入第二点的坐标,按〈Enter〉键)
```

3. 利用"并集"命令将螺杆实体和头部实体合并,创建出六角头螺栓三维实体,如图 8-16 所示。

```
命令:_union        (单击"实体编辑"面板中的"并集"◎按钮)
选择对象:          (单击头部实体)
找到 1 个
选择对象:          (单击螺杆实体)
找到 1 个,总计 2 个
选择对象:↙        (按〈Enter〉键,结束选择合并对象)
```

4. 单击"修改"面板中的"复制"%按钮,复制出 4 个 M10×50 螺栓三维实体。

5. 单击"修改"面板中的"缩放"◻按钮,将复制出的 3 个螺栓三维实体缩小 0.4 倍,得到 3 个 M4×20 的螺栓三维实体。

6. 分别利用"剖切"命令剖切 3 个 M4×20 的

图 8-16　创建 M10×50 螺栓三维实体

螺栓三维实体,得到长度分别为 10、12 和 18 的螺栓三维实体,如图 8-17a～图 8-17c 所示。

```
命令:_slice        (单击"实体编辑"面板中的"剖切"%按钮)
选择要剖切的对象:    (单击其中一个 M4 螺栓三维实体)
找到 1 个
选择要剖切的对象:↙    (按〈Enter〉键,结束选择要剖切的对象)
指定切面的起点或[平面对象(O)/曲面(S)/Z轴(Z)/视图(V)/XY/YZ/ZX/三点(3)]<三点>:YZ
↙  (输入YZ,按〈Enter〉键,剖切平面与YZ平面平行)
指定YZ平面上的点<0,0,0>:from↙    (输入 from 按〈Enter〉键,利用"捕捉自"命令指定点的位置)
基点:   (捕捉螺杆顶面圆心)
<偏移>:@0,0,-10↙    (输入剖切面经过的点相对于基点的坐标,按〈Enter〉键)
在所需的侧面上指定点或[保留两个侧面(B)]<保留两个侧面>:    (在螺栓头部捕捉点)

命令:_slice        (按〈Enter〉键或单击"实体编辑"面板中的"剖切"%按钮)
选择要剖切的对象:    (单击其中一个未切割的 M4 螺栓三维实体)
找到 1 个
选择要剖切的对象:↙    (按〈Enter〉键,结束选择要剖切的对象)
指定切面的起点或[平面对象(O)/曲面(S)/Z轴(Z)/视图(V)/XY/YZ/ZX/三点(3)]<三点>:YZ
↙  (输入"YZ",按〈Enter〉键,剖切平面与YZ平面平行)
指定YZ平面上的点<0,0,0>:_from    (单击"对象捕捉"面板中的"捕捉自"按钮)
基点:   (捕捉螺杆顶面圆心)
```

<偏移>:@0,0,-8↙　　　　（输入剖切面经过的点相对于基点的坐标,按〈Enter〉键）
在所需的侧面上指定点或［保留两个侧面(B)］<保留两个侧面>:　　（在螺栓头部捕捉点）

命令:_slice　　　（按〈Enter〉键或单击"实体编辑"面板中的"剖切"🔲按钮）
选择要剖切的对象:　　（单击未切割的M4螺栓三维实体）
找到1个
选择要剖切的对象:↙　　（按〈Enter〉键,结束选择要剖切的对象）
指定 切面 的起点或［平面对象(O)/曲面(S)/Z轴(Z)/视图(V)/XY/YZ/ZX/三点(3)］<三点>:YZ↙　　（输入YZ,按〈Enter〉键,剖切平面与YZ平面平行）
指定 YZ 平面上的点 <0,0,0>:from↙　　（输入from按〈Enter〉键,利用"捕捉自"命令指定点的位置）
基点:　　（捕捉螺杆顶面圆心）
<偏移>:@0,0,-2↙　　　　（输入剖切面经过的点相对于基点的坐标,按〈Enter〉键）
在所需的侧面上指定点或［保留两个侧面(B)］<保留两个侧面>:　　（在螺栓头部捕捉点）

7. 单击"修改"面板中的"缩放"🔲按钮,将复制出最后一个螺栓三维实体缩小0.6倍,得到3个M6×30的螺栓三维实体。

8. 利用"剖切"命令剖切M6×30的螺栓三维实体,得到长度为10的螺栓三维实体,如图8-17d所示。

命令:_slice　　　（单击"实体编辑"面板中的"剖切"🔲按钮）
选择要剖切的对象:　　（单击其中一个M4螺栓三维实体）
找到1个
选择要剖切的对象:↙　　（按〈Enter〉键,结束选择要剖切的对象）
指定 切面 的起点或［平面对象(O)/曲面(S)/Z轴(Z)/视图(V)/XY/YZ/ZX/三点(3)］<三点>:YZ↙　　（输入YZ,按〈Enter〉键,剖切平面与YZ平面平行）
指定 YZ 平面上的点 <0,0,0>:from↙（输入from按〈Enter〉键,利用"捕捉自"命令指定点的位置）
基点:　　（捕捉螺杆顶面圆心）
<偏移>:@0,0,-20↙　　　　（输入剖切面经过的点相对于基点的坐标,按〈Enter〉键）
在所需的侧面上指定点或［保留两个侧面(B)］<保留两个侧面>:　　（在螺栓头部捕捉点）

a)　　　　b)　　　　c)　　　　d)

图8-17　创建不同规格的螺栓三维实体

五、渲染

1. 单击"选项板"面板中的"高级渲染设置"🔲按钮,系统弹出"高级渲染设置"选项板,在"渲染描述"面板的"目标"下拉列表中选择"视口"选项,在"输出尺寸"下拉列表中选择"1024×768"选项,如图8-18所示。

2. 关闭"高级渲染设置"选项板后,单击"材质"面板中的"材质浏览器"🔘按钮,系统弹出如图8-19所示"材质浏览器"选项板。在该选项板最下方的"创建新材质"下拉菜单中选择"金属漆"选项,系统弹出如图8-20所示"材质编辑器"选项板。单击"颜色"选项框,在弹出的"选择颜色"对话框中选择渲染的颜色,创建的"金属漆"材质便显示在材质浏览器中,如图8-21所示。关闭"材质编辑器"选项板,在材质浏览器中单击创建的新材质并移动光标，将新材质拖到绘图区中所有螺栓三维实体上，重复拖动新材质5次，即可将"金属漆"材质应用于所有螺栓三维实体上。关闭"材质浏览器"选项板和"材质编辑器"选项板。

图 8-18　"高级渲染设置"选项板

图 8-19　"材质浏览器"选项板

图 8-20　"材质编辑器"选项板

图 8-21　在材质浏览器中显示新材质

3. 单击"视图"面板中的"视图管理器"按钮，系统弹出"视图管理器"对话框，如图 8-22 所示。

在视图查看栏选中"模型视图"，单击"新建"按钮，在弹出的"新建视图"对话框的"视图名称"文本框中输入"渲染视图"，在"背景"下拉菜单中选择"纯色"选项，如图 8-23 所示。弹出如图 8-24 所示的"背景"对话框，单击"颜色"选项框，弹出"选择颜色"对话框，并打开"真色彩"选项卡，在颜色栏任意单击后，将颜色滑块拖至最上方，即将背景颜色设置为"白色"，如图 8-25 所示。单击"确定"按钮，在"视图管理器"对话框中选中"渲染视图"，单击"置为当前"按钮，将"渲染视图"设置为当前视图。

4. 单击"渲染"面板中的"渲染"按钮，系统便开始在视口渲染螺栓三维实体，结果如图 8-26 所示。

图 8-22　"视图管理器"对话框

图 8-23　"新建视图"对话框

图 8-24　"背景"对话框

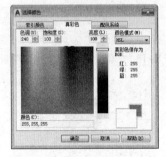

图 8-25　将颜色设置为白色

5. "高级渲染设置"选项板中"渲染描述"选项栏的"目标"下拉列表中的"视口"选项用于在绘图区进行渲染。如果选择"窗口"选项，将在弹出的"渲染"窗口内进行渲染，如图 8-27 所示。选择"渲染"对话框中的菜单"文件"→"保存"选项，可将渲染的三维实体保存为图像文件。

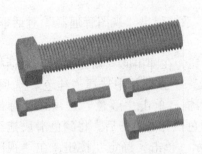

图 8-26　在视口渲染螺栓三维实体

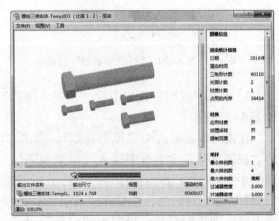

图 8-27　在渲染窗口渲染螺栓三维实体

6. 单击标题栏中的"另存为" <kbd>⊟</kbd> 按钮，或单击界面左上角的浏览器按钮，在弹出的菜单中选择"另存为"选项，将创建的三维实体保存为"螺栓三维实体.dwg"。

完成创建螺栓三维实体。

8.2 螺母三维实体

蜗轮减速箱使用了一个 M10 的六角螺母和一个 M20 的圆螺母。本节将创建这两个螺母的三维实体。

绘图步骤

一、创建六角螺母三维实体

1. 单击标题栏中的"打开" 按钮，打开保存的图形文件"螺栓三维实体 .dwg"。

2. 单击"修改"面板中的"删除" 按钮，将 3 个 M4 螺栓三维实体删除，保留 M10 螺栓三维实体。

3. 在"视觉样式"面板的下拉列表中选择"线框"选项，将三维实体显示为三维线框视觉样式。

4. 单击"坐标"面板中的"原点" 按钮，将坐标系原点的位置移到螺栓头部端面内切圆的圆心处，如图 8-28 所示。

5. 利用"剖切"命令将螺栓实体剖切为两部分。

命令:_slice　　（单击"实体编辑"面板中的"剖切" 按钮）
选择要剖切的对象：　　（单击螺栓实体）
找到 1 个
选择要剖切的对象:✓　　（按〈Enter〉键,结束选择要剖切的对象）
指定 切面 的起点或[平面对象(O)/曲面(S)/Z 轴(Z)/视图(V)/XY/YZ/ZX/三点(3)] <三点 > :XY
✓　　（输入"XY",按〈Enter〉键）
指定 XY 平面上的点 <0,0,0 >：　　（捕捉螺杆端面的圆心）
在所需的侧面上指定点或 [保留两个侧面(B)] <保留两个侧面 > :✓　　（按〈Enter〉键,保留两个侧面）

6. 单击"修改"面板中的"三维移动" 按钮，利用"三维移动"命令移动螺杆实体，如图 8-29 所示。

图 8-28　三维线框视觉样式　　　　　图 8-29　移动螺杆实体

7. 利用"拉伸面"命令拉伸螺栓头部实体的端面，如图 8-30 所示。

命令:_solidedit（单击"实体编辑"面板中的"拉伸面" 按钮）
实体编辑自动检查： SOLIDCHECK = 1
输入实体编辑选项 [面(F)/边(E)/体(B)/放弃(U)/退出(X)] <退出 > :_face
输入面编辑选项[拉伸(E)/移动(M)/旋转(R)/偏移(O)/倾斜(T)/删除(D)/复制(C)/颜色
(L)/材质(A)/放弃(U)/退出(X)] <退出 > :_extrude
选择面或 [放弃(U)/删除(R)]:　　（单击六棱柱的端面 ABCDEF 上的边 AB）
找到 2 个面。　　（与六棱柱的端面相交于 AB 的棱面 ABHG 也被选中,如图 8-30a 所示）

选择面或［放弃(U)/删除(R)/全部(ALL)］:R ✓　　（输入 R 按〈Enter〉键,选择"删除"选项）
删除面或［放弃(U)/添加(A)/全部(ALL)］:　（单击棱面 ABHG 上的棱线 AG 或 BH,此时
只有端面 ABCDEF 被选中,如图 8-30b 所示）
找到 2 个面,已删除 1 个。
删除面或［放弃(U)/添加(A)/全部(ALL)］:✓　　（按〈Enter〉键,结束选择删除面）
指定拉伸高度或［路径(P)］:2 ✓　　（输入拉伸高度2,按〈Enter〉键）
指定拉伸的倾斜角度 <0 > :✓　　（按〈Enter〉键,拉伸的倾斜角度为0）
已开始实体校验。
已完成实体校验。
输入面编辑选项［拉伸(E)/移动(M)/旋转(R)/偏移(O)/倾斜(T)/删除(D)/复制(C)/颜色
(L)/材质(A)/放弃(U)/退出(X)］<退出 > :✓　　（按〈Enter〉键,结束"拉伸面"命令）

8. 利用"三维移动"命令,将螺杆实体和螺栓头部实体移动到一起,如图 8-31 所示。

命令:_3d move　　（单击"修改"面板中的"三维移动" ⊕按钮）
选择对象:　（单击螺杆实体为移动对象）
找到 1 个
选择对象:✓　　（按〈Enter〉键,结束选择移动对象）
指定基点或［位移(D)］<位移 > :　　（捕捉螺杆可见端面的圆心为基点）
指定第二个点或 <使用第一个点作为位移 > :0,0, -20 ✓　　（输入第二点的坐标,按〈Enter〉键）

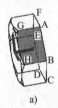
a)

b)

c)

图 8-30　拉伸六棱柱端面

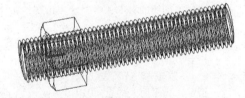

图 8-31　移动螺杆实体

9. 利用"差集"命令将螺栓头部实体和螺杆实体做差集运算,结果如图 8-32 所示。

命令:_subtract　　（单击"实体编辑"面板中的"差集" ⑩按钮）
选择要从中减去的实体或面域 . . .
选择对象:　（单击拉伸后的螺栓头部实体）
找到 1 个
选择对象:✓　　（按〈Enter〉键,结束要从中减去的实体）
选择要减去的实体或面域 . .
选择对象:　（单击螺杆实体）
找到 1 个
选择对象:✓　　（按〈Enter〉键,结束"差集"命令）

　　10. 将光标移到绘图区右上角的"视口立方体"ViewCube 图标上,移动鼠标使该图标
旋转,调整观察方向。

　　11. 单击"坐标"面板中的"原点" ↳ 按钮,调整坐标系原点的位置。

　　12. 单击"视觉样式"面板中的"隐藏" ☺按钮,如图 8-33 所示。

　　13. 设置渲染目标、创建并应用新材质、创建纯白色渲染视图。

　　14. 单击"渲染"面板中的"渲染" ☜按钮,即可对六角螺母三维实体进行渲染,如
图 8-34 所示。

图 8-32 "差集"运算结果   图 8-33 三维隐藏视觉样式   图 8-34 六角螺母三维实体

15. 单击标题栏中的"另存为" 🖫 按钮，或单击界面左上角的浏览器按钮，在弹出的菜单中选择"另存为"选项，将创建的三维实体保存为"六角螺母三维实体.dwg"。

完成创建六角螺母三维实体。

二、创建圆螺母三维实体

1. 单击"修改"面板中的"删除" ✐ 按钮，将六角螺母三维实体删除。

2. 单击标题栏中的"另存为" 🖫 按钮，或单击界面左上角的浏览器按钮，在弹出的菜单中选择"另存为"选项，将当前图形文件保存为"圆螺母三维实体.dwg"。

3. 在"视图"面板的视图列表中选择"前视"选项，显示当前用户坐标系的平面视图。

4. 单击"绘图"面板中的"圆" ⊚ 按钮，利用"圆"命令绘制一个 ϕ35 的圆。

5. 在绘图区空白处右击，在弹出的快捷菜单中选择"缩放"选项，利用"实时缩放"命令将圆缩小显示。

6. 在绘图区空白处右击，在弹出的快捷菜单中选择"平移"选项，利用"实时平移"命令调整显示窗口。

7. 打开状态栏中的"正交" ⌐ 按钮、"对象捕捉" ⬜ 按钮和"对象捕捉追踪" ∠ 按钮，利用"直线"命令绘制两条直线 AB 和 BC，如图 8-35 所示。

命令：_line   （单击"绘图"面板中的"直线" ✐ 按钮）
指定第一点：13.5 ✓   （将光标移到圆心处，出现圆心捕捉标记后向上移动光标，出现竖直追踪轨迹，输入追踪距离13.5，按〈Enter〉键）
指定下一点或 [放弃(U)]：5 ✓   （向右移动光标，输入直线 AB 的长度5，按〈Enter〉键）
指定下一点或 [放弃(U)]：   （向上移动光标，在圆周外适当位置单击）
指定下一点或 [闭合(C)/放弃(U)]：✓   （按〈Enter〉键，结束"直线"命令）

8. 单击"修改"面板中的"镜像" ⚓ 按钮，做直线 AB 和 BC 的竖直镜像，镜像线的端点是 A 点和圆心，镜像结果如图 8-36 所示。

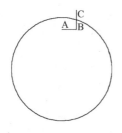 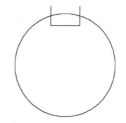

图 8-35 绘制圆和直线   图 8-36 做直线的竖直镜像

9. 单击"修改"面板中的"阵列" ⊞ 按钮，将所有直线绕圆心做环型阵列，如图 8-37 所示。

225

10. 单击"修改"面板中的"修剪" ✦ 按钮，修剪直线和圆，如图 8-38 所示。

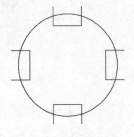
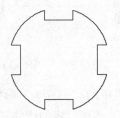

图 8-37　做环型阵列　　　　　　图 8-38　修剪直线和圆

11. 单击"绘图"面板中的"面域" ⬡ 按钮，将修剪后得到的图形创建为面域。

12. 利用"拉伸"命令拉伸面域，如图 8-39 所示。

```
命令:_extrude　　（单击"建模"面板中的"拉伸" ⬆ 按钮）
当前线框密度：　ISOLINES = 4
选择要拉伸的对象：　　（单击面域）
找到 1 个
选择要拉伸的对象:↙　　（按〈Enter〉键,结束选择拉伸对象）
指定拉伸的高度或［方向(D)/路径(P)/倾斜角(T)］:20 ↙　　（输入拉伸高度 20,按〈Enter〉键）
```

13. 利用"倒角"命令在实体上创建倒角，如图 8-40 所示。

```
命令:_chamfer　　（单击"修改"面板中的"倒角" ⟋ 按钮）
（"修剪"模式）当前倒角距离 1 = 0.0000,距离 2 = 0.0000
选择第一条直线或［放弃(U)/多段线(P)/距离(D)/角度(A)/修剪(T)/方式(E)/多个(M)］:
基面选择...　　（单击实体底面）
输入曲面选择选项［下一个(N)/当前(OK)］< 当前(OK) >:N ↙　　（输入 N 按〈Enter〉键,选
择"下一个"选项）
输入曲面选择选项［下一个(N)/当前(OK)］< 当前(OK) >:↙　（按〈Enter〉键,选择"当前"选项）
指定基面的倒角距离:1 ↙　　（输入倒角距离 1,按〈Enter〉键）
指定其他曲面的倒角距离 < 1.0000 >:1 ↙　　（输入倒角距离 1,按〈Enter〉键）
选择边或［环(L)］:
选择边或［环(L)］:
选择边或［环(L)］:
选择边或［环(L)］:　　（依次单击实体底面上的 4 段圆弧）
选择边或［环(L)］:↙　　（按〈Enter〉键,结束"倒角"命令）
```

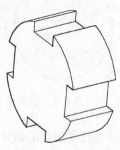
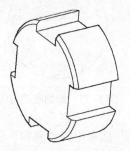

图 8-39　拉伸面域　　　　　　图 8-40　创建 45°倒角

226

14. 将光标移到绘图区右上角的"视口立方体"ViewCube 图标上，移动鼠标使该图标旋转，调整观察方向，显示出实体顶面。

15. 分别单击"修改"面板中的"倒角" ◁按钮，在顶面的四个圆弧处创建倒角，第一倒角距离为 4、第二倒角距离为 2.313，即创建 30°倒角，如图 8-41 所示。

16. 单击标题栏中的"打开" ◻按钮，打开保存的图形"螺栓三维实体 . dwg"。

17. 按〈Ctrl + C〉键，将 M10 螺栓三维实体复制到剪贴板。

18. 在绘图区上方和功能区之间单击"圆螺母三维实体"选项卡，将其切换为当前图形。按〈Ctrl + V〉键，将复制到剪贴板的 M10 螺栓三维实体粘贴到当前图形中。

19. 单击"修改"面板中的"三维移动" ⊕按钮，利用"三维移动"命令移动 M10 螺栓三维实体，使其轴线与圆螺母三维实体的轴线重合，如图 8-42 所示。

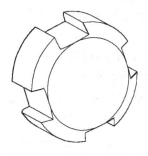
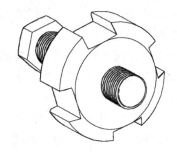

图 8-41　创建 30°倒角　　　　　图 8-42　移动螺栓三维实体

20. 单击"修改"面板中的"缩放" ◻按钮，将螺栓三维实体放大两倍，放大的基点为螺杆顶面的圆心，得到 M20 螺栓三维实体，如图 8-43 所示。

21. 单击"实体编辑"面板中的"差集" ◎按钮，将创建的圆螺母实体和螺栓实体做差集运算，结果如图 8-44 所示。

22. 设置渲染目标、创建并应用新材质、创建纯白色渲染视图。

23. 单击"渲染"面板中的"渲染" ◻按钮，即可对圆螺母三维实体进行渲染，如图 8-45 所示。

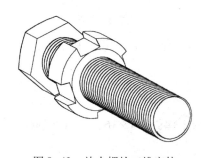
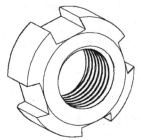

图 8-43　放大螺栓三维实体　　　图 8-44　圆螺母三维实体　　　图 8-45　渲染圆螺母三维实体

24. 单击标题栏中的"保存" ◻按钮，保存创建的三维实体。完成创建圆螺母三维实体。

8.3 垫圈三维实体

蜗轮减速箱中使用了一个公称直径为10的平垫圈，其外径为20，内径为11，厚度为2，本节将创建该垫圈的三维实体。

绘图步骤

1. 单击标题栏中的"新建" ▯按钮，弹出"选择样板"对话框，在"打开"下拉列表中选择"无样板打开－公制（M）"选项，新建一个图形文件。

2. 单击标题栏中的"另存为" ▯按钮，单击界面左上角的浏览器按钮，在弹出的菜单中选择"另存为"选项，将图形保存为"垫圈三维实体.dwg"。

3. 单击"图层"面板中"图层特性管理器" ▯按钮，在弹出的"图层特性管理器"对话框中创建"轮廓线"层。

4. 单击"绘图"面板中的"圆" ⊘按钮，绘制 φ20 和 φ10 的同心圆。

5. 单击"建模"面板中的"拉伸" ▯按钮，将同心圆拉伸2。

6. 在"视图"面板中的视图列表中选择"东北等轴测"选项。在"视觉样式"面板的下拉列表中选择"线框"选项，将三维实体显示为三维线框视觉样式，如图8-46所示。

7. 单击"视图编辑"面板中的 ◉按钮，利用"差集"命令将拉伸后得到的两个圆柱体做差集运算，结果如图8-47所示。

8. 设置渲染目标、创建并应用新材质、创建纯白色渲染视图。

9. 单击"渲染"面板中的"渲染" ◉按钮，即可对垫圈三维实体进行渲染，如图8-48所示。

10. 单击标题栏中的"保存" ▯按钮，保存创建的三维实体。完成创建垫圈三维实体。

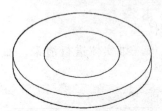
图8-46　拉伸同心圆

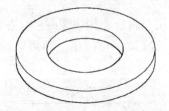
图8-47　两个圆柱体做差集运算

图8-48　垫圈三维实体

8.4 螺钉三维实体

蜗轮减速箱中使用了一个沉头螺钉 M5×12，一个柱端紧定螺钉 M6×16，本节将创建这两个螺钉的三维实体。

绘图步骤

一、创建沉头螺钉三维实体

1. 单击标题栏中的"打开" ▱按钮，打开保存的图形文件"M10螺杆三维实体.dwg"。

2. 利用"剖切"命令剖切螺杆实体，如图8-49所示。

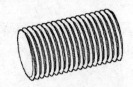
图8-49　剖切螺杆实体

228

命令:_slice   (单击"实体编辑"面板中的"剖切"🔧按钮)
选择要剖切的对象：   (单击螺栓实体)
找到 1 个
选择要剖切的对象:✓   (按〈Enter〉键,结束选择要剖切的对象)
指定切面的起点或[平面对象(O)/曲面(S)/Z 轴(Z)/视图(V)/XY/YZ/ZX/三点(3)] <三点>:XY
✓   (输入"XY",按〈Enter〉键)
指定 XY 平面上的点 <0,0,0>:_tt   (单击"对象捕捉"面板中的"临时追踪点捕捉" ⚬ 按钮)
指定临时对象追踪点: (捕捉螺杆可见端面的圆心)
指定 XY 平面上的点 <0,0,0>:9.3✓   (沿 Z 轴移动光标,出现追踪轨迹后输入追踪距离
9.3,按〈Enter〉键)
在所需的侧面上指定点或 [保留两个侧面(B)] <保留两个侧面>:   (再次捕捉螺杆可见端面的圆心)

3. 利用"圆锥体"命令创建圆台实体，如图 8-50 所示。

命令:_cone   (单击"建模"面板中的"圆锥体"△按钮)
指定底面的中心点或 [三点(3P)/两点(2P)/相切、相切、半径(T)/椭圆(E)]:   (在适当位置单击)
指定底面半径或 [直径(D)]:4.5✓   (输入圆台底面半径 4.5,按〈Enter〉键)
指定高度或 [两点(2P)/轴端点(A)/顶面半径(T)]:T✓   (输入 T 按〈Enter〉键,选择"顶面半径"选项)
指定顶面半径 <0.0000>:2.5✓   (输入圆台顶面半径 2.5,按〈Enter〉键)
指定高度或 [两点(2P)/轴端点(A)]:2.15✓   (输入圆台高度 2.15,按〈Enter〉键)

4. 利用"拉伸面"命令拉伸圆台实体的底面，如图 8-51 所示。

命令:_solidedit   (单击"实体编辑"面板中的"拉伸面"▣按钮)
实体编辑自动检查： SOLIDCHECK = 1
输入实体编辑选项 [面(F)/边(E)/体(B)/放弃(U)/退出(X)] <退出>:_face
输入面编辑选项 [拉伸(E)/移动(M)/旋转(R)/偏移(O)/倾斜(T)/删除(D)/复制(C)/颜色
(L)/材质(A)/放弃(U)/退出(X)] <退出>:_extrude
选择面或 [放弃(U)/删除(R)]:   (单击圆台实体底面的圆周)
找到 2 个面。   (圆锥面也被选中)
选择面或 [放弃(U)/删除(R)/全部(ALL)]:R✓   (输入 R 按〈Enter〉键,选择"删除"选项)
删除面或 [放弃(U)/添加(A)/全部(ALL)]:   (单击圆锥面的任意一条素线)
找到 1 个面,已删除 1 个。
删除面或 [放弃(U)/添加(A)/全部(ALL)]:✓   (按〈Enter〉键,结束选择删除面)
指定拉伸高度或 [路径(P)]:0.55✓   (输入拉伸高度 0.55,按〈Enter〉键)
指定拉伸的倾斜角度 <0>:✓   (按〈Enter〉键,拉伸的倾斜角度为 0)
已开始实体校验。
已完成实体校验。
输入面编辑选项 [拉伸(E)/移动(M)/旋转(R)/偏移(O)/倾斜(T)/删除(D)/复制(C)/颜色
(L)/材质(A)/放弃(U)/退出(X)] <退出>:✓   (按〈Enter〉键,结束"拉伸面"命令)

图 8-50 创建圆台实体   图 8-51 拉伸圆台底面

5. 利用"长方体"命令创建一字槽长方体，如图8-52所示。

> 命令:_box （单击"建模"面板中的"长方体"▢按钮）
> 指定第一个角点或 [中心(C)]: （在适当位置单击）
> 指定其他角点或 [立方体(C)/长度(L)]:@2.5,20,2.5↙ （输入相对角点的相对坐标，按〈Enter〉键）

6. 单击"绘图"面板中的✎按钮，利用"直线"命令过长方体上 XY 平面上两条长边的中点绘制辅助线，如图8-53所示。

7. 单击"修改"面板中的"三维移动"⊕按钮，利用"三维移动"命令将长方体和圆台实体移到一起，如图8-54所示。移动的基点为辅助线的中点，第二点为圆台实体底面的圆心。

图 8-52　创建长方体

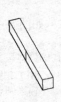
图 8-53　绘制辅助线

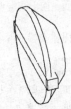
图 8-54　移动长方体

8. 单击"修改"面板中的"删除"✐按钮，将辅助线删除。

9. 单击"实体编辑"面板中的"差集"⊙按钮，将圆台实体和长方体实体做差集运算，得到沉头螺钉的头部实体，结果如图8-55所示。

10. 单击"修改"面板中的"三维移动"⊕按钮，将沉头螺钉的头部实体和螺杆实体移到一起。移动的基点为圆台实体顶面的圆心，第二点为螺杆实体可见端面的圆心。

11. 单击"实体编辑"面板中的"并集"⊚按钮，将头部实体和螺杆实体合并，得到沉头螺钉三维实体，如图8-56所示。

12. 设置渲染目标和渲染材质，并创建纯白色渲染视图。

13. 单击"渲染"面板中的"渲染"⊜按钮，即可对沉头螺钉三维实体进行渲染，如图8-57所示。

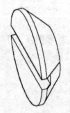
图 8-55　差集运算结果

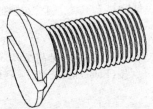
图 8-56　沉头螺钉三维实体

图 8-57　渲染沉头螺钉三维实体

14. 单击标题栏中的"另存为"🗗按钮，或单击界面左上角的浏览器按钮，在弹出的菜单中选择"另存为"选项，将图形保存为"沉头螺钉三维实体.dwg"。

完成创建沉头螺钉三维实体。

二、创建柱端紧定螺钉三维实体

1. 单击标题栏中的"打开"🖿按钮，打开保存的图形文件"M10 螺杆三维实体.dwg"。

2. 单击"修改"面板中的"缩放"🖵按钮，利用"缩放"命令将螺杆三维实体缩小0.6 倍，得到 M6 三维实体，长度为30。

3. 利用"剖切"命令进行剖切，得到 M6×16 的螺杆三维实体。

> 命令:_slice   （单击"实体编辑"面板中的"剖切" 按钮）
> 选择要剖切的对象: （单击合并后的三维实体）
> 找到 1 个
> 选择要剖切的对象:↙   （按〈Enter〉键,结束选择要剖切的对象）
> 指定 切面 的起点或 ［平面对象(O)/曲面(S)/Z 轴(Z)/视图(V)/XY/YZ/ZX/三点(3)］＜三点＞:YZ
> ↙ （输入"YZ",按〈Enter〉键,剖切平面与 YZ 平面平行）
> 指定 YZ 平面上的点 ＜0,0,0＞:_from   （单击"对象捕捉"面板中的"捕捉自" 按钮）
> 基点: （捕捉实体底面圆心）
> ＜偏移＞:@0,0,14↙   （输入剖切面经过的点相对于基点的坐标,按〈Enter〉键）
> 在所需的侧面上指定点或 ［保留两个侧面(B)］＜保留两个侧面＞:   （在剖切平面上方单击）

4. 在命令行输入 Z 按〈Enter〉键，输入 W 按〈Enter〉键，利用"窗口缩放"命令将三维实体放大显示，如图 8-58 所示。

5. 单击"建模"面板中的"圆柱体" 按钮，创建一个底面直径为 4，高度为 3 的圆柱体。

6. 单击"修改"面板中的"三维移动" 按钮，移动圆柱体，使其底面圆心与 M6×16 的螺杆三维实体的顶面圆心重合，如图 8-59 所示。

图 8-58 缩放、剖切螺杆

图 8-59 创建、移动圆柱体

7. 单击"实体编辑"面板中的"并集" 按钮，将螺杆三维实体与圆柱体合并。

8. 单击"建模"面板中的"长方体" 按钮，利用"长方体"命令创建 1×10×1.6 的长方体。

9. 单击"绘图"面板中的"直线" 按钮，在长方体可见的 XY 面上绘制一条辅助线，辅助线的两个端点是该面上与 X 轴平行的两个棱边的中点，如图 8-60 所示。

10. 单击"修改"面板中的"三维移动" 按钮，移动长方体，使辅助线的中点与螺杆底面的圆心重合，如图 8-61 所示。

图 8-60 创建长方体，绘制辅助线

图 8-61 移动长方体

11. 单击"修改"面板中的"删除" 按钮，将辅助线删除。

12. 单击"实体编辑"面板中的"差集" 按钮，将螺杆与圆柱体合并后的三维实体与长方体做差集运算，得到柱端紧定螺钉三维实体，如图 8-62 所示。

13. 设置渲染目标、创建并应用新材质、创建纯白色渲染视图。

14. 单击"渲染"面板中的"渲染"按钮，即可对柱端紧定螺钉三维实体进行渲染，如图 8-63 所示。

15. 单击标题栏中的"另存为"按钮，或单击界面左上角的浏览器按钮，在弹出的菜单中选择"另存为"选项，将图形保存为"柱端紧定螺钉三维实体.dwg"。

完成创建柱端紧定螺钉三维实体。

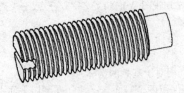 

图 8-62　柱端紧定螺钉三维实体　　　　图 8-63　渲染柱端紧定螺钉三维实体

8.5　圆锥滚子轴承三维实体

蜗轮减速箱中有两种型号的圆锥滚子轴承，分别是"轴承 30202 GB/T 297"和"轴承 30203 GB/T 297"。现以轴承 30202 为例说明创建圆锥滚子三维实体的方法。

绘图步骤

1. 单击标题栏中的"新建"按钮，弹出"选择样板"对话框，在"打开"下拉列表中选择"无样板打开 – 公制（M）"选项，新建一个图形文件。

2. 单击标题栏中的"另存为"按钮，或单击界面左上角的浏览器按钮，在弹出的菜单中选择"另存为"选项，将图形保存为"轴承 30202 三维实体.dwg"。

3. 单击"图层"面板中"图层特性管理器"按钮，在弹出的"图层特性管理器"对话框中创建"轮廓线"层。

4. 单击标题栏中的"打开"按钮，打开图形文件"圆锥滚子轴承.dwg"，并关闭"标注"层、"点画线"层和"细实线"层。

5. 按〈Ctrl + C〉键，将圆锥滚子轴承主视图中的上半部分轮廓线复制到剪贴板。

6. 在绘图区上方和功能区之间单击"轴承 30202 三维实体.dwg"选项卡，将该图形切换为当前图形。按〈Ctrl + V〉键，在适当位置单击，将复制到剪贴板的图形粘贴到当前图形中。

7. 单击"图层"面板中的"匹配"按钮，利用"图层匹配"命令将粘贴的图形的图层修改为"轮廓线"层。如图 8-64 所示。

8. 单击"绘图"面板中的"直线"按钮，连接端点 A 和 B，以及滚子端面轮廓线的中点 C 和 D，如图 8-65 所示。

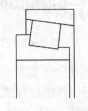 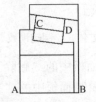

图 8-64　复制粘贴图形　　　　图 8-65　连接端点和中点

232

9. 单击"修改"面板中的"删除" ![删除按钮]按钮和"修剪" ![修剪按钮] 按钮，删除、修剪轮廓线。

10. 单击"绘图"面板中的"直线" ![直线按钮]按钮，连接滚子端面轮廓线的端点 E 和 F，得到轴承内外圈的断面轮廓线和滚子的半断面轮廓线，如图 8-66 所示。

11. 单击"修改"面板中的"圆角" ![圆角按钮]按钮，在内外圈轮廓线的直角处绘制 R0.5 的圆角，如图 8-67 所示。

图 8-66 删除、修剪出断面轮廓线　　　　图 8-67 绘制圆角

12. 单击"修改"面板中的"偏移" ![偏移按钮]按钮，向上偏移直线 CD，偏移距离为 1。重复"偏移"命令，向上偏移通过偏移得到的直线，偏移距离为 0.5。

13. 单击"修改"面板中的"拉长" ![拉长按钮]按钮，输入 de 按〈Enter〉键，利用"拉长"命令中的"增量"选项将两条偏移出来的倾斜线向左上方拉长 2。按〈Enter〉键，再次启动"拉长"命令，选择"增量"选项将第一条偏移出来的倾斜线向右下方拉长 0.5。

14. 单击"绘图"面板中的"直线" ![直线按钮]按钮，过拉长后的第一条偏移出来的倾斜线的右下方端点绘制长度为 2.5 的竖直线。

15. 单击"修改"面板中的"偏移" ![偏移按钮]按钮，向右偏移该竖直线，偏移的距离为 0.5，如图 8-68 所示。

16. 单击"修改"面板中的"圆角" ![圆角按钮]按钮，在拉长后的第一条偏移出来的倾斜线和经过其右下方端点绘制的竖直线之间绘制 R0.5 的圆角，在第二条偏移出来的倾斜线和偏移出来的竖直线之间绘制 R1 的圆角。

17. 单击"绘图"面板中的"直线" ![直线按钮]按钮，连接两条倾斜线的左上方端点和两条竖直线的下方端点，得到保持架的断面轮廓线，如图 8-69 所示。

图 8-68 偏移、拉长直线　　　　图 8-69 绘制保持架断面轮廓线

18. 单击"绘图"面板中的"面域" ![面域按钮]按钮，将轴承内外圈轮廓线、保持架断面轮廓线和滚子的半断面轮廓线创建为面域。

19. 单击"建模"面板中的"旋转" ![旋转按钮]按钮，将由轴承内外圈轮廓线、保持架断面轮廓线创建的面域绕直线 AB 旋转 360°，将由滚子的半断面轮廓线创建的面域绕直线 CD 旋转 360°，如图 8-70 所示。

20. 将光标移到绘图区右上角的"视口立方体"ViewCube 图标上，移动鼠标使该图标旋转,调整观察方向。

21. 单击"视觉样式"面板中的"隐藏" ⊙按钮,将图形显示为隐藏视觉样式,如图 8-71 所示。

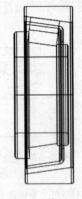
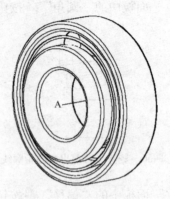

图 8-70　旋转面域　　　　　　　图 8-71　调整观察方向

22. 利用"三维阵列"命令将滚子的三维实体绕直线 AB 做环形阵列,阵列的数量为 10 个,如图 8-72 所示。

命令:3darray↙　　　(在命令行输入 3darray 按〈Enter〉键)
选择对象:　　(单击滚子实体)
找到 1 个
选择对象:↙　　　(按〈Enter〉键,结束选择阵列对象)
输入阵列类型 [矩形(R)/环形(P)] <矩形> :P↙　　　(输入 P 按〈Enter〉键,选择"环形"选项)
输入阵列中的项目数目:10↙　　　(输入阵列数量 10,按〈Enter〉键)
指定要填充的角度(+= 逆时针, -= 顺时针) <360> :↙　　　(按〈Enter〉键,填充角度为 360°)
旋转阵列对象? [是(Y)/否(N)] <Y> :↙　　　(按〈Enter〉键,旋转阵列对象)
指定阵列的中心点:　　(捕捉端点 A)
指定旋转轴上的第二点:　　(捕捉端点 B)

23. 单击"修改"面板中的"复制" ⊙按钮,复制 10 个滚子三维实体和旋转保持架断面得到的三维实体,以及直线 AB,如图 8-73 所示。

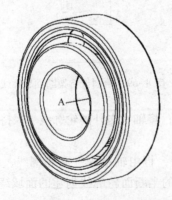
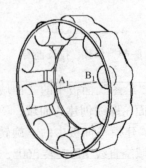

图 8-72　滚子三维实体做环形阵列　　　　图 8-73　复制三维实体和直线

24. 单击"实体编辑"面板中的"差集"◎按钮，从旋转保持架断面得到的三维实体中减去 10 个滚子三维实体，得到保持架的三维实体，如图 8-74 所示。

25. 单击"修改"面板中的"删除"✍按钮，将旋转保持架断面得到的三维实体删除。

26. 单击"修改"面板中的"三维移动"⊕按钮，将保持架三维实体和内外圈的三维实体移到一起，移动的基点为 A_1，第二点为 A。

27. 单击"修改"面板中的"删除"✍按钮，将直线 AB 和 A_1B_1 删除，得到圆锥滚子轴承三维实体，如图 8-75 所示。

图 8-74 保持架三维实体　　　　图 8-75 圆锥滚子轴承三维实体

28. 单击"模型视口"面板中"视口配置"下拉菜单中的"两个：垂直"▥按钮，创建两个垂直视口。

29. 在绘图区空白处右击，在弹出的快捷菜单中选择"缩放"选项，利用"实时缩放"命令调整图形大小。

30. 在绘图区空白处右击，在弹出的快捷菜单中选择"平移"选项，利用"实时平移"命令调整图形位置。

31. 将光标移到绘图区右上角的"视口立方体"ViewCube 图标上，移动鼠标使该图标旋转，调整观察方向，如图 8-76 所示。

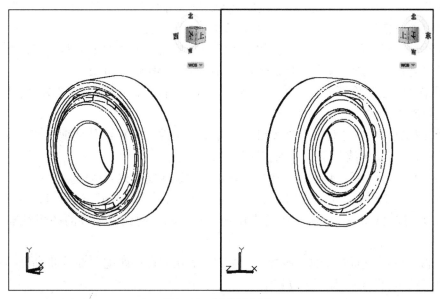

图 8-76 创建两个视口

32. 设置渲染目标、创建并应用新材质、创建纯白色渲染视图。

33. 单击"渲染"面板中的"渲染" 按钮，即可对一个视口中的圆锥滚子轴承三维实体进行渲染。单击另一个视口，重复"渲染"命令，对该视口中的圆锥滚子轴承三维实体进行渲染，如图8-77所示。

34. 单击标题栏中的"保存" 按钮，保存创建的三维实体。

完成创建轴承30202三维实体。

同样方法可以创建轴承30203三维实体，如图8-78所示（注意轴承30203比轴承30202大）。

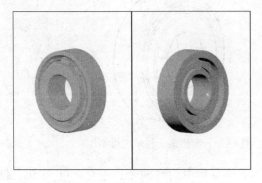

图8-77　渲染轴承三维实体

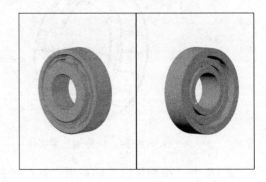

图8-78　轴承30203三维实体

8.6　油标组件三维实体

油标组件由油标和密封圈组成，油标三维实体可以由二维图形旋转而成，而装配状态的密封圈三维实体可利用"扫掠"命令创建。

绘图步骤

1. 单击标题栏中的"新建" 按钮，弹出"选择样板"对话框，在"打开"下拉列表中选择"无样板打开 - 公制（M）"选项，新建一个图形文件。

2. 单击标题栏中的"另存为" 按钮，或单击界面左上角的浏览器按钮，在弹出的菜单中选择"另存为"选项，将图形保存为"油标组件三维实体 . dwg"。

3. 单击"图层"面板中的"图层特性管理器" 按钮，在弹出的"图层特性管理器"对话框中创建"轮廓线"层。

4. 单击标题栏中的"打开" 按钮，打开图形文件"油标组件装配状态 . dwg"，并关闭"标注"层、"点画线"层和"细实线"层。

5. 按〈Ctrl + C〉键，将主视图中的上半部分轮廓线复制到剪贴板。

6. 在绘图区上方和功能区之间单击"油标组件三维实体 . dwg"选项卡，将该图形切换为当前图形。按〈Ctrl + V〉键，在适当位置单击，将复制到剪贴板的图形粘贴到当前图形中。

7. 单击"图层"面板中的"匹配" 按钮，利用"图层匹配"命令将粘贴的图形的图层修改为"轮廓线"层。如图8-79所示。

8. 单击"修改"面板中的"删除" 按钮，将中间的竖直轮廓线删除。

236

9. 打开状态栏中的"对象捕捉"□按钮,将"轮廓线"层设置为当前层。单击"绘图"面板中的"直线"✓按钮,利用"直线"命令连接两条外侧竖直轮廓线的端点 A 和 B。重复"直线"命令,过椭圆的中心做直线 AB 的垂线 CD,如图 8-80 所示。

10. 单击"绘图"面板中的"面域"◎按钮,将油标外轮廓线和直线 AB 构成的平面图形创建为面域。

图 8-79　复制粘贴图形

图 8-80　修改图形

11. 单击"建模"面板中的"旋转"◎按钮,将面域绕直线 AB 旋转 360°。

12. 单击"修改"面板中的"复制"%按钮,复制椭圆和直线 CD,复制出的直线为 C_1D_1。

13. 单击"坐标"面板中的按钮,将坐标系绕 Y 轴旋转 -90°。

14. 单击"坐标"面板中的"原点"↙按钮,将坐标系原点的位置调整到 D_1。

15. 单击"绘图"面板中的"圆"◎按钮,以 D_1 为圆心、C_1D_1 为半径绘制辅助圆,如图 8-81 所示。

16. 利用"扫掠"命令沿辅助圆扫掠复制的椭圆,创建装配状态的密封圈实体。

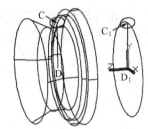

图 8-81　旋转面域,复制椭圆和直线

命令:_sweep　　(单击"建模"面板中的"扫掠"◎按钮)
当前线框密度: ISOLINES = 4
选择要扫掠的对象:　　(单击复制的椭圆)
找到 1 个
选择要扫掠的对象:✓　　(按〈Enter〉键,结束选择扫掠对象)
选择扫掠路径或 [对齐(A)/基点(B)/比例(S)/扭曲(T)]:　　(单击辅助圆)

17. 单击"修改"面板中的"三维移动"⊕按钮,移动装配状态的密封圈实体,移动的基点为 D1 点,第二点为 D 点。

18. 单击"修改"面板中的"删除"✍按钮,将椭圆、辅助圆、直线 CD 和 C_1D_1 删除。

19. 单击"视觉样式"面板中的"隐藏"◎按钮,将图形显示为隐藏视觉样式,如图 8-82 所示。

20. 创建纯白色渲染视图、设置渲染目标。

21. 单击"材质"面板中的"材质浏览器"◎按钮,系统弹出"材质浏览器"选项板。在"创建新材质"下拉菜单中选择"金属漆"选项,在弹出的"材质编辑器"选项板中单击"颜色"选项框,在弹出的"选择颜色"对话框中选择渲染的颜色,即可创建"金属漆"材质。在"材质浏览器"选项板或"材质编辑器"选项板中的"创建新材质"下拉菜单中选择"塑料"选项,在"材质编辑器"选项板中单击"颜色"选项框,在弹出的"选择颜色"对话框中选择渲染的颜色，即可创建"塑料"材质。在材质浏览器中分别单击"金属漆"材质和"塑料"材质并移动光标，将新材质分别拖到绘图区中油标三维实体上和密封圈三维实体上，关闭"材质浏览器"选项板和"材质编辑器"选项板。

22. 单击"渲染"面板中的"渲染" 📷按钮，即可对装配状态的油标组件三维实体进行渲染，如图8-83所示。

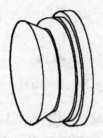 

图 8-82　油标组件三维实体　　　　图 8-83　渲染油标组件三维实体

23. 单击标题栏中的"保存" 🖫按钮，保存创建的三维实体。
完成创建油标组件三维实体。

第9章　简单零件三维实体

本章将创建蜗轮减速箱中简单零件三维实体，包括创建垫片三维实体、毡圈、调整片、套圈、挡圈、压盖、加油孔盖、通气器和轴承盖三维实体，这类零件的三维实体一般可以由二维图形拉伸或旋转而成。由于这类零件相对简单，因此本章叙述绘图步骤时也做了一些简化。

9.1　垫片三维实体

前面章节中没有绘制蜗轮减速箱中垫片的零件图，但它们的底面形状和与其连接在一起的零件的底面或端面形状相同。

在创建三维实体前，需要先将蜗杆轴右端盖垫片、箱盖垫片和加油孔盖垫片的封闭轮廓线创建为面域，然后单击"建模"面板中的"拉伸" 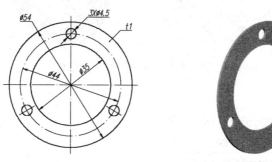 按钮，利用"拉伸"命令来创建各个垫片的三维实体，利用"差集"命令在实体上挖出通孔。

一、蜗轮轴前端盖垫片和蜗杆轴右端盖垫片三维实体

这两个垫片的零件图和三维实体如图 9-1 所示。

图 9-1　前端盖垫片和右端盖垫片零件图和三维实体

二、锥齿轮轴端盖垫片三维实体

该垫片的零件图和三维实体如图 9-2 所示。

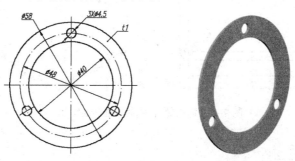

图 9-2　锥齿轮轴端盖垫片零件图和三维实体

三、蜗杆轴左端盖垫片三维实体

该垫片的零件图和三维实体如图9-3所示。

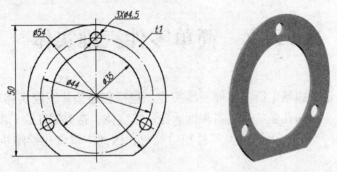

图9-3　蜗杆轴左端盖垫片零件图和三维实体

四、轴承套垫片

该垫片的零件图和三维实体如图9-4所示。

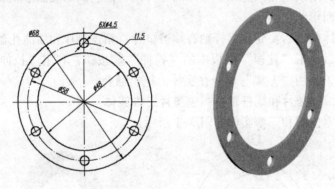

图9-4　轴承套垫片零件图和三维实体

五、箱盖垫片

该垫片的零件图和三维实体如图9-5所示。

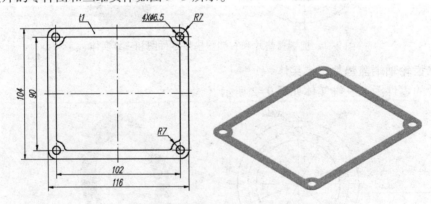

图9-5　箱盖垫片零件图和三维实体

六、加油孔盖垫片

该垫片的零件图和三维实体如图9-6所示。

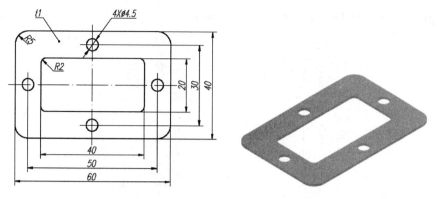

图 9-6　加油孔盖垫片零件图和三维实体

七、螺塞衬垫三维实体

衬垫的零件图和三维实体如图 9-7 所示。

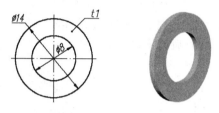

图 9-7　螺塞衬垫零件图和三维实体

9.2　毡圈、调整片、套圈和挡圈三维实体

一、毡圈三维实体

毡圈是标准件，蜗轮减速箱中用了两种规格毡圈，其中蜗杆轴右轴承盖毡圈和锥齿轮轴轴承盖毡圈的规格尺寸均为14，蜗轮轴后轴承盖毡圈的规格尺寸为17。

1. 毡圈 14 的零件图如图 9-8 所示，该零件图经过编辑后，得到图 9-9 所示的图形，其中 AB 是毡圈的轴线，将图 9-9 中封闭的平面图形创建为面域后，单击"建模"面板中的"旋转" 按钮，将面域绕轴线 AB 旋转 360° 即可创建出毡圈 14 的三维实体，如图 9-10 所示。

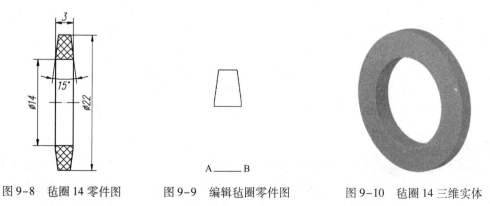

图 9-8　毡圈 14 零件图　　　图 9-9　编辑毡圈零件图　　　图 9-10　毡圈 14 三维实体

2. 毡圈 17 的零件图和三维实体如图 9-11 所示。

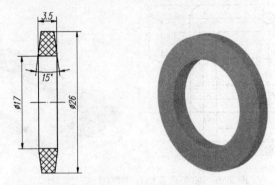

图 9-11 毡圈 17 零件图和三维实体

二、调整片三维实体

编辑调整片零件图（注意将零件图中的主视图缩小 0.25 倍），得到如图 9-12 所示的图形，其中 CD 是调整片的轴线，将该图中封闭的平面图形创建为面域后，单击"建模"面板中的"旋转" 🗔 按钮，将面域绕轴线 CD 旋转 360°即可创建出调整片的三维实体，如图 9-13 所示。

C———D

图 9-12 编辑调整片零件图   图 9-13 调整片三维实体

三、套圈三维实体

编辑套圈零件图（注意将零件图中的主视图缩小 0.25 倍），得到图 9-14 所示的图形，其中 EF 是套圈的轴线，将该图中封闭的平面图形创建为面域后，单击"建模"面板中的"旋转" 🗔 按钮，将面域绕轴线 EF 旋转 360°即可创建出套圈的三维实体，如图 9-15 所示。

E———————F

图 9-14 编辑套圈零件图   图 9-15 套圈三维实体

四、挡圈三维实体

1. 编辑挡圈零件图（注意将零件图中的主视图缩小 0.25 倍），得到如图 9-16 所示的图形，其中 GH 是挡圈的轴线，将该图中封闭的平面图形创建为面域后，单击"建模"面板中的"旋转" 🗔 按钮，将面域绕轴线 GH 旋转 360°即可创建出挡圈的三维实体，如图 9-17 所示。

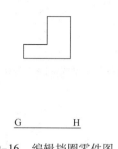

图 9-16　编辑挡圈零件图　　　　　　　图 9-17　挡圈三维实体

2. 挡圈 B20 也是标准件，其零件图如图 9-18 所示。该零件图经过编辑后，得到图 9-19 所示的图形，其中 IJ 是挡圈 B20 的轴线，将该图中封闭的平面图形创建为面域后，单击"建模"面板中的"旋转" 按钮，将面域绕轴线 IJ 旋转 360°即可创建出挡圈 B20 的三维实体，如图 9-20 所示。

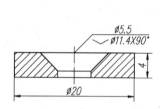

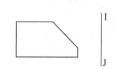

图 9-18　挡圈 B20 零件图　　　图 9-19　编辑挡圈 B20 零件图　　　图 9-20　挡圈 B20 三维实体

9.3　压盖和加油孔盖三维实体

一、压盖三维实体

编辑压盖零件图（注意将零件图中的主视图缩小 0.25 倍），得到图 9-21 所示的图形，其中 KL 是压盖的轴线，将该图中封闭的平面图形创建为面域后，单击"建模"面板中的"旋转" 按钮，将面域绕轴线 KL 旋转 360°即可创建出压盖的三维实体，如图 9-22 所示。

二、加油孔盖三维实体

单击"建模"面板中的"拉伸" 按钮，利用"拉伸"命令将加油孔盖零件图中带圆角的矩形和 5 个圆拉伸 2（注意将零件图中的主视图缩小 0.5 倍），利用"差集"命令在实体上挖出通孔，即可创建加油孔盖三维实体，如图 9-23 所示。

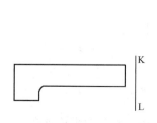

图 9-21　编辑压盖零件图　　　图 9-22　压盖三维实体　　　图 9-23　加油孔盖三维实体

9.4 通气器三维实体

通气器三维实体可以利用"旋转"命令将二维图形绕轴线旋转360°创建，本节的重点是介绍在三维实体表面创建网纹的方法。

<u>绘图步骤</u>

1. 编辑通气器零件图（注意将零件图中的主视图缩小0.25倍），得到如图9-24所示的图形，其中MN是挡圈的轴线，将该图中封闭的平面图形创建为面域后，单击"建模"面板中的"旋转"按钮，将面域绕轴线MN旋转360°，得到如图9-25所示的三维实体。

2. 单击"坐标"面板中的"Y"按钮，将坐标系绕Y轴旋转90°。

3. 利用"圆柱体"命令创建用于挖水平通孔的圆柱体，如图9-26所示。

命令:_cylinder　　　　　　　　　　　　　（单击"建模"面板中的"圆柱体"按钮）
指定底面的中心点或［三点(3P)/两点(2P)/切点、切点、半径(T)/椭圆(E)］:_from　　（单击"对象捕捉"面板中的"捕捉自"按钮）
基点:　　　　　　　　　　　　　　　　　（捕捉旋转后得到实体端面的圆心）
＜偏移＞:@0,12.5,-5✓　　　　　　　　　（输入圆柱体端面圆心相当于基点的坐标,按〈Enter〉键）
指定底面半径或［直径(D)］:1✓　　　　　（输入圆柱体半径,按〈Enter〉键）
指定高度或［两点(2P)/轴端点(A)］:10✓　（输入圆柱体高度,按〈Enter〉键）

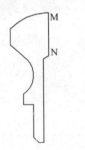

图9-24　编辑通气器零件图　　　　图9-25　旋转后得到的三维实体

4. 单击"实体编辑"面板中的"差集"按钮，将旋转后得到的实体与圆柱体做差集运算，挖出水平通孔，如图9-27所示。

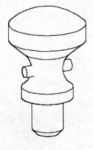

图9-26　创建圆柱体　　　　图9-27　挖出水平通孔

5. 单击"视觉样式"面板中的"隐藏"按钮，将三维实体显示为隐藏视觉样式。

6. 在命令行输入Z按〈Enter〉键，输入W按〈Enter〉键，利用"窗口缩放"命令将三维实体球面及大圆柱部分放大显示。

7. 利用"长方体"命令创建用于挖网纹槽的长方体，如图 9-28 所示。

> 命令:_box　　（单击"建模"面板中的"长方体"□按钮）
> 指定第一个角点或[中心(C)]:_from　　　（单击"对象捕捉"面板中的"捕捉自"「ᵣ按钮）
> 基点:　　（捕捉大圆柱上端面的圆心）
> <偏移>:@7,1,0↙　　（输入长方体角点相当于基点的坐标，按〈Enter〉键）
> 指定其他角点或[立方体(C)/长度(L)]:@1,-5,0.5↙　　　（输入相对角点的坐标，按〈Enter〉键）

8. 单击"修改"面板中的"复制"🔧按钮，在原处复制出另一个长方体。

9. 单击"绘图"面板中的"直线"✏按钮，在长方体外侧可见端面上绘制对角线，如图 9-29 所示。

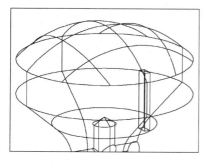

图 9-28　创建长方体

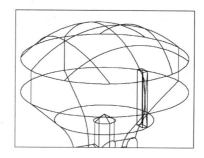

图 9-29　在长方体端面上绘制对角线

10. 利用"三维旋转"命令将长方体绕 X 轴旋转 20°。

> 命令:_3drotate　　　　（单击"修改"面板中的"三维旋转"⚙按钮）
> UCS 当前的正角方向: ANGDIR = 逆时针　ANGBASE = 0
> 选择对象:　　（单击长方体）
> 找到 1 个
> 选择对象:↙　　（按〈Enter〉键，结束选择旋转对象）
> 指定基点:　　（捕捉对角线的交点）
> 拾取旋转轴:　　（单击三维旋转图标中的红色坐标面，选择 X 轴为旋转轴）
> 指定角的起点或键入角度:20↙　　（输入旋转角度 20，按〈Enter〉键）

11. 重复"三维旋转"命令将复制的长方体绕 X 轴旋转 -20°。

12. 单击"修改"面板中的"删除"🧽按钮，将两条对角线删除，如图 9-30 所示。

13. 利用"剖切"命令剖切两个长方体。

> 命令:_slice　　（单击"实体编辑"面板中的"剖切"🔧按钮）
> 选择要剖切的对象:
> 找到 1 个
> 选择要剖切的对象:　　（分别单击两个长方体）
> 找到 1 个,总计 2 个
> 选择要剖切的对象:↙　　（按〈Enter〉键，结束选择剖切对象）

14. 重复"剖切"命令,用 ZX 平面剖切两个长方体,剖切平面通过大圆柱下端面圆心,剖切结果如图 9-31 所示。

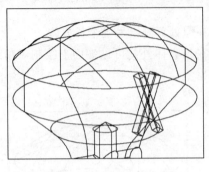

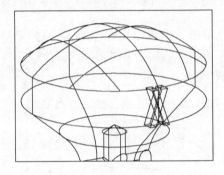

图 9-30　旋转两个长方体　　　　　　　图 9-31　剖切两个长方体

15. 利用"三维阵列"命令将两个长方体绕大圆柱轴线(即通气器的轴线)做环形阵列,如图 9-32 所示。

16. 在命令行输入 Z 按〈Enter〉键,输入 P 按〈Enter〉键,利用"缩放上一个"命令返回到上一个显示窗口,回到三维隐藏视觉样式,创建出通气器三维实体,如图 9-33 所示。

17. 单击"模型视口"面板中"视口配置"下拉菜单中的"两个:垂直"按钮,创建两个垂直视口。

18. 在绘图区空白处右击,在弹出的快捷菜单中选择"缩放"选项,利用"实时缩放"命令调整图形大小。

19. 在绘图区空白处右击,在弹出的快捷菜单中选择"平移"选项,利用"实时平移"命令调整图形位置。

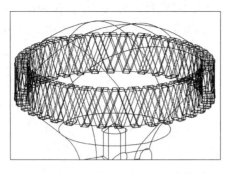

图9-32　将剖切后的长方体做环形阵列

图9-33　通气器三维实体

20. 将光标移到绘图区右上角的"视口立方体"ViewCube 图标上，移动鼠标使该图标旋转，调整观察方向。

21. 设置渲染目标、创建并应用新材质、创建纯白色渲染视图。

22. 单击"渲染"面板中的"渲染" 按钮，即可对一个视口中的通气器三维实体进行渲染。单击另一个视口，重复"渲染"命令，对该视口中的通气器三维实体进行渲染，如图9-34 所示。

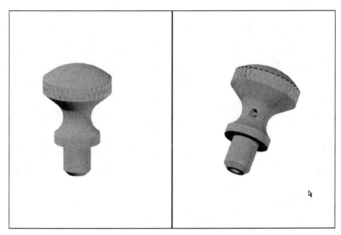

图9-34　在两个视口中渲染通气器三维实体

9.5　轴承盖三维实体

蜗轮减速箱中的轴承盖包括蜗杆轴右轴承盖、蜗杆轴左轴承盖、蜗轮轴前轴承盖、蜗轮轴后轴承盖和锥齿轮轴轴承盖，由于轴承盖是由旋转表面构成的立体，因此可以利用"旋转"命令创建轴承盖的三维实体。

绘图步骤

一、蜗杆轴右轴承盖三维实体

1. 编辑蜗杆轴右轴承盖零件图（注意将零件图中的主视图缩小 0.4 倍），得到如图9-35 所示的图形，其中 PQ 是蜗杆轴右轴承盖的轴线。

2. 单击"绘图"面板中的"面域" 按钮，将图9-35 中封闭的平面图形创建为面域。

3. 单击"建模"面板中的"旋转"  按钮，将面域绕轴线 PQ 旋转 360°。

4. 单击"视觉样式"面板中的"隐藏" 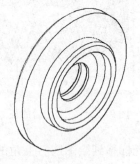 按钮，在"视图"面板中"视图"下拉列表中选择"东南等轴测"选项，显示结果如图 9-36 所示。

| 图 9-35 编辑蜗杆轴右轴承盖零件图 | 图 9-36 旋转后得到的三维实体 |

5. 单击"坐标"面板中的"Y" 按钮，将坐标系绕 Y 轴旋转 -90°。

6. 打开状态栏中的"对象捕捉"按钮和"对象捕捉追踪"按钮，利用"圆柱体"命令创建用于挖孔的圆柱体。

> 命令:_cylinder   （单击"建模"面板中的"圆柱" 按钮）
> 指定底面的中心点或 [三点(3P)/两点(2P)/切点、切点、半径(T)/椭圆(E)]:22 ✓   （将光标移到旋转后得到实体的大圆柱可见端面的圆心处，出现圆心捕捉标记后，向上移动光标，出现追踪轨迹后输入追踪距离 22，按〈Enter〉键）
> 指定底面半径或 [直径(D)]:2.25 ✓   （输入圆柱体半径，按〈Enter〉键）
> 指定高度或 [两点(2P)/轴端点(A)] <2.0000>:5 ✓   （输入圆柱体高度，按〈Enter〉键）

7. 利用"三维阵列"命令创建均匀分布、用于挖孔的圆柱体，如图 9-37 所示。

> 命令:3darray ✓   （在命令行输入 3darray 按〈Enter〉键）
> 正在初始化... 已加载 3DARRAY。
> 选择对象: （单击刚创建的圆柱体）
> 找到 1 个
> 选择对象:✓   （按〈Enter〉键，结束选择三维阵列对象）
> 输入阵列类型 [矩形(R)/环形(P)] <矩形>:P ✓   （输入 P 按〈Enter〉键，选择"环形"选项）
> 输入阵列中的项目数目:3 ✓   （输入阵列数量，按〈Enter〉键）
> 指定要填充的角度 (+=逆时针, -=顺时针) <360>:✓   （按〈Enter〉键，填充角度为 360°）
> 旋转阵列对象? [是(Y)/否(N)] <Y>:✓   （按〈Enter〉键，旋转阵列对象）
> 指定阵列的中心点: （捕捉旋转后得到实体的大圆柱可见端面的圆心）
> 指定旋转轴上的第二点: （捕捉旋转后得到实体的大圆柱不可见端面的圆心）

8. 单击"实体编辑"面板中的"差集" 按钮，在旋转后得到的三维实体上挖出 3 个均匀分布的通孔，即可得到蜗杆轴右轴承盖的三维实体，如图 9-38 所示。

9. 设置渲染目标、创建并应用新材质、创建纯白色渲染视图。

10. 单击"渲染"面板中的"渲染" 按钮，即可对蜗杆轴右轴承盖三维实体进行渲染，如图 9-39 所示。

248

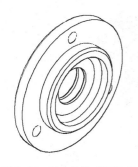  

图 9-37　创建并阵列圆柱体　　图 9-38　蜗杆轴右轴承盖三维实体　　图 9-39　渲染蜗杆轴右轴承盖三维实体

二、蜗杆轴左轴承盖三维实体

1. 创建蜗杆轴左轴承盖三维实体的过程与创建蜗杆轴右轴承盖三维实体类似。首先编辑蜗杆轴左轴承盖零件图（注意将零件图中的主视图缩小 0.4 倍），得到图 9-40 所示的图形，其中 RS 是蜗杆轴左轴承盖的轴线。将该图中封闭的平面图形创建为面域后，单击"建模"面板中的"旋转" 按钮，将面域绕轴线 RS 旋转 360°。然后创建用于挖通孔的圆柱体，并利用"三维阵列"命令阵列出 3 个均匀分布的圆柱体（有关尺寸同上）。利用"差集"命令在旋转后得到的实体上挖出 3 个通孔，如图 9-41 所示。

图 9-40　编辑蜗杆轴左轴承盖零件图　　　图 9-41　旋转后得到的三维实体

2. 利用"剖切"命令剖切三维实体即可创建出蜗杆轴左轴承盖三维实体，如图 9-42 所示。

命令：_slice　　　（单击"实体编辑"面板中的"剖切" 按钮）
选择要剖切的对象：　　　（单击三维实体）
找到 1 个
选择要剖切的对象：
指定 切面 的起点或 [平面对象(O)/曲面(S)/Z 轴(Z)/视图(V)/XY(XY)/YZ(YZ)/ZX(ZX)/
三点(3)] <三点 >:YZ↙　　　（输入 YZ 按〈Enter〉键）
指定 YZ 平面上的点 <0,0,0 >:_from　　　（单击"对象捕捉"面板中的"捕捉自" 按钮）
基点：　　　（捕捉三维实体端面的圆心）
<偏移 >:@ -23,0,0↙　　　（输入剖切面上的点相对于基点的坐标，按〈Enter〉键）
在所需的侧面上指定点或 [保留两个侧面(B)] <保留两个侧面 >:（捕捉三维实体端面的圆心）

3. 设置渲染目标、创建并应用新材质、创建纯白色渲染视图。

4. 单击"渲染"面板中的"渲染" 按钮，即可对蜗杆轴左轴承盖三维实体进行渲染，如图 9-43 所示。

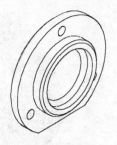

图 9-42　蜗杆轴左轴承盖三维实体　　　　图 9-43　渲染蜗杆轴左轴承盖三维实体

三、蜗轮轴前轴承盖三维实体

1. 创建蜗轮轴前轴承盖三维实体的过程与创建蜗杆轴右轴承盖三维实体类似。首先编辑蜗轮轴前轴承盖零件图（注意将零件图中的主视图缩小 0.4 倍），得到图 9-44 所示的图形，其中 TU 是蜗轮轴前轴承盖的轴线。将该图中封闭的平面图形创建为面域后，单击"建模"面板中的"旋转" 按钮，将面域绕轴线 TU 旋转 360°。然后创建用于挖通孔的圆柱体，并利用"三维阵列"命令阵列出 3 个均匀分布的圆柱体（有关尺寸同上）。利用"差集"命令在旋转后得到的实体上挖出 3 个通孔，如图 9-45 所示。

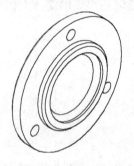

图 9-44　编辑蜗轮轴前轴承盖零件图　　　　图 9-45　旋转后得到的三维实体

2. 单击标题栏中的"打开" 按钮，打开保存的图形"螺栓三维实体. dwg"。

3. 按〈Ctrl + C〉键，将 M10 螺栓三维实体复制到剪贴板。

4. 在绘图区上方和功能区之间单击"蜗轮轴前轴承盖三维实体. dwg"选项卡，将该图形切换为当前图形。按〈Ctrl + V〉键，在适当位置单击，将复制到剪贴板的 M10 螺栓三维实体粘贴到当前图形中。

5. 单击"修改"面板中的"三维移动" 按钮，利用"三维移动"命令移动 M10 螺栓三维实体，使其轴线与旋转后得到的三维实体的轴线重合，如图 9-46 所示。

6. 单击"修改"面板中的"缩放" 按钮，将螺栓三维实体缩小 0.6 倍，缩放的基点为螺栓头部倒角圆的圆心，得到 M6 螺栓三维实体，如图 9-47 所示。

7. 单击"实体编辑"面板中的"差集" 按钮，将旋转后得到实体和 M6 螺栓实体做差集运算，即可创建出蜗轮轴前轴承盖三维实体，如图 9-48 所示。

8. 设置渲染目标、创建并应用新材质、创建纯白色渲染视图。

9. 单击"渲染"面板中的"渲染" 按钮，即可对蜗轮轴前轴承盖三维实体进行渲染，如图 9-49 所示。

250

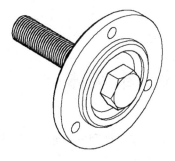

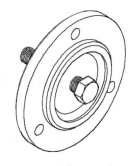

图 9-46　复制粘贴、移动螺栓三维实体　　　　图 9-47　缩放螺栓三维实体

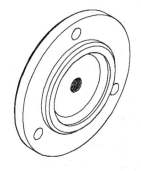

图 9-48　蜗轮轴前轴承盖三维实体　　　　图 9-49　渲染蜗轮轴前轴承盖三维实体

四、蜗轮轴后轴承盖三维实体

蜗轮轴后轴承盖三维实体如图 9-50 所示，请读者参照创建蜗杆轴右轴承盖三维实体的步骤完成。

五、锥齿轮轴轴承盖

锥齿轮轴轴承盖三维实体如图 9-51 所示，请读者参照创建蜗杆轴右轴承盖三维实体的步骤完成。

图 9-50　蜗轮轴后轴承盖三维实体　　　　图 9-51　锥齿轮轴轴承盖三维实体

第10章　常用零件三维实体

本章将创建蜗轮减速箱中典型零件三维实体，包括创建直齿圆柱齿轮三维实体、锥齿轮三维实体、蜗轮三维实体、带轮三维实体和螺塞三维实体。

10.1　直齿圆柱齿轮三维实体

圆柱齿轮零件图如图 10-1，本节将创建该直齿圆柱齿轮的三维实体。

该齿轮的模数 $m=1$，齿数 $z=40$，分度圆的直径 $d=mz=40$，齿顶圆的直径 $da=m(z+2)=42$，齿根圆直径 $d_f=m(z-2.5)=37.5$。

绘图步骤

一、创建直齿圆柱齿轮的轮齿三维实体

1. 单击标题栏中的"新建" 按钮，弹出"选择样板"对话框，在"打开"下拉列表中选择"无样板打开 – 公制（M）"选项，新建一个图形文件。

2. 单击标题栏中的"另存为" 按钮，或单击界面左上角的浏览器按钮，在弹出的菜单中选择"另存为"选项，将图形保存为"直齿圆柱齿轮三维实体 . dwg"。

3. 单击"图层"面板中的"图层特性管理器" 按钮，在弹出的"图层特性管理器"对话框中创建"轮廓线"层。

4. 将"轮廓线"层设置为当前层，打开状态栏中的"对象捕捉"按钮。

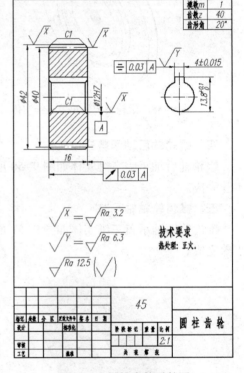

图 10-1　圆柱齿轮零件图

5. 单击"绘图"面板中的"圆" 按钮，绘制 3 个同心圆，$\phi42$、$\phi40$ 和 $\phi37.5$，这 3 个圆分别是齿顶圆、分度圆和齿根圆。

6. 单击"绘图"面板中的"直线" 按钮，利用"直线"命令过同心圆的圆心 O 和 $\phi42$ 的圆的上象限点 A 绘制一条辅助线 OA，如图 10-2 所示。

7. 单击"修改"面板中的"阵列"下拉面板中的"环形阵列" 按钮，利用"环形阵列"命令将 OA 做环形阵列。

```
命令:_arraypolar
选择对象:找到 1 个      （单击直线 OA）
```

选择对象:↙   (按〈Enter〉键,结束选择阵列对象)

类型=极轴   关联=是

指定阵列的中心点或[基点(B)/旋转轴(A)]:   (在绘图区捕捉同心圆的圆心O)

选择夹点以编辑阵列或[关联(AS)/基点(B)/项目(I)/项目间角度(A)/填充角度(F)/行(ROW)/层(L)/旋转项目(ROT)/退出(X)]<退出>:I↙   (输入I按〈Enter〉键,选择"项目"选项)

输入阵列中的项目数或[表达式(E)]<6>:320↙   (输入项目数320,按〈Enter〉键。项目数为齿数的8倍,这种作图方法的依据是标准齿轮的齿厚等于槽宽)

选择夹点以编辑阵列或[关联(AS)/基点(B)/项目(I)/项目间角度(A)/填充角度(F)/行(ROW)/层(L)/旋转项目(ROT)/退出(X)]<退出>:↙(按〈Enter〉键,结束"环形阵列"命令)

8. 在命令行输入 Z 按〈Enter〉键,输入 W 按〈Enter〉键,利用"窗口缩放"命令将同心圆上象限点处的图形放大显示。

9. 单击"绘图"面板中的"样条曲线"∿按钮,过交点 B、C、D 绘制一条样条曲线,过交点 E、F、G 绘制另一条样条曲线,如图 10-3 所示。

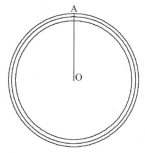

图 10-2　绘制同心圆和辅助线

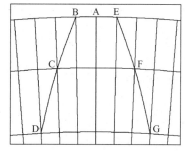

图 10-3　利用样条曲线绘制齿廓

10. 单击"修改"面板中的"修剪"‐/‐按钮,修剪 ϕ42 的圆和 ϕ37.5 的圆,即齿顶圆和齿根圆。

11. 单击"修改"面板中的"删除"✐按钮,将 ϕ40 的圆即分度圆和所有直线删除,得到齿形的轮廓线。

12. 单击"坐标"面板中的∠按钮,将坐标系的原点移到圆弧的圆心处,如图 10-4 所示。

13. 单击"绘图"面板中的"面域"◙按钮,将由两条样条曲线和两条圆弧组成的封闭图形创建为面域。

14. 单击"建模"面板中的"拉伸"▣按钮,将面域拉伸为轮齿。

命令:_extrude   (单击"建模"面板中的▣按钮,启动"拉伸"命令)

当前线框密度:　ISOLINES=4

选择要拉伸的对象: (单击面域)

找到 1 个

选择要拉伸的对象:↙   (按〈Enter〉键,结束选择要拉伸的对象)

指定拉伸的高度或[方向(D)/路径(P)/倾斜角(T)]:16↙(输入拉伸的高度16,按〈Enter〉键)

15. 将光标移到绘图区右上角的"视口立方体"ViewCube 图标上,移动鼠标使该图标旋转,调整观察方向。

16. 单击"视觉样式"面板中的"隐藏"⬡按钮,显示结果如图 10-5 所示。

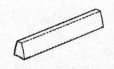

图 10-4　修剪出齿廓后移动坐标系

图 10-5　拉伸后调整观察方向

17. 在命令行输入 Z 按〈Enter〉键，输入 W 按〈Enter〉键，利用"窗口缩放"命令将轮齿放大显示，如图 10-6 所示。

18. 利用"倒角"命令在轮齿的两端倒角，如图 10-7 所示。

命令:_chamfer　　　（单击"修改"面板中的"倒角"◯按钮）
（"修剪"模式）当前倒角距离 1 = 1.0000,距离 2 = 1.0000
选择第一条直线或［放弃(U)/多段线(P)/距离(D)/角度(A)/修剪(T)/方式(E)/多个(M)］:
　　（单击轮齿的齿顶在端面上的轮廓线 HI）
基面选择...
输入曲面选择选项［下一个(N)/当前(OK)］< 当前 OK >:✓　（按〈Enter〉键,选择"当前"选项）
指定 基面 倒角距离或［表达式(E)］< 1.0000 >:1✓　（输入基面的倒角距离 1,按〈Enter〉键）
指定 其他曲面 倒角距离或［表达式(E)］< 1.0000 >:✓（按〈Enter〉键,其他基面的倒角距离也为 1）
选择边或［环(L)］:　　（再次单击该轮齿的齿顶在端面上的轮廓线 HI）
选择边或［环(L)］:　　（单击该轮齿的齿顶在另一个端面上的轮廓线 JK）
选择边或［环(L)］:✓　（按〈Enter〉键,结束"倒角"命令）

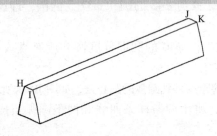

图 10-6　放大显示轮齿

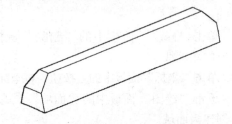

图 10-7　做轮齿的倒角

19. 在命令行输入 Z 按〈Enter〉键，输入 P 按〈Enter〉键，利用"缩放上一个"命令返回到上一个显示窗口。

20. 利用"三维阵列"命令将轮齿做环形阵列，得到直齿圆柱齿轮的轮齿三维实体，如图 10-8 所示。

命令:3darray✓　　（在命令行输入 3darray,按〈Enter〉键）
选择对象:　　　　（单击轮齿实体）
找到 1 个
选择对象:✓（按〈Enter〉键,结束选择三维阵列对象）
输入阵列类型［矩形(R)/环形(P)］< 矩形 >:P:✓　　　　（输入 P 按〈Enter〉键）

二、创建直齿圆柱齿轮三维实体

1. 利用"圆柱体"命令创建底面直径为 37.5 的圆柱体。

命令:_cylinder　　　（单击"建模"面板中的 ▯ 按钮）
指定底面的中心点或 [三点(3P)/两点(2P)/切点、切点、半径(T)/椭圆(E)]:0,0,0 ✓　　　（输入底面中心点的坐标,按〈Enter〉键,即以坐标原点为底面中心）
指定底面半径或 [直径(D)]:D ✓　　　（输入 D 按〈Enter〉键,选择"直径"选项）
指定直径:37.5 ✓　　　（输入直径,按〈Enter〉键）
指定高度或 [两点(2P)/轴端点(A)]<16.0000>:16 ✓　　　（输入高度,按〈Enter〉键）

2. 重复"圆柱体"命令,以坐标原点为底面中心,创建底面直径为 12 的圆柱体,如图 10-9 所示。

　　　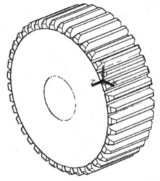

图 10-8　直齿圆柱齿轮的轮齿三维实体　　　图 10-9　创建圆柱体

3. 单击"实体编辑"面板中的"并集" ⊚ 按钮,将轮齿三维实体与底面直径为 37.5 的圆柱体合并。

4. 单击"实体编辑"面板中的"差集" ⊚ 按钮,将合并后的三维实体与底面直径为 12 的圆柱体做差集运算,在齿轮实体上挖出通孔,如图 10-10 所示。

5. 单击"修改"面板中的"倒角" ◣ 按钮,在通孔的两端创建倒角,倒角距离为 1,如图 10-11 所示。

6. 利用"长方体"命令创建挖键槽的长方体,如图 10-12 所示。

命令:_box　　　（单击"建模"面板中的"长方体"▯ 按钮）
指定第一个角点或 [中心(C)]:　　　（在适当位置单击指定第一角点的位置）
指定其他角点或 [立方体(C)/长度(L)]:@4,7.8,16 ✓　　　（输入相对角点的坐标,按〈Enter〉键）

7. 单击"修改"面板中的"三维移动" ⊕ 按钮,将长方体和齿轮三维实体移到一起,如图 10-13 所示。移动的基点为长方体的棱边 LM 的中点,第二点为齿轮三维实体可见端面的圆心。

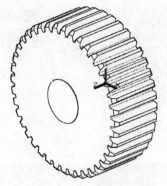

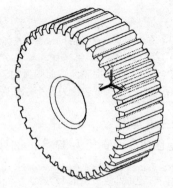

图 10-10　合并实体后挖通孔　　　　图 10-11　创建通孔倒角　　　图 10-12　创建长方体

8. 单击"实体编辑"面板中的"差集" 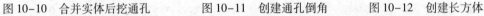按钮，从齿轮三维实体中减去长方体，挖出键槽，如图 10-14 所示。

9. 设置渲染目标、创建并应用新材质、创建纯白色渲染视图。

10. 单击"渲染"面板中的"渲染" 按钮，即可对直齿圆柱齿轮三维实体进行渲染，如图 10-15 所示。

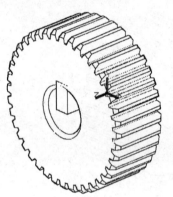

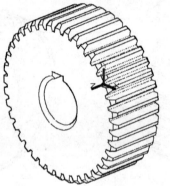

图 10-13　移动长方体　　　　　图 10-14　挖出键槽　　　　图 10-15　直齿圆柱齿轮三维实体

11. 单击标题栏中的"保存" 按钮，保存创建的三维实体。

完成创建直齿圆柱齿轮的三维实体。

10.2　锥齿轮三维实体

锥齿轮零件图见第 5 章图 5-38，本节将创建该锥齿轮的三维实体。

该齿轮的模数 $m = 2$，齿数 $z = 30$，分锥角 $\delta = 55°$，分度圆的直径 $d = mz = 60$，齿顶圆的直径 $da = m(z + 2\cos\delta) = 62.2943$，齿根圆直径 $d_f = m(z - 2.4\ \cos\delta) = 57.2468$。

绘图步骤

1. 单击标题栏中的"新建" 按钮，弹出"选择样板"对话框，在"打开"下拉列表中选择"无样板打开 - 公制（M）"选项，新建一个图形文件。

2. 单击"图层"面板中"图层特性管理器" 按钮，在弹出的"图层特性管理器"对话框中创建"轮廓线"层。

256

3. 打开状态栏中的"正交" └ 按钮和"对象捕捉" 🔲 按钮,将"轮廓线"层设置为当前层,单击"绘图"面板中的"圆" ⊙ 按钮,绘制 3 个同心圆,$\phi62.2943$、$\phi60$ 和 $\phi57.2468$,这 3 个圆分别是齿顶圆、分度圆和齿根圆。

4. 单击"绘图"面板中的"直线" ╱ 按钮,过同心圆的圆心 O 和 $\phi62.2943$ 的圆的上象限点 A 绘制一条辅助线 OA,如图 10-16 所示。

5. 单击"修改"面板中的"阵列"下拉面板中的"环形阵列" 🔧 按钮,利用"环形阵列"命令将 OA 做环形阵列。

```
命令:_arraypolar
选择对象:找到 1 个　(单击直线 OA)
选择对象:↙　　(按〈Enter〉键,结束选择阵列对象)
类型 = 极轴　关联 = 是
指定阵列的中心点或[基点(B)/旋转轴(A)]:　(在绘图区捕捉同心圆的圆心 O)
选择夹点以编辑阵列或[关联(AS)/基点(B)/项目(I)/项目间角度(A)/填充角度(F)/行(ROW)/层
(L)/旋转项目(ROT)/退出(X)]<退出>:I↙　　(输入 I 按〈Enter〉键,选择"项目"选项)
输入阵列中的项目数或[表达式(E)]<6>:240↙(输入项目数 240,按〈Enter〉键。项目数为齿
数的 8 倍)
选择夹点以编辑阵列或[关联(AS)/基点(B)/项目(I)/项目间角度(A)/填充角度(F)/行
(ROW)/层(L)/旋转项目(ROT)/退出(X)]<退出>:↙　　(按〈Enter〉键,结束"环形阵列"命令)
```

6. 在命令行输入 Z 按〈Enter〉键,输入 W 按〈Enter〉键,利用"窗口缩放"命令将同心圆上象限点处的图形放大显示。

7. 单击"绘图"面板中的"样条曲线" ∿ 按钮,过交点 B、C、D 绘制一条样条曲线,过交点 E、F、G 绘制另一条样条曲线,如图 10-17 所示。

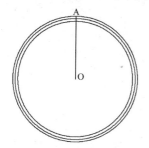

图 10-16　绘制同心圆和辅助线

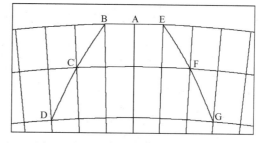

图 10-17　利用样条曲线近似绘制齿廓

8. 单击"修改"面板中的"修剪" ⸾ 按钮,修剪 3 个圆。

9. 单击"修改"面板中的"删除" ✐ 按钮,将所有直线删除,得到齿形的轮廓线 BC-DGFE,如图 10-18 所示。

10. 将光标移到绘图区右上角的"视口立方体"ViewCube 图标上,移动鼠标使该图标旋转,调整观察方向。

11. 单击"绘图"面板中的"直线" ╱ 按钮,过圆弧 CF 的中点 H 绘制与 Z 轴平行的直线 HI,长度为 11,如图 10-19 所示。

12. 单击"修改"面板中的"删除" ✐ 按钮,将圆弧 CF 删除。

13. 单击"绘图"面板中的"面域" ◎ 按钮,将由两条样条曲线和两条圆弧组成的封闭图形创建为面域。

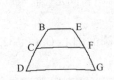

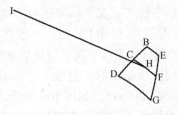

图 10-18　修剪出齿廓　　　　图 10-19　调整观察方向、绘制直线

14. 单击"坐标"面板中的"旋转"⤴按钮，将坐标系绕 Y 轴旋转 90°。

15. 单击"修改"面板中的"旋转"↻按钮，将面域和直线 HI 绕基点 H 旋转 55°，如图 10-20 所示。

16. 利用"拉伸"命令拉伸面域，如图 10-21 所示。

命令:_extrude　　　　　　　（单击"建模"面板中的"拉伸"⬆按钮）
当前线框密度：　ISOLINES = 4
选择要拉伸的对象：　（单击面域）
找到 1 个
选择要拉伸的对象:↙　（按〈Enter〉键，结束选择要拉伸的对象）
指定拉伸的高度或［方向(D)/路径(P)/倾斜角(T)］:T↙（输入 T 按〈Enter〉键，选择"倾斜角"选项）
指定拉伸的倾斜角度 <0＞:2↙　　　（输入拉伸的倾斜角度 2，按〈Enter〉键）
指定拉伸的高度或［方向(D)/路径(P)/倾斜角(T)］:P↙　（输入 P 按〈Enter〉键，选择"路径"选项）
选择拉伸路径：　（单击直线）

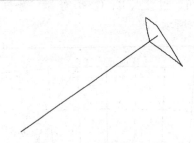

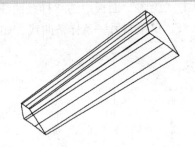

图 10-20　旋转面域和直线　　　　图 10-21　拉伸面域

17. 单击"绘图"面板中的"直线"╱按钮，依次连接拉伸后得到的三维实体的两个端面中 4 条圆弧的中点 JKLMJ，过 J 点绘制与 Y 轴平行的直线 JN，长度为齿顶圆的半径 31.1472，如图 10-22 所示。

18. 单击"修改"面板中的"三维移动"⊕按钮，将拉伸后得到的三维实体竖直向上移动。

19. 在"视图"面板的视图下拉列表中选择"前视"选项，显示出与 XY 平面平行的图形，如图 10-23 所示。

20. 单击"修改"面板中的"偏移"⬳按钮，向右偏移直线 JN，偏移的距离为 10.64，得到直线 PQ。利用"偏移"命令向左偏移直线 PQ，偏移距离分别为 4，得到直线 RS。

21. 单击"绘图"面板中的"直线"╱按钮，利用"直线"命令连接端点 NQ。

22. 利用"偏移"命令向上偏移直线 NQ，偏移距离分别为 11 和 17。

23. 单击"修改"面板中的"延伸"⌐╱按钮，将直线 ML 和 JK 分别延伸到直线 JN 和 RS 上，交点分别为 T 和 U，如图 10-24 所示。

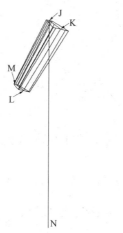

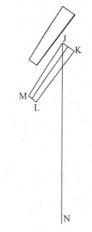

图 10-22　绘制直线　　　　　　　　图 10-23　显示平面视图

24. 单击"修改"面板中的"复制" 按钮，复制直线 MT、JN、JU、RS 和 NQ，得到直线 M_1T_1、J_1N_1、J_1U_1、R_1S_1 和 N_1Q_1，如图 10-25 所示。

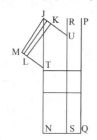
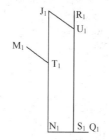

图 10-24　偏移、延伸直线　　　　　　图 10-25　复制直线

25. 单击"修改"面板中的"修剪" 按钮和"删除" 按钮，修剪、删除图 10-24 中的线条。

26. 单击"修改"面板中的"倒角" 按钮，在图 10-24 中绘制 3 个倒角，倒角距离为 1，如图 10-26 所示。图中直线 KL 的倾斜角度比锥齿轮的齿根角大，需要修改。

27. 单击"修改"面板中的"删除" 按钮，将直线 KL 删除。

28. 单击"修改"面板中的"拉长" 按钮，输入 de 按〈Enter〉键，利用"拉长"命令中的"增量"选项，将直线 TL 延长 0.3，得到新的端点 L_1。

29. 单击"绘图"面板中的"直线" 按钮，利用"直线"命令连接端点 KL_1，如图 10-27 所示。KL_1 的倾斜角度为 51°26′，与锥齿轮的齿根线的倾斜角度极其接近。

30. 单击"绘图"面板中的"面域" 按钮，将图 10-27 中的封闭图形创建为面域。

31. 单击"建模"面板中的"旋转" 按钮，将面域绕直线 NS 旋转 360°，得到锥齿轮的齿根圆锥体（包括右侧凸台和内孔），如图 10-28 所示。

32. 单击"修改"面板中的"删除" 按钮，将直线 NS 删除。

33. 单击"修改"面板中的"偏移" 按钮，在图 10-25 中向右上方偏移直线 M_1T_1，偏移距离为 1，如图 10-29 所示。

34. 单击"修改"面板中的"修剪" 按钮，修剪偏移出来的直线 M_1T_1，得到直线 M_2V_2。

35. 单击"修改"面板中的"删除" 按钮，将直线 M_1T_1 删除。

259

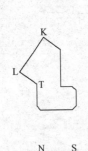

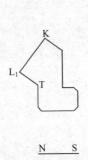

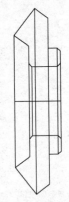

图 10-26　修剪、删除直线后绘制倒角　　　图 10-27　拉长直线、绘制直线　　　图 10-28　齿根圆锥体

36. 单击"绘图"面板中的"直线" ╱ 按钮，连接端点 J_1R_1。利用"直线"命令过端点 M_2 连续绘制水平线 M_2M_3（长度为1）、竖直线 M_3T_2、水平线 T_2N_2 和竖直线 N_2V_2，T_2 是 M_3T_2 与直线 Q_1N_1 延长线的交点，如图 10-30 所示。

37. 单击"修改"面板中的"修剪" ╱╱ 按钮，修剪出如图 10-31 所示的图形。

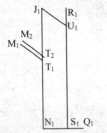

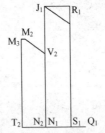

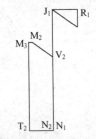

图 10-29　偏移、延伸直线　　　　图 10-30　绘制直线　　　　图 10-31　修剪直线

38. 单击"绘图"面板中的"面域" ▣ 按钮，将图 10-31 中两个封闭图形创建为面域。

39. 单击"建模"面板中的"旋转" ⬚ 按钮，将两个面域绕直线 T_2N_2 旋转 360°，得到锥齿轮两个端面圆锥体，如图 10-32 所示。

40. 在命令行输入 Z 按〈Enter〉键，输入 P 按〈Enter〉键，利用"缩放上一个"命令返回到上一个显示窗口，如图 10-33 所示。

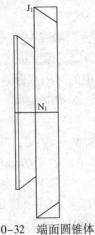

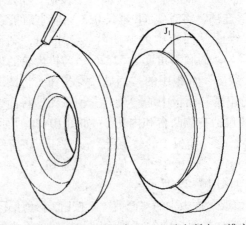

图 10-32　端面圆锥体　　　　图 10-33　回到三维显示窗口，显示出所有三维实体

41. 单击"修改"面板中的"三维移动"⊕按钮，将齿根圆锥体和轮齿三维实体移到一起，如图 10-34 所示。移动的基点为齿根圆锥体大端面的上象限点，第二点的轮齿三维实体中齿根圆弧的中点。

42. 利用"三维阵列"命令，将轮齿绕齿根圆锥体的轴线做环形阵列，阵列数量为 30。

43. 单击"实体编辑"面板中的"并集"⑩按钮，将阵列出来的轮齿三维实体和齿根圆锥体合并，如图 10-35 所示。

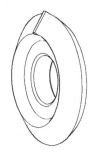 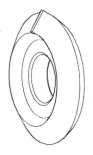

图 10-34　移动三维实体　　图 10-35　三维阵列后合并实体

44. 单击"修改"面板中的"三维移动"⊕按钮，将两个端面圆锥体与合并后的三维实体移到一起，如图 10-36 所示。移动的基点为端点 J_1，第二点为最高轮齿（原始轮齿）的齿顶圆弧的中点。

45. 单击"实体编辑"面板中的"差集"⑩按钮，将合并后的三维实体中与两个端面圆锥体做差集运算，得到齿轮三维实体，如图 10-37 所示。

图 10-36　移动三维实体　　　图 10-37　差集运算结果

46. 利用"长方体"命令创建挖键槽的长方体，如图 10-38 所示。

命令:_box　（单击"建模"面板中的"长方体"▢按钮）
指定第一个角点或[中心(C)]:　（在适当位置单击指定第一角点的位置）
指定其他角点或[立方体(C)/长度(L)]:@15,13.8,6✓（输入相对角点的坐标,按〈Enter〉键）

47. 单击"修改"面板中的"三维移动"⊕按钮，将长方体与齿轮三维实体移到一起，如图 10-39 所示。移动的基点为长方体的棱边 AB 的中点，第二点为齿轮可见端面上同心圆的圆心。

48. 单击"实体编辑"面板中的"差集"⑩按钮，从齿轮三维实体中减去长方体，挖出键槽，得到锥齿轮三维实体，如图 10-40 所示。

A B

图 10-38　创建长方体

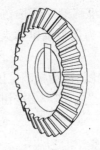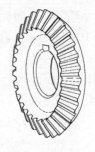

图 10-39　移动长方体　　图 10-40　挖出键槽

49. 单击"模型视口"面板中"视口配置"下拉菜单中的"两个：垂直"按钮，创建两个垂直视口。

50. 在绘图区空白处右击，在弹出的快捷菜单中选择"缩放"选项，利用"实时缩放"命令调整图形大小。

51. 在绘图区空白处右击，在弹出的快捷菜单中选择"平移"选项，利用"实时平移"命令调整图形位置。

52. 将光标移到绘图区右上角的"视口立方体"ViewCube 图标上，移动鼠标使该图标旋转，调整观察方向。

53. 设置渲染目标、创建并应用新材质、创建纯白色渲染视图。

54. 单击"渲染"面板中的"渲染" 按钮，对两个视口中的锥齿轮三维实体进行渲染，如图 10-41 所示。

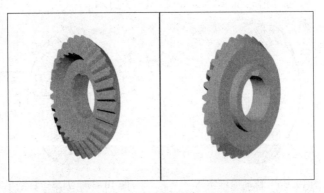

图 10-41　渲染锥齿轮三维实体

55. 单击标题栏中的"保存" 按钮，保存创建的三维实体。

完成创建锥齿轮的三维实体。

10.3　蜗轮三维实体

蜗轮零件图见第 5 章图 5-69，本节将创建该蜗轮的三维实体。

该蜗轮的模数 $m = 2$，齿数 $z = 26$，分度圆的直径 $d = mz = 52$，齿顶圆的直径 $da = m(z + 2) = 56$，齿根圆直径 $d_f = m(z - 2.4) = 47.6$。该蜗轮的配偶蜗杆的导程 $\gamma = 4°5'8''$，蜗轮螺旋线的导程 $H = \pi d \tan(90 - \gamma) = 3.14 \times 52 \times \tan 85°54'52'' = 2285.95\ 44$。

262

绘图步骤

一、创建蜗轮的轮齿三维实体

1. 单击标题栏中的"新建" 按钮，弹出"选择样板"对话框，在"打开"下拉列表中选择"无样板打开 – 公制（M）"选项，新建一个图形文件。

2. 单击标题栏中的"另存为" 按钮，或单击界面左上角的浏览器按钮，在弹出的菜单中选择"另存为"选项，将图形保存为"蜗轮三维实体 . dwg"。

3. 单击"图层"面板中"图层特性管理器" 按钮，在"图层特性管理器"对话框中创建"轮廓线"层，单击"确定"按钮。

4. 将"轮廓线"层设置为当前层，利用"螺旋"命令绘制螺旋线。

> 命令:_Helix　　（单击"建模"面板中的"螺旋" 按钮）
> 圈数 = 3.0000　　扭曲 = CCW
> 指定底面的中心点：（在适当位置单击）
> 指定底面半径或［直径(D)］< 1.0000 >:26✓　（输入螺旋底面半径26,按〈Enter〉键）
> 指定顶面半径或［直径(D)］< 26.0000 >:✓　（按〈Enter〉键,顶面和底面的半径相同）
> 指定螺旋高度或［轴端点(A)/圈数(T)/圈高(H)/扭曲(W)］< 1.0000 >:H✓　（输入 H 按〈Enter〉键,选择"圈高"选项）
> 指定圈间距 < 0.2500 >:2285.9544✓　（输入圈间距2285.9544,按〈Enter〉键）
> 指定螺旋高度或［轴端点(A)/圈数(T)/圈高(H)/扭曲(W)］< 1.0000 >:40✓　（输入螺旋高度40,按〈Enter〉键）

5. 在命令行输入 Z 按〈Enter〉键，输入 W 按〈Enter〉键，利用"窗口缩放"命令，将图形放大显示。

6. 将光标移到绘图区右上角的"视口立方体"ViewCube 图标上，移动鼠标使该图标旋转，调整观察方向。

7. 打开状态栏中的"正交" 按钮和"对象捕捉" 按钮，单击"坐标"面板中的"原点" 按钮，将坐标系的原点移到螺旋线的底面圆心处。

图 10-42　绘制螺旋线

8. 单击"坐标"面板中的"三点" 按钮，调整坐标系的方向，使螺旋线的起点处在 X 轴上，如图 10-42 所示。

> 命令:_ucs
> 当前 UCS 名称:∗没有名称∗
> 指定 UCS 的原点或［面(F)/命名(NA)/对象(OB)/上一个(P)/视图(V)/世界(W)/X/Y/Z/Z 轴(ZA)］<世界 >:_3
> 指定新原点 <0,0,0 >：（捕捉螺旋线的圆心）
> 在正 X 轴范围上指定点 < 1.0000,0.0000,0.0000 >：（捕捉螺旋线的起点）
> 在 UCS XY 平面的正 Y 轴范围上指定点 < – 0.7538,0.6753,0.0000 >：（在 Y 轴的正方向任意位置单击）

9. 单击"坐标"面板中的"Y" 按钮，将坐标系绕 Y 轴旋转 – 90°。

10. 单击"坐标"面板中的"X" 按钮，将坐标系绕 X 轴旋转 – 90°。

11. 在"视图"面板中的视图下拉菜单中选择"前视"选项，在绘图区空白处右击，在弹出的快捷菜单中选择"缩放"选项，利用"实时缩放"命令将图形显示适当缩小。

12. 单击"绘图"面板中的"圆" ⊙按钮，绘制3个同心圆φ47.6、φ52和φ56，这三个圆分别是齿根圆、分度圆和齿顶圆。

13. 单击"绘图"面板中的"直线" ╱按钮，过同心圆的圆心O和φ56的圆的上象限点A绘制一条辅助线OA，如图10-43所示。

14. 单击"修改"面板中的"阵列"下拉面板中的"环形阵列" ❖按钮，利用"环形阵列"命令将OA做环形阵列。

命令:_arraypolar
选择对象:找到1个　　（单击直线OA）
选择对象:✓　　（按〈Enter〉键，结束选择阵列对象）
类型＝极轴　关联＝是
指定阵列的中心点或[基点(B)/旋转轴(A)]:　　（在绘图区捕捉同心圆的圆心O）
选择夹点以编辑阵列或[关联(AS)/基点(B)/项目(I)/项目间角度(A)/填充角度(F)/行(ROW)/层(L)/旋转项目(ROT)/退出(X)]<退出>:I✓（输入I按〈Enter〉键，选择"项目"选项）
输入阵列中的项目数或[表达式(E)]<6>:416✓（输入项目数416，按〈Enter〉键。项目数为齿数的16倍）
选择夹点以编辑阵列或[关联(AS)/基点(B)/项目(I)/项目间角度(A)/填充角度(F)/行(ROW)/层(L)/旋转项目(ROT)/退出(X)]<退出>:✓（按〈Enter〉键，结束"环形阵列"命令）

15. 在命令行输入Z按〈Enter〉键，输入W按〈Enter〉键，利用"窗口缩放"命令将同心圆上象限点A处的图形放大显示。

16. 单击"绘图"面板中的"样条曲线" ∿按钮，过交点B、C、D绘制一条样条曲线，过交点E、F、G绘制另一条样条曲线，如图10-44所示。

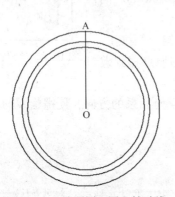

图10-43　绘图同心圆和辅助线

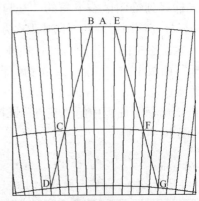

图10-44　环形阵列后绘制样条曲线

17. 单击"修改"面板中的"修剪" ╪按钮，修剪3个同心圆。

18. 单击"修改"面板中的"删除" ✐按钮，将所有直线删除，得到一个齿形轮廓线，如图10-45所示。

19. 在命令行输入Z按〈Enter〉键，输入P按〈Enter〉键。再在命令行输入Z按〈Enter〉键，输入P按〈Enter〉键，返回显示平面视图前的窗口，如图10-46所示。

20. 单击"修改"面板中的"三维移动" ⊕按钮，移动平面图形BCDGFE，移动的基点为圆弧CF的中点，第二点为螺旋线的起点。

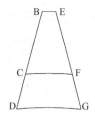

图 10-45　修剪出齿形轮廓线

图 10-46　返回显示平面视图前的窗口

21. 单击 "修改" 面板中的 "删除" 按钮，将圆弧 CF 删除，如图 10-47 所示。

22. 单击 "绘图" 面板中的 "面域" 按钮，利用 "面域" 命令将平面图形 BDGE 创建为面域。

23. 双击 "坐标" 面板中的 "上一个" 按钮，返回绘制螺旋线时的坐标系。

24. 单击 "建模" 面板中的 "扫掠" 按钮，将面域沿螺旋线扫掠为单个轮齿的三维实体，如图 10-48 所示。

图 10-47　将齿形轮廓线移动螺旋线起点处　　　图 10-48　单个轮齿三维实体

25. 利用 "三维阵列" 命令将扫掠出来的三维实体绕 Z 轴做环形阵列，结果如图 10-49 所示。

```
命令:3darray ↙ （在命令行输入 3darray，按〈Enter〉键）
选择对象：　（单击扫掠齿轮的三维实体）
找到 1 个
选择对象:↙　（按〈Enter〉键，结束选择三维阵列对象）
输入阵列类型［矩形(R)/环形(P)］<矩形>:P:↙　（输入 P 按〈Enter〉键）
输入阵列中的项目数目:26↙　（输入阵列项目数目即齿数 26，按〈Enter〉键）
指定要填充的角度（ + = 逆时针, - = 顺时针）<360>:↙　（按〈Enter〉键，填充角度为 360°）
旋转阵列对象?［是(Y)/否(N)］<Y>:↙　（按〈Enter〉键，旋转阵列对象）
指定阵列的中心点:0,0,0↙　（输入阵列中心点的坐标，按〈Enter〉键）
指定旋转轴上的第二点:0,0,10↙（输入旋转轴上第二点的坐标,按〈Enter〉键,即以 Z 轴为旋转
轴线）
```

26. 单击 "视觉样式" 面板中的 "隐藏" 按钮，显示结果如图 10-50 所示。

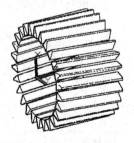

图 10-49　阵列出轮齿三维实体　　　　　图 10-50　显示为三维隐藏视觉样式

27. 利用"剖切"命令将阵列出来的三维实体的两端切平，如图 10-51 所示。

命令:_slice　（单击"实体编辑"面板中的"剖切"按钮）
选择要剖切的对象:
指定对角点:　（用拾取框包围阵列出来的三维实体）
找到 30 个
选择要剖切的对象:↙　（按〈Enter〉键,结束选择要剖切的对象）
指定 切面 的起点或[平面对象(O)/曲面(S)/Z 轴(Z)/视图(V)/XY/YZ/ZX/三点(3)]<三点>:XY↙　　（输入"XY",按〈Enter〉键）
指定 XY 平面上的点 <0,0,0>:0,0,10↙　　（输入剖切平面上的点的坐标,按〈Enter〉键）
在所需的侧面上指定点或[保留两个侧面(B)]<保留两个侧面>:　　（在剖切平面的右侧捕捉三维实体的特殊点）

命令:_slice（单击"实体编辑"面板中的"剖切"按钮）
选择要剖切的对象:
指定对角点:　（用拾取框包围经过一次剖切后三维实体）
找到 30 个
选择要剖切的对象:↙　（按〈Enter〉键,结束选择要剖切的对象）
指定 切面 的起点或[平面对象(O)/曲面(S)/Z 轴(Z)/视图(V)/XY/YZ/ZX/三点(3)]<三点>:XY↙　　（输入 XY 按〈Enter〉键）
指定 XY 平面上的点 <0,0,0>:0,0,30↙　　（输入剖切平面上的点的坐标,按〈Enter〉键）
在所需的侧面上指定点或[保留两个侧面(B)]<保留两个侧面>:　　（在剖切平面的左侧捕捉三维实体上的特殊点）

28. 单击"实体编辑"面板中的"并集"按钮，将三维实体合并。

29. 利用"圆环体"命令创建齿顶圆环三维实体，如图 10-52 所示。

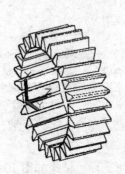
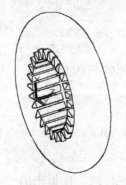

图 10-51　齿形两端切平　　　　　图 10-52　创建圆环体

命令:_torus　　（单击"建模"面板中的"圆环体"按钮）
指定中心点或[三点(3P)/两点(2P)/相切、相切、半径(T)]:0,0,20↙　　（输入圆环中心的坐标,按〈Enter〉键）
指定半径或[直径(D)]:40↙　　（输入圆环半径40,按〈Enter〉键）
指定圆管半径或[两点(2P)/直径(D)]:12↙　　（输入圆管半径12,按〈Enter〉键）

30. 单击"实体编辑"面板中的"差集"按钮，将合并的轮齿三维实体与圆环做差集运算，得到蜗轮的轮齿三维实体，如图 10-53 所示。

二、创建蜗轮三维实体

1. 单击"坐标"面板中的"Y" 按钮，将坐标系绕 Y 轴旋转 -90°。

2. 单击"坐标"面板中的"X" 按钮，将坐标系绕 X 轴旋转 -90°。

3. 单击标题栏中的"打开" 按钮，打开图形文件"蜗轮 .dwg"，并关闭"标注"层、"点画线"层和"细实线"层。

4. 按〈Ctrl + C〉键，将蜗轮主视图中的下半部分图形复制到剪贴板。

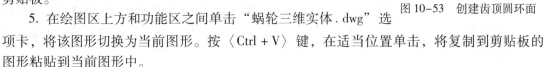

图 10-53 创建齿顶圆环面

5. 在绘图区上方和功能区之间单击"蜗轮三维实体 .dwg"选项卡，将该图形切换为当前图形。按〈Ctrl + V〉键，在适当位置单击，将复制到剪贴板的图形粘贴到当前图形中。

6. 单击"图层"面板中的"匹配" 按钮，利用"图层匹配"命令将粘贴的图形的图层修改为"轮廓线"层。

7. 单击"修改"面板中的"缩放" 按钮，将粘贴的图形缩小 0.5 倍。

8. 单击"绘图"面板中的"直线" 按钮，连接端点 H 和 I，如图 10-54 所示。

9. 单击"修改"面板中的"删除" 按钮，将蜗轮齿顶轮廓线和轴孔倒角轮廓线删除。

10 单击"修改"面板中的"修剪" 按钮，修剪轮廓线，如图 10-55 所示。

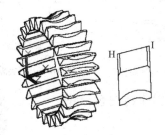

图 10-54 复制粘贴图形并连接直线　　图 10-55 编辑粘贴的图形

11. 单击"绘图"面板中的"面域" 按钮，将封闭的平面图形创建为面域。

12. 单击"建模"面板中的"旋转" 按钮，将由图 10-55 创建的面域绕 HI 旋转 360°，并将直线 HI 删除，结果如图 10-56 所示。

13. 利用"长方体"命令创建挖键槽的长方体，如图 10-57 所示。

命令:_box　　（单击"建模"面板中的"长方体" 按钮）
指定第一个角点或[中心(C)]:　　（在适当位置单击指定第一角点的位置）
指定其他角点或[立方体(C)/长度(L)]:@20,13.8,6 （输入相对角点的坐标,按〈Enter〉键）

14. 单击"修改"面板中的"三维移动" 按钮，将长方体和齿轮三维实体移到一起，如图 10-58 所示。移动的基点为长方体的棱边 JK 的中点，第二点为齿轮三维实体可见端面的圆心。

15. 单击"实体编辑"面板中的"差集" 按钮，从齿轮三维实体中减去长方体，挖出键槽，如图 10-59 所示。

图10-56 旋转面域   图10-57 创建长方体   图10-58 移动长方体

16. 双击"坐标"面板中的"上一个"按钮，返回创建蜗轮齿形三维实体时的坐标系。

17. 单击"修改"面板中的"三维移动"按钮，将挖去轴孔和键槽三维实体和蜗轮的轮齿三维实体移到一起，如图10-60所示。移动的基点为挖去轴孔和键槽三维实体轴孔可见端面的圆心，第二点的坐标为（0，0，10）。

18. 单击"实体编辑"面板中的"并集"按钮，将两个三维实体合并，创建出蜗轮三维实体，如图10-61所示。

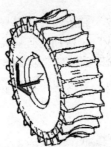
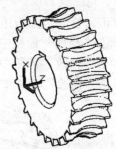

图10-59 挖出键槽   图10-60 移动三维实体   图10-61 蜗轮三维实体

19. 设置渲染目标、创建并应用新材质、创建纯白色渲染视图。

20. 单击"渲染"面板中的"渲染"按钮，即可对蜗轮三维实体进行渲染，如图10-62所示。

21. 单击标题栏中的"保存"按钮，保存创建的三维实体。完成创建蜗轮三维实体。

图10-62 渲染蜗轮三维实体

10.4 带轮三维实体

带轮零件图见第5章图5-82，本节将创建该带轮的三维实体。

绘图步骤

1. 单击标题中的"新建"按钮，弹出"选择样板"对话框，在"打开"下拉列表中选择"无样板打开 - 公制（M）"选项，新建一个图形文件。

2. 单击标题栏中的"另存为"按钮，或单击界面左上角的浏览器按钮，在弹出的菜单中选择"另存为"选项，将图形保存为"带轮三维实体 . dwg"。

3. 单击"图层"面板中"图层特性管理器"按钮，在"图层特性管理器"对话框中创建"轮廓线"层，并将该图层设置为当前层，单击"确定"按钮。

4. 单击标题栏中的"打开"📂按钮，打开图形文件"带轮.dwg"，并关闭"标注"层、"点画线"层和"细实线"层。

5. 按〈Ctrl + C〉键，将带轮主视图中的下半部分图形复制到剪贴板。

6. 在绘图区上方和功能区之间单击"带轮三维实体.dwg"选项卡，将该图形切换为当前图形。按〈Ctrl + V〉键，在适当位置单击，将复制到剪贴板的图形粘贴到当前图形中。

7. 单击"图层"面板中的"匹配"🖌按钮，利用"图层匹配"命令将粘贴的图形的图层修改为"轮廓线"层。

8. 单击"修改"面板中的"缩放"🔲按钮，将粘贴的图形缩小 0.4 倍，如图 10-63 所示。

9. 单击"绘图"面板中的"直线"✏按钮，连接端点 A 和 B。

10. 单击"修改"面板中的"删除"✏按钮，将带轮轴孔倒角轮廓线删除。

11. 单击"修改"面板中的"修剪"✂按钮，修剪轮廓线，如图 10-64 所示。

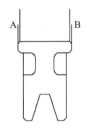　　　　

图 10-63　复制粘贴图形　　　图 10-64　编辑粘贴的图形

12. 单击"绘图"面板中的"面域"◎按钮，将封闭的平面图形创建为面域。

13. 单击"建模"面板中的"旋转"🔄按钮，将面域绕直线 AB 旋转 360°，结果如图 10-65所示。

14. 将光标移到绘图区右上角的"视口立方体"ViewCube 图标上，移动鼠标使该图标旋转，调整观察方向。

15. 单击"修改"面板中的"删除"✏按钮，将直线 AB 删除。

16. 单击"视觉样式"面板中的"隐藏"🔷按钮，显示结果如图 10-66 所示。

图 10-65　旋转面域　　　图 10-66　旋转后得到的三维实体

17. 利用"长方体"命令创建挖键槽的长方体，如图 10-67 所示。

命令:_box　　（单击"建模"面板中的"长方体"▭按钮）
指定第一个角点或[中心(C)]: （在适当位置单击指定第一个角点的位置）
指定其他角点或[立方体(C)/长度(L)]:@15,13.8,6↙　（输入相对角点的坐标,按〈Enter〉键）

18. 单击"修改"面板中的"三维移动"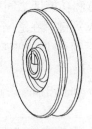按钮，将长方体与旋转后得到三维实体移到一起，如图10-68所示。移动的基点为长方体的棱边CD的中点，第二点为旋转后得到三维实体中轴孔凸台可见端面的圆心。

图 10-67　创建长方体　　　　　　　　　　图 10-68　移动长方体

19. 单击"实体编辑"面板中的"差集"⊚按钮，将旋转后得到的三维实体与长方体做差集运算，挖出键槽，得到带轮三维实体，如图10-69所示。

20. 设置渲染目标、创建并应用新材质、创建纯白色渲染视图。

21. 单击"渲染"面板中的"渲染"按钮，即可对带轮三维实体进行渲染，如图10-70所示。

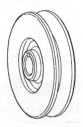

图 10-69　带轮三维实体　　　　　　　　图 10-70　渲染带轮三维实体

22. 单击标题栏中的"保存"🖫按钮，保存创建的三维实体。

完成创建带轮三维实体。

10.5　螺塞三维实体

螺塞零件图见第5章图5-93，本节将创建该螺塞的三维实体。

绘图步骤

1. 单击标题栏中的"打开"📂按钮，打开保存的图形文件"螺栓三维实体.dwg"。

2. 单击"修改"面板中的"删除"✎按钮，将3个M4螺栓三维实体删除，保留M10螺栓三维实体。

3. 在"视觉样式"面板中的下拉列表中选择"线框"选项，将三维实体显示为三维线框视觉样式。

4. 单击"坐标"面板中的"原点"⌞按钮，将坐标系原点的位置移到螺栓头部端面内切圆的圆心处。

5. 利用"剖切"命令将螺栓实体剖切为两部分。

命令:_slice （单击"实体编辑"面板中的"剖切" 按钮）
选择要剖切的对象： （单击螺栓实体）
找到 1 个
选择要剖切的对象:↙ （按〈Enter〉键,结束选择要剖切的对象）
指定 切面 的起点或[平面对象(O)/曲面(S)/Z 轴(Z)/视图(V)/XY/YZ/ZX/三点(3)] <三点
>:XY↙ （输入 XY 按〈Enter〉键）
指定 XY 平面上的点 <0,0,0>: （捕捉螺栓头部正六边形的顶点）
在所需的侧面上指定点或[保留两个侧面(B)] <保留两个侧面>:↙（按〈Enter〉键,保留两个侧面）

6. 单击"修改"面板中的"三维移动" 按钮，移动螺杆实体，如图10-71 所示。

图 10-71 剖切将螺栓三维实体，移动螺杆实体

7. 单击"修改"面板中的"缩放" 按钮，将螺栓头部实体缩小0.65 倍，如图10-72 所示。缩放的基点为坐标原点，即螺栓头部端面内切圆的圆心。

8. 利用"拉伸面"命令拉伸螺栓头部实体，将螺栓头部实体的高度拉伸为6，如图10-73所示。

图 10-72 缩放螺栓头部实体　　　图 10-73 拉伸螺栓头部实体

命令:_solidedit （单击"实体编辑"面板中的"拉伸面" 按钮）
实体编辑自动检查： SOLIDCHECK = 1
输入实体编辑选项[面(F)/边(E)/体(B)/放弃(U)/退出(X)] <退出>:_face
输入面编辑选项
[拉伸(E)/移动(M)/旋转(R)/偏移(O)/倾斜(T)/删除(D)/复制(C)/颜色(L)/材质(A)/放
弃(U)/退出(X)] <退出>:_extrude
选择面或[放弃(U)/删除(R)]: （单击螺栓头部实体正六边形端面）
找到 2 个面。
选择面或[放弃(U)/删除(R)/全部(ALL)]:R↙ （输入 R 按〈Enter〉键,选择"删除"选项）
删除面或[放弃(U)/添加(A)/全部(ALL)]:
找到 2 个面,已删除 1 个。
删除面或[放弃(U)/添加(A)/全部(ALL)]:↙ （按〈Enter〉键,结束选择要删除的面）
指定拉伸高度或[路径(P)]:1.84↙ （输入1.84,按〈Enter〉键）
指定拉伸的倾斜角度<0>:↙ （按〈Enter〉键,拉伸倾斜角度为0）
已开始实体校验。
已完成实体校验。
输入面编辑选项

[拉伸(E)/移动(M)/旋转(R)/偏移(O)/倾斜(T)/删除(D)/复制(C)/颜色(L)/材质(A)/放弃(U)/退出(X)]<退出>:↙ （按〈Enter〉键,结束实体面编辑命令）
实体编辑自动检查: SOLIDCHECK = 1
输入实体编辑选项[面(F)/边(E)/体(B)/放弃(U)/退出(X)]<退出>:↙ （按〈Enter〉键,结束"实体编辑"命令）

9. 利用"圆柱体"命令创建两个圆柱体,如图 10-74 所示。

命令:_cylinder （单击"建模"面板中的"圆柱体"按钮）
指定底面的中心点或[三点(3P)/两点(2P)/切点、切点、半径(T)/椭圆(E)]:0,0,6↙ （输入底面中心点的坐标,按〈Enter〉键）
指定底面半径或[直径(D)]:6.5↙ （输入底面半径,按〈Enter〉键）
指定高度或[两点(2P)/轴端点(A)]:2↙ （输入高度,按〈Enter〉键）

命令:_cylinder （按〈Enter〉键或单击"建模"面板中的"圆柱体"按钮）
指定底面的中心点或[三点(3P)/两点(2P)/切点、切点、半径(T)/椭圆(E)]:0,0,8↙ （输入底面中心点的坐标,按〈Enter〉键）
指定底面半径或[直径(D)]<6.5000>:4↙（输入底面半径,按〈Enter〉键）
指定高度或[两点(2P)/轴端点(A)]<2.0000>:1↙（输入高度,按〈Enter〉键）

10. 利用"剖切"命令将螺杆三维实体的长度剖切为 7,如图 10-75 所示。

命令:_slice （单击"实体编辑"面板中的"剖切"按钮）
选择要剖切的对象: （单击螺杆实体）
找到 1 个
选择要剖切的对象:↙ （按〈Enter〉键,结束选择要剖切的对象）
指定 切面 的起点或[平面对象(O)/曲面(S)/Z 轴(Z)/视图(V)/XY/YZ/ZX/三点(3)]<三点>:XY↙ （输入 XY 按〈Enter〉键）
XY 平面上的点<0,0,0>:tt↙ （输入 tt 按〈Enter〉键,利用"临时追踪点捕捉"指定点的位置）
指定临时对象追踪点: （捕捉螺杆端面的圆心）
指定 XY 平面上的点<0,0,0>:7↙ （沿 Z 轴方向移动光标,出现追踪轨迹后输入追踪距离 7,按〈Enter〉键）
在所需的侧面上指定点或[保留两个侧面(B)]<保留两个侧面>:（再次捕捉螺杆端面的圆心）

11. 单击"修改"面板中的"三维移动"按钮,将剖切后的螺杆实体与小圆柱体移到一起,如图 10-76 所示。移动的基点为剖切后的螺杆实体可见端面的圆心,第二点为小圆柱体不可见端面的圆心。

图 10-74　创建两个圆柱体　　图 10-75　剖切螺杆实体　　图 10-76　移动螺杆实体

12. 利用"圆锥体"命令创建圆锥体,如图 10-77 所示。

命令:_cone （单击"建模"面板中的"圆锥体"按钮）
指定底面的中心点或[三点(3P)/两点(2P)/切点、切点、半径(T)/椭圆(E)]:（捕捉螺杆实体左端面圆心）
指定底面半径或[直径(D)]<4.0000>:11.5↙ （输入底面半径,按〈Enter〉键）
指定高度或[两点(2P)/轴端点(A)/顶面半径(T)]<1.0000>:11.5↙ （输入高度,按〈Enter〉键）

13. 单击"实体编辑"面板中的"交集" 按钮，将螺杆实体与圆锥体做交集运算，得到螺杆实体的倒角，如图 10-78 所示。

图 10-77　创建圆锥体　　　　图 10-78　创建螺杆实体倒角

14. 单击"实体编辑"面板中的"并集" 按钮，将所有三维实体合并。

15. 单击"视觉样式"面板中的"隐藏" 按钮，创建出螺塞三维实体，如图 10-79 所示。

16. 设置渲染目标、创建并应用新材质、创建纯白色渲染视图。

17. 单击"渲染"面板中的"渲染" 按钮，即可对螺塞三维实体进行渲染，如图 10-80 所示。

图 10-79　螺塞三维实体　　　　图 10-80　渲染螺塞三维实体

18. 单击标题栏中的"另存为" 按钮，或单击界面左上角的浏览器按钮，在弹出的菜单中选择"另存为"选项，将创建的三维实体保存为"螺塞三维实体.dwg"。

完成创建螺塞三维实体。

第11章　典型零件三维实体

本章将创建蜗轮减速箱中典型零件三维实体，包括创建蜗轮轴三维实体、蜗杆轴三维实体、锥齿轮轴三维实体、轴承套三维实体、箱盖三维实体和箱体三维实体。

11.1　蜗轮轴三维实体

蜗轮轴零件图见第6章图6-1，本节将创建该零件的三维实体。

绘图步骤

1. 单击标题栏中的"新建"⬜按钮，弹出"选择样板"对话框，在"打开"下拉列表中选择"无样板打开－公制（M）"选项，新建一个图形文件。

2. 单击标题栏中的"另存为"🖫按钮，或单击界面左上角的浏览器按钮，在弹出的菜单中选择"另存为"选项，将图形保存为"涡轮轴三维实体.dwg"。

3. 单击"图层"面板中"图层特性管理器"🖼按钮，在弹出的"图层特性管理器"对话框中创建"轮廓线"层，并将该图层设置为当前层，单击"确定"按钮。

4. 单击标题栏中的"打开"📂按钮，打开图形文件"蜗轮轴.dwg"，并关闭"标注"层、"点画线"层和"细实线"层。

5. 按〈Ctrl＋C〉键，将蜗轮轴主视图中的上半部分图形以及两个长圆复制到剪贴板。

6. 在绘图区上方和功能区之间单击"蜗轮轴三维实体.dwg"选项卡，将该图形切换为当前图形。按〈Ctrl＋V〉键，在适当位置单击，将复制到剪贴板的图形粘贴到当前图形中。

7. 单击"图层"面板中的"匹配"🖉按钮，利用"图层匹配"命令将粘贴的图形的图层修改为"轮廓线"层。

8. 单击"修改"面板中的"缩放"🔲按钮，将粘贴的图形缩小0.5倍，如图11-1所示。

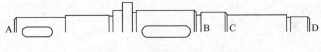

图11-1　复制粘贴图形并缩放

9. 打开状态栏中的"对象捕捉"🔲按钮，单击"绘图"面板中的"直线"✎按钮，连接端点 A 和 B、C 和 D。

10. 单击"修改"面板中的"删除"✐按钮和"修剪"✂按钮，删除、修剪轮廓线，得到如图11-2所示的图形。

11. 单击"绘图"面板中的"面域"◎按钮，将图11-2中由直线构成的两个封闭的平面图形创建为面域。

12. 单击"建模"面板中的"旋转"🗃按钮，将两个面域绕直线 AB 旋转360°，如图11-3所示。

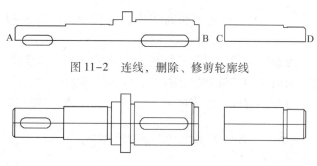

图 11-2　连线，删除、修剪轮廓线

图 11-3　旋转面域

13. 将光标移到绘图区右上角的"视口立方体"ViewCube 图标上，移动鼠标使该图标旋转，调整观察方向。

14. 单击"建模"面板中的"拉伸" 按钮，将两个长圆拉伸 5，得到两个平键实体，如图 11-4 所示。

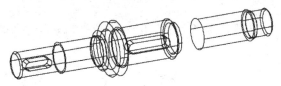

图 11-4　调整观察方向，拉伸长圆

15. 单击"修改"面板中的"三维移动" 按钮，将较短的平键实体沿 Z 轴移动 4.5，即移动的第二点与基点的相对坐标为（@0，0，4.5）；将较长的平键实体沿 Z 轴移动 7.5，即移动的第二点与基点的相对坐标为（@0，0，7.5），如图 11-5 所示。

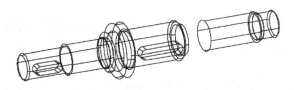

图 11-5　移动平键实体

16. 单击"实体编辑"面板中的"差集" 按钮，将旋转后得到的三维实体与两个平键实体做差集运算，挖出键槽，如图 11-6 所示。

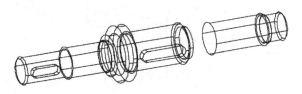

图 11-6　挖出键槽

17. 单击标题栏中的"打开" 按钮，打开图形文件"M10 螺杆三维实体.dwg"。

18. 按〈Ctrl + C〉键，将 M10 螺杆三维实体复制到剪贴板。

19. 在绘图区上方和功能区之间单击"蜗轮轴三维实体.dwg"选项卡，将该图形切换为当前图形。按〈Ctrl + V〉键，在适当位置单击，将复制到剪贴板的图形粘贴到当前图形中。

20. 单击"修改"面板中的"移动" ✛ 按钮，将 M10 螺杆三维实体绕 Y 轴旋转 90°。

21. 单击"修改"面板中的"缩放" 🔲 按钮，将 M10 螺杆三维实体放大两倍。

22. 利用"剖切"命令将螺杆三维实体的长度剖切为 13.5，如图 11-7 所示。

> 命令:_slice　　　　（单击"实体编辑"面板中的"剖切" ✂ 按钮）
> 选择要剖切的对象:　　　（单击螺杆实体）
> 找到 1 个
> 选择要剖切的对象:✓　　　（按〈Enter〉键，结束选择要剖切的对象）
> 指定 切面 的起点或[平面对象(O)/曲面(S)/Z 轴(Z)/视图(V)/XY/YZ/ZX/三点(3)] < 三点 > :YZ✓　　　（输入"XY"，按〈Enter〉键）
> XY 平面上的点 <0,0,0 > :_tt　　　（单击"对象捕捉"面板中的"临时追踪点捕捉" ⊷ 按钮）
> 指定临时对象追踪点:　　　（捕捉螺杆端面的圆心）
> 指定 XY 平面上的点 <0,0,0 > :13.5✓　　　（沿 X 轴方向移动光标，出现追踪轨迹后输入追踪距离 13.5，按〈Enter〉键）
> 在所需的侧面上指定点或[保留两个侧面(B)] < 保留两个侧面 > :（再次捕捉螺杆端面的圆心）

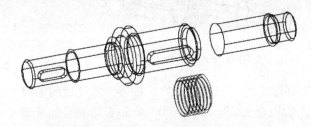

图 11-7　复制粘贴螺杆实体并缩放、剖切

23. 单击"修改"面板中的"三维移动" ⊕ 按钮，将剖切后的螺杆实体与两段轴三维实体移到一起。移动的基点为剖切后的螺杆实体不可见端面的圆心，第二点为短轴实体可见端面的圆心。

24. 单击"实体编辑"面板中的"并集" ◉ 按钮，将所有三维实体合并。

25. 单击"视觉样式"面板中的"隐藏" ⬡ 按钮，创建出蜗轮轴三维实体，如图 11-8 所示。

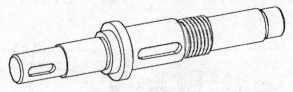

图 11-8　蜗轮轴三维实体

26. 设置渲染目标、创建并应用新材质、创建纯白色渲染视图。

27. 单击"渲染"面板中的"渲染" ☁ 按钮，即可对蜗轮轴三维实体进行渲染，如图 11-9 所示。

28. 单击标题栏中的"保存" 💾 按钮，保存创建的三维实体。

完成创建蜗轮轴三维实体。

图 11-9　渲染蜗轮轴三维实体

11.2　蜗杆轴三维实体

蜗杆轴零件图见第 6 章图 6-16，本节将创建该零件的三维实体。

绘图步骤

一、创建蜗杆三维实体

1. 单击标题栏中的"新建" 按钮，弹出"选择样板"对话框，在"打开"下拉列表中选择"无样板打开 – 公制（M）"选项，新建一个图形文件。

2. 单击标题栏中的"另存为" 按钮，或单击界面左上角的浏览器按钮，在弹出的菜单中选择"另存为"选项，将图形保存为"蜗杆轴三维实体 . dwg"。

3. 单击"图层"面板中"图层特性管理器" 按钮，在弹出的"图层特性管理器"对话框中创建"轮廓线"层，并将该图层设置为当前层，单击"确定"按钮。

4. 利用"螺旋"命令绘制螺旋线。

```
命令:_Helix      (单击"绘图"面板中的"螺旋"  按钮)
圈数 = 3.0000      扭曲 = CCW
指定底面的中心点:      (在适当位置单击)
指定底面半径或[直径(D)] <1.0000 >:20 ↙      (输入螺旋底面半径20,按〈Enter〉键)
指定顶面半径或[直径(D)] <20.0000 >:↙      (按〈Enter〉键,顶面和底面的半径相同)
指定螺旋高度或[轴端点(A)/圈数(T)/圈高(H)/扭曲(W)] <1.0000 >:T↙      (输入T按
〈Enter〉键,选择"圈数"选项)
输入圈数 <3.0000 >:10 ↙      (输入圈数10,按〈Enter〉键)
指定螺旋高度或[轴端点(A)/圈数(T)/圈高(H)/扭曲(W)] <1.0000 >:H↙      (输入H按
〈Enter〉键,选择"圈高"选项)
指定圈间距 <0.2500 >:6.28 ↙      (输入圈间距6.28,按〈Enter〉键)
```

5. 在命令行输入 Z 按〈Enter〉键，输入 W 按〈Enter〉键，利用"窗口缩放"命令将图形放大显示。

6. 将光标移到绘图区右上角的"视口立方体"ViewCube 图标上，移动鼠标使该图标旋转，调整观察方向。

7. 单击"视觉样式"面板中的"隐藏" 按钮，将图形显示为隐藏视觉样式。

8. 打开状态栏中的"正交" 按钮和"对象捕捉" 按钮，单击"坐标"面板中的"三点" 按钮，调整坐标系的方向，将坐标系的原点移到螺旋线的底面圆心处，并使螺旋线的起点位于 X 轴上，如图 11-10 所示。

命令:_ucs
当前 UCS 名称:＊没有名称＊
指定 UCS 的原点或［面(F)/命名(NA)/对象(OB)/上一个(P)/视图(V)/世界(W)/X/Y/Z/Z
轴(ZA)］＜世界＞:_3
指定新原点＜0,0,0＞:   (捕捉螺旋线的圆心)
在正 X 轴范围上指定点＜1.0000,0.0000,0.0000＞:   (捕捉螺旋线的起点)
在 UCS XY 平面的正 Y 轴范围上指定点＜－0.7937,0.6083,0.0000＞:   (在 Y 轴的正方向
任意位置单击)

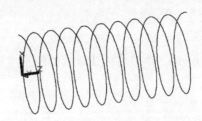

图 11-10　绘制螺旋线并调整坐标系

9. 单击"坐标"面板中的"Y" 按钮,将坐标系绕 Y 轴旋转 -90°。

10. 单击"坐标"面板中的"X" 按钮,将坐标系绕 X 轴旋转 -90°。

11. 单击"绘图"面板中的"直线" 按钮,在适当位置绘制与 X 轴平行的直线 AB 及倾斜线 BC,C 点相对于 B 的坐标为 (@6<70)。

12. 单击"修改"面板中的"偏移" 按钮,沿 Y 轴正方向偏移直线 AB,偏移距离分别为 3 和 5。

13. 单击"绘图"面板中的"直线" 按钮和"对象捕捉"面板中的"临时追踪点捕捉" 按钮,捕捉第一条偏移线与直线 BC 的交点 H 为临时追踪点,沿 X 轴负方向的追踪距离为 3.14,捕捉到 I 点。绘制倾斜线 IJ,J 点相对于 I 点的坐标为 (@3<110)。

14. 单击"标准"面板中的"窗口缩放" 按钮,将绘制的直线放大显示,如图 11-11 所示。

15. 单击"修改"面板中的"延伸" 按钮,将直线 JI 延伸到 AB,如图 11-12 所示。

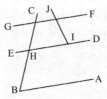

图 11-11　绘制直线

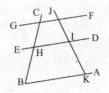

图 11-12　延伸直线

16. 单击"修改"面板中的"修剪" 按钮,修剪直线 AB、BC、GF 和 KJ,修剪出的梯形即为蜗杆的齿形轮廓线。

17. 在命令行输入 Z 按〈Enter〉键,输入 P 按〈Enter〉键,利用"缩放上一个"命令返回到上一个显示窗口,如图 11-13 所示。

18. 单击"修改"面板中的"三维移动" 按钮,移动梯形。移动的基点为交点 H,第二点为螺旋线的起点。

19. 单击"修改"面板中的"删除" 按钮,将直线 DE 删除,如图 11-14 所示。

278

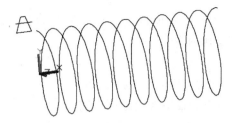

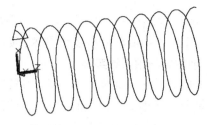

图 11-13　绘制齿形轮廓线　　　　　　　图 11-14　移动齿形轮廓线

20. 单击"绘图"面板中的"面域" ⬚ 按钮，将梯形创建为面域。

21. 双击"坐标"面板中的"上一个" ⬚ 按钮，返回绘制螺旋线时的坐标系。

22. 单击"建模"面板中的"扫掠" ⬚ 按钮，利用"扫掠"命令将梯形面域沿螺旋线扫掠。

23. 单击"修改"面板中的"删除" ⬚ 按钮，将螺旋线删除，得到齿形三维实体，如图 11-15 所示。

24. 利用"圆柱体"命令创建蜗杆齿根圆柱体，如图 11-16 所示。

命令:_cylinder 　　　　（单击"建模"面板中的"圆柱体" ⬚ 按钮）
指定底面的中心点或[三点(3P)/两点(2P)/相切、相切、半径(T)/椭圆(E)]:(在适当位置单击)
指定底面半径或[直径(D)]:11.6✓　　　　（输入圆柱体底面半径 11.6，按〈Enter〉键）
指定高度或[两点(2P)/轴端点(A)]:70✓　　　（输入圆柱体高度 70，按〈Enter〉键）

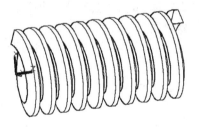

图 11-15　扫掠出齿形三维实体　　　　　图 11-16　创建齿根圆柱体

25. 单击"修改"面板中的"三维移动" ⬚ 按钮，将圆柱体和齿形三维实体移到一起，移动的基点为圆柱体可见端面的圆心，第二点的坐标为（0，0，-2）。

26. 单击"实体编辑"面板中的"并集" ⬚ 按钮，将圆柱体和齿形三维实体合并，得到蜗杆三维实体，如图 11-17 所示。

27. 单击"建模"面板中的"圆柱体" ⬚ 按钮，以蜗杆齿根圆柱体的两个端面的圆心为底面圆心，创建两个半径为 20，高度分别为 15 和 -15 的圆柱体，如图 11-18 所示。

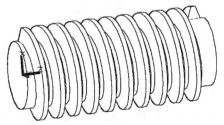
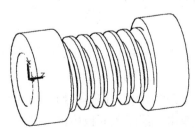

图 11-17　合并实体　　　　　　　　　图 11-18　创建两个圆柱体

28. 单击"实体编辑"面板中的"差集" ◎按钮，将蜗杆三维实体与两个圆柱体做差集运算，得到长度为 40 的蜗杆三维实体，如图 11-19 所示。

二、创建蜗杆轴三维实体

1. 单击"坐标"面板中的"Y" ⍊按钮，将坐标系绕 Y 轴旋转 -90°。

2. 单击"坐标"面板中的"X" ⍊按钮，将坐标系绕 X 轴旋转 -90°。

3. 在"视图"面板的视图下拉列表中选择"前视"选项，在命令行输入 Z 按〈Enter〉键，输入 W 按〈Enter〉键，利用"窗口缩放"命令将三维实体放大显示，如图 11-20 所示。

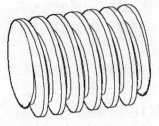

图 11-19 蜗杆三维实体

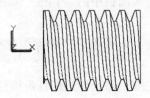

图 11-20 将三维实体显示为平面视图

4. 单击标题栏中的"打开" ▷按钮，打开图形文件"蜗杆轴.dwg"，并关闭"标注"层、"点画线"层和"细实线"层。

5. 按〈Ctrl + C〉键，将蜗杆轴主视图中的下半部分图形以及长圆复制到剪贴板。

6. 在绘图区上方和功能区之间单击"蜗杆轴三维实体.dwg"选项卡，将该图形切换为当前图形。按〈Ctrl + V〉键，在适当位置单击，将复制到剪贴板的图形粘贴到当前图形中。

7. 单击"图层"面板中的"匹配" ⚟按钮，利用"图层匹配"命令将粘贴的图形的图层修改为"轮廓线"层。

8. 单击"修改"面板中的"缩放" ▫按钮，将粘贴的图形缩小 0.5 倍，如图 11-21 所示。

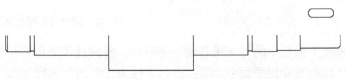

图 11-21 复制粘贴图形并缩放

9. 单击"修改"面板中的"删除" ✐按钮，将蜗杆齿顶线、视图内的竖直轮廓线删除。

10. 单击"修改"面板中的"修剪" ✢按钮，修剪圆角边轮廓线及右侧第二个倒角处竖直轮廓线，结果如图 11-22 所示。

图 11-22 修剪图形

11. 单击"修改"面板中的"合并" ⊷按钮，将中间两条水平轮廓线合并。

12. 单击"绘图"面板中的"直线" ∕按钮，将左右两侧的竖直轮廓线的上端点连接起来。

13. 单击"修改"面板中的"三维移动" ⊕按钮,将长圆移到水平连线上,移动的基点是长圆的圆心,第二点为在水平连线上捕捉的垂足,如图11-23所示。

图11-23　合并轮廓线、连线、移动长圆

14. 单击"图层"面板中的"匹配" ⊜按钮,利用"图层匹配"命令将粘贴、编辑后的图形的图层修改为"轮廓线"层。

15. 单击"绘图"面板中的"面域" ◎按钮,将视图中除了长圆的封闭图形创建为面域。

16. 单击"建模"面板中的"旋转" ◎按钮,将面域绕左右两侧的竖直轮廓线的上端点的连线旋转360°,如图11-24所示。

图11-24　旋转面域

17. 在命令行输入 Z 按〈Enter〉键,输入 P 按〈Enter〉键。再在命令行输入 Z 按〈Enter〉键,输入 P 按〈Enter〉键,回到显示平面视图前的显示窗口。

18. 单击"视觉样式"面板的下拉列表中选择"三维线框视觉样式"选项,将三维实体显示为三维线框视觉样式,如图11-25所示。

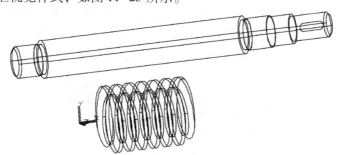

图11-25　三维实体显示为三维线框视觉样式

19. 单击"坐标"面板中的"上一个" ⊵按钮,返回上一个坐标系。

20. 单击"修改"面板中的"三维旋转" ⊕按钮,利用"三维旋转"命令将长圆绕 X 轴旋转90°。

21. 利用"拉伸"命令将3个长圆拉伸为平键。

```
命令:_extrude        (单击"建模"面板中的"拉伸"⬚按钮)
当前线框密度: ISOLINES=4
选择要拉伸的对象:     (单击长圆)
找到1个
选择要拉伸的对象:✓    (按〈Enter〉键,结束选择要拉伸的对象)
指定拉伸的高度或[方向(D)/路径(P)/倾斜角(T)]:5✓   (输入拉伸高度5,按〈Enter〉键)
```

22. 单击标题栏中的"打开" ⊜按钮,打开图形文件"M10 螺杆三维实体. dwg"。

23. 按〈Ctrl + C〉键，将螺杆三维实体复制到剪贴板。

24. 在绘图区上方和功能区之间单击"蜗杆轴三维实体.dwg"选项卡，将该图形切换为当前图形。按〈Ctrl + V〉键，在适当位置单击，将复制到剪贴板的图形粘贴到当前图形中。

25. 单击"坐标"面板中的"上一个"按钮，返回上一个坐标系。

26. 单击"修改"面板中的"缩放"按钮，将粘贴的图形缩小0.5倍，即将螺杆的直径缩小为5，如图11-26所示。

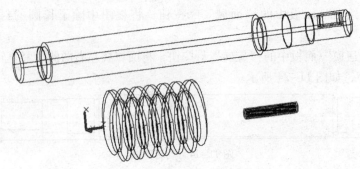

图11-26　拉伸长圆为平键实体，复制粘贴螺杆实体并缩小

27. 在命令行输入Z按〈Enter〉键，输入W按〈Enter〉键，利用"窗口缩放"命令将缩小后的螺杆实体放大显示。

28. 单击"建模"面板中的"圆柱体"按钮，以缩小后的螺杆实体可见端面的圆心为底面圆心，创建半径为2，高度为-3的圆柱体。

29. 利用"拉伸面"命令将圆柱体端面拉伸为圆锥体，如图11-27所示。

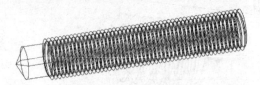

图11-27　创建圆柱体并将其端面拉伸为圆锥体

```
命令:_solidedit      （单击"实体编辑"面板中的"拉伸面"按钮）
实体编辑自动检查：  SOLIDCHECK = 1
输入实体编辑选项[面(F)/边(E)/体(B)/放弃(U)/退出(X)] <退出 >:_face
输入面编辑选项[拉伸(E)/移动(M)/旋转(R)/偏移(O)/倾斜(T)/删除(D)/复制(C)/颜色
(L)/材质(A)/放弃(U)/退出(X)] <退出 >:_extrude
选择面或[放弃(U)/删除(R)]:      （单击圆柱体可见端面的圆周）
找到 2 个面。   （圆柱面也被选中）
选择面或[放弃(U)/删除(R)/全部(ALL)]:R↙   （输入 R 按〈Enter〉键,选择"删除"选项）
删除面或[放弃(U)/添加(A)/全部(ALL)]:      （单击圆柱面的任意一条素线）
找到 1 个面,已删除 1 个。
删除面或[放弃(U)/添加(A)/全部(ALL)]:↙    （按〈Enter〉键,结束选择删除面）
指定拉伸高度或[路径(P)]:11↙     （输入拉伸高度 11,按〈Enter〉键）
指定拉伸的倾斜角度 <0 >:60↙      （输入拉伸倾斜角度 60,按〈Enter〉键）
已开始实体校验。
已完成实体校验。
```

30. 在命令行输入 Z 按〈Enter〉键，输入 P 按〈Enter〉键，利用"缩放上一个"命令返回到上一个显示窗口。

31. 单击"修改"面板中的"三维移动" ⊕ 按钮，将平键实体沿 X 轴方向移动 3.5。将蜗杆实体与旋转后得到的回转体移到一起，蜗杆实体可见端面的圆心与旋转后得到的回转体的可见端面圆心的相对坐标为（@0，0，50）。将螺杆实体、拉伸后的圆柱体与旋转后得到的回转体移到一起，拉伸得到的圆锥体底面圆心与旋转后得到的回转体的不可见端面圆心的相对坐标为（@0，0，-13），如图 11-28 所示。

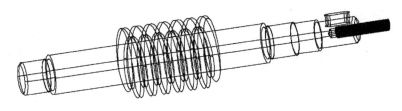

图 11-28 调整三维实体之间的相对位置

32. 单击"实体编辑"面板中的"并集" ⊚ 按钮，将蜗杆实体与旋转后得到的回转体合并。

33. 单击"实体编辑"面板中的"差集" ⊚ 按钮，将合并后的三维实体与平键实体、螺杆实体及拉伸后的圆柱体做差集运算，得到蜗杆轴三维实体，如图 11-29 所示。

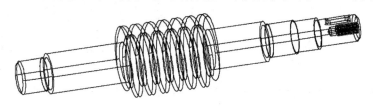

图 11-29 蜗杆轴三维实体

34. 将光标移到绘图区右上角的"视口立方体"ViewCube 图标上，移动鼠标使该图标旋转，调整观察方向。

35. 单击"视觉样式"面板中的"隐藏" ⊕ 按钮，将蜗杆轴三维实体显示为隐藏视觉样式，如图 11-30 所示。

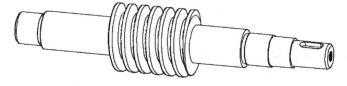

图 11-30 将蜗杆轴三维实体显示为三维隐藏视觉样式

36. 设置渲染目标、创建并应用新材质、创建纯白色渲染视图。

37. 单击"渲染"面板中的"渲染" 按钮，即可对蜗杆轴三维实体进行渲染，如图 11-31 所示。

图 11-31　渲染蜗杆轴三维实体

38. 单击标题栏中的"保存" 按钮，保存创建的三维实体。

完成创建蜗杆轴三维实体。

11.3　锥齿轮轴三维实体

锥齿轮轴零件图见第 6 章图 6-41，读者可参照 10.2 节介绍的创建锥齿轮三维实体的方法步骤创建该锥齿轮轴上的锥齿轮实体（注：锥齿轮的齿顶圆、分度圆和齿根圆分别为 $\phi 45.2766$、$\phi 42$ 和 $\phi 38.0681$），如图 11-32 所示。参照 11.1 节介绍的创建圆柱轴及在轴上挖键槽的方法创建该锥齿轮轴上的圆柱轴实体，如图 11-33 所示。将两部分实体合并即可创建出锥齿轮轴的三维实体，如图 11-34 所示。

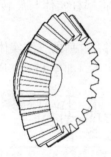 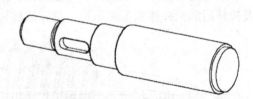

图 11-32　锥齿轮轴上的锥齿轮实体　　　图 11-33　锥齿轮轴上的圆柱轴实体

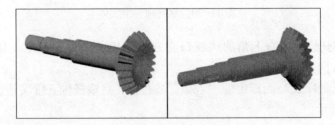

图 11-34　渲染锥齿轮轴三维实体

11.4　轴承套三维实体

轴承套零件图见第 6 章图 6-42，本节将创建该轴承套的三维实体。

绘图步骤

1. 单击标题栏中的"新建"⬚按钮，弹出"选择样板"对话框，在"打开"下拉列表中选择"无样板打开－公制（M）"选项，新建一个图形文件。

2. 单击标题栏中的"另存为"⬚按钮，或单击界面左上角的浏览器按钮，在弹出的菜单中选择"另存为"选项，将图形保存为"轴承套三维实体.dwg"。

3. 单击"图层"面板中"图层特性管理器"⬚按钮，在弹出的"图层特性管理器"对话框中创建"轮廓线"层，并将该图层设置为当前层，单击"确定"按钮。

4. 单击标题栏中的"打开"⬚按钮，打开图形文件"轴承套.dwg"，并关闭"标注"层和"细实线"层。

5. 按〈Ctrl＋C〉键，将轴承套主视图复制到剪贴板。

6. 在绘图区上方和功能区之间单击"轴承套三维实体.dwg"选项卡，将该图形切换为当前图形。按〈Ctrl＋V〉键，在适当位置单击，将复制到剪贴板的图形粘贴到当前图形中。

7. 单击"修改"面板中的"缩放"⬚按钮，将粘贴的图形缩小0.5倍。

8. 单击"修改"面板中的"删除"⬚按钮，将通孔和螺孔的轮廓线及其轴线删除。

9. 单击"修改"面板中的"修剪"⬚按钮，修剪出如图11-35所示的图形。

10. 单击"图层"面板中的"匹配"⬚按钮，利用"图层匹配"命令将粘贴图中的轮廓线的图层修改为"轮廓线"层。

11. 单击"绘图"面板中的"面域"⬚按钮，将图中的封闭图形创建为面域。

12. 单击"建模"面板中的"旋转"⬚按钮，将面域绕左右点画线的连线旋转360°。

13. 将光标移到绘图区右上角的"视口立方体"ViewCube图标上，移动鼠标使该图标旋转，调整观察方向。

14. 单击"修改"面板中的"删除"⬚按钮，将点画线删除。

15. 单击"视觉样式"面板中的"三维隐藏视觉样式"⬚按钮，将旋转后得到的回转体显示为三维隐藏视觉样式，如图11-36所示。

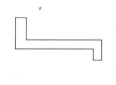

图11-35　复制粘贴图形并编辑

图11-36　旋转面域得到回转体

16. 单击"坐标"面板中的"Y"⬚按钮，将坐标系绕Y轴旋转90°。

17. 打开状态栏中的"对象捕捉"⬚按钮，利用"圆柱体"命令创建用于挖通孔的圆柱体。

命令:_cylinder　　　（单击"建模"面板中的"圆柱体"⬚按钮）
指定底面的中心点或［三点（3P）/两点（2P）/切点、切点、半径（T）/椭圆（E）］:_tt　　　（单击"对象捕捉"面板中的"临时追踪点捕捉"⬚按钮）
指定临时对象追踪点:　　　（捕捉回转体大端面的圆心）
指定底面的中心点或［三点（3P）/两点（2P）/切点、切点、半径（T）/椭圆（E）］:29✓　　　（沿Y轴移动光标,出现追踪轨迹后输入追踪距离29,按〈Enter〉键）
指定底面半径或［直径（D）］:2.25✓　　　（输入底面半径2.25,按〈Enter〉键）
指定高度或［两点（2P）/轴端点（A）］:5✓　　　（输入圆柱体高度5,按〈Enter〉键）

18. 单击标题栏中的"打开" 📂按钮，打开图形文件"螺栓三维实体 . dwg"。

19. 按〈Ctrl + C〉键，将 M4 × 12 螺栓三维实体复制到剪贴板。

20. 在绘图区上方和功能区之间单击"轴承套三维实体 . dwg"选项卡，将该图形切换为当前图形。按〈Ctrl + V〉键，在适当位置单击，将复制到剪贴板的图形粘贴到当前图形中。

21. 利用"三维移动"命令移动螺栓三维实体，如图 11-37 所示。

```
命令:_3d move        (单击"修改"面板中的"三维移动"⊕按钮)
选择对象:        (单击螺栓三维实体)
找到 1 个
选择对象:↙        (按〈Enter〉键,结束选择三维移动对象)
指定基点或[位移(D)]＜位移＞:        (螺栓的螺杆的端面圆心)
指定第二个点或＜使用第一个点作为位移＞:from↙        (输入"from",按〈Enter〉键,利用"捕
   捉自"指定点的位置)
基点:        (捕捉回转体大端面的圆心)
＜偏移＞:@0, -29, -7↙        (输入第二点与基点的相对坐标,按〈Enter〉键)
```

22. 在命令行输入 3darray 按〈Enter〉键，利用"三维阵列"命令将圆柱体和螺栓三维实体绕回转体的轴线做环形阵列，阵列的数量为 3 个，结果如图 11-38 所示。

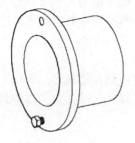
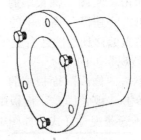

图 11-37　创建圆柱体、复制粘贴螺栓实体　　　图 11-38　三维环形阵列

23. 单击"实体编辑"面板中的"差集"⑩按钮，将回转体与圆柱体、螺栓三维实体做差集运算，得到轴承套三维实体，如图 11-39 所示。

24. 单击"模型视口"面板中"视口配置"下拉菜单中的"两个：垂直"▥按钮，创建两个垂直视口。

25. 在绘图区空白处右击，在弹出的快捷菜单中选择"缩放"选项，利用"实时缩放"命令，调整图形大小。

26. 在绘图区空白处右击，在弹出的快捷菜单中选择"平移" 图 11-39　轴承套三维实体
选项，利用"实时平移"命令调整图形位置。

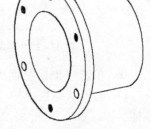

27. 将光标移到绘图区右上角的"视口立方体"ViewCube 图标上，移动鼠标使该图标旋转，调整观察方向。

28. 分别设置渲染目标和渲染材质，并创建纯白色渲染视图。

29. 单击"渲染"面板中的"渲染" 🖼按钮，对两个视口中的轴承套三维实体进行渲

染，如图 11-40 所示。

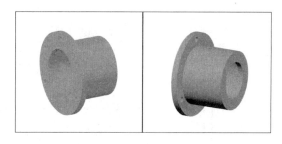

图 11-40　创建两个视口，渲染轴承套三维实体

30. 单击标题栏中的"保存" ⊟按钮，保存创建的三维实体。

完成创建轴承套三维实体。

11.5　箱盖三维实体

箱盖零件图见第 6 章图 6-53，本节将创建箱盖的三维实体。

绘图步骤

1. 单击标题栏中的"新建" ☐按钮，弹出"选择样板"对话框，在"打开"下拉列表中选择"无样板打开 – 公制（M）"选项，新建一个图形文件。

2. 单击标题栏中的"另存为" ⊟按钮，或单击界面左上角的"浏览器"按钮，在弹出的菜单中选择"另存为"选项，将图形保存为"箱盖三维实体 . dwg"。

3. 单击"图层"面板中"图层特性管理器" ⊜按钮，在弹出的"图层特性管理器"对话框中创建"轮廓线"层，并将该图层设置为当前层，单击"确定"按钮。

4. 打开状态栏中的"对象捕捉" ☐按钮，利用"矩形"命令绘制箱盖底面轮廓线。

> 命令：_rectang　　（单击"绘图"面板中的"矩形"☐按钮）
> 　　指定第一个角点或[倒角（C）/标高（E）/圆角（F）/厚度（T）/宽度（W）]:F✓　　（输入 F 按
> 〈Enter〉键,选择"圆角"选项）
> 　　指定矩形的圆角半径 < 0. 0000 > :7✓　　（输入圆角半径 7,按〈Enter〉键）
> 　　指定第一个角点或[倒角（C）/标高（E）/圆角（F）/厚度（T）/宽度（W）]:　　（在适当位置单击）
> 　　指定另一个角点或[面积（A）/尺寸（D）/旋转（R）]:@104,116✓　　（输入另一点相对于第
> 一角点的坐标,按〈Enter〉键）

5. 单击"修改"面板中的"偏移" ⊜按钮，向矩形内侧偏移该矩形，偏移距离为 7，得到一个直角矩形，如图 11-41 所示。

6. 单击"建模"面板中的"拉伸" ⊞按钮，拉伸两个矩形，拉伸圆角矩形的高度为 8，拉伸直角矩形的高度为 3。

7. 将光标移到绘图区右上角的"视口立方体"ViewCube 图标上，移动鼠标使该图标旋转，调整观察方向。

8. 单击"绘图"面板中的"直线" ╱按钮，绘制辅助线，该辅助线的两个端点是拉伸圆角矩形所得到三维实体上表面相对两个边的中点。

9. 单击"坐标"面板中的"原点"└按钮，将坐标系原点的位置移到辅助线的中点处，如图 11-42 所示。

10. 单击"修改"面板中的"删除"✍按钮，将辅助线删除。

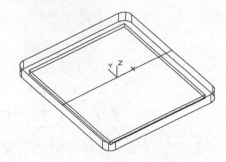

图 11-41　绘制、偏移矩形　　　　　　图 11-42　拉伸矩形，移动坐标系

11. 单击"实体编辑"面板中的"差集"◎按钮，将两个三维实体做差集运算，在平板底面挖出凹坑。

12. 利用"圆角"命令在三维实体上表面创建圆角，如图 11-43 所示。

> 命令:_fillet　　　（单击"修改"面板中的"圆角"◻按钮）
> 当前设置:模式 = 修剪,半径 = 2.0000
> 选择第一个对象或[放弃(U)/多段线(P)/半径(R)/修剪(T)/多个(M)]:　　　（单击三维实体上表面中任一条轮廓线）
> 输入圆角半径 < 2.0000 > :7↙　（输入圆角半径 7,按〈Enter〉键）
> 选择边或[链(C)/半径(R)]:C↙（输入 C,按〈Enter〉键,选择"链"选项）
> 选择边链或[边(E)/半径(R)]:　（单击拉伸圆角矩形所得到三维实体上表面中任一条轮廓线）
> 选择边链或[边(E)/半径(R)]:↙（按〈Enter〉键,结束选择边链）
> 已选定 8 个边用于圆角。

13. 利用"矩形"命令绘制两个带圆角的矩形。

> 命令:_rectang　　（单击"绘图"面板中的"矩形"◻按钮）
> 当前矩形模式:　圆角 = 7.0000
> 指定第一个角点或[倒角(C)/标高(E)/圆角(F)/厚度(T)/宽度(W)]:F↙　　　（输入 F 按〈Enter〉键,选择"圆角"选项）
> 指定矩形的圆角半径 < 7.0000 > :5↙　（输入圆角半径 5,按〈Enter〉键）
> 指定第一个角点或[倒角(C)/标高(E)/圆角(F)/厚度(T)/宽度(W)]: -45, -30,0↙　　（输入第一角点的坐标,按〈Enter〉键）
> 指定另一个角点或[面积(A)/尺寸(D)/旋转(R)]:@40,60↙　　　（输入第二角点相对于第一角点的坐标,按〈Enter〉键）
>
> 命令:_rectang　（单击"绘图"面板中的"矩形"◻按钮）
> 当前矩形模式:　圆角 = 5.0000
> 指定第一个角点或[倒角(C)/标高(E)/圆角(F)/厚度(T)/宽度(W)]:F↙　　　（输入 F 按〈Enter〉键,选择"圆角"选项）
> 指定矩形的圆角半径 < 5.0000 > :2↙　（输入圆角半径 2,按〈Enter〉键）
> 指定第一个角点或[倒角(C)/标高(E)/圆角(F)/厚度(T)/宽度(W)]: -35, -20, -5↙（输入第一角点的坐标,按〈Enter〉键）
> 指定另一个角点或[面积(A)/尺寸(D)/旋转(R)]:@ 20,40↙　　（输入第二角点相对于第一角点的坐标,按〈Enter〉键）

14. 单击"建模"面板中的"圆柱体" 🔲 按钮,创建 3 个圆柱体,半径和高度分别为 7 和 8、3.25 和 2、5.5 和 6。其中半径为 7 和 3.25 的圆柱体的底面圆心为三维实体底面圆角的圆心,半径为 5.5 的圆柱体底面圆心为半径 3.25 的圆柱体的顶面圆心,如图 11-44 所示。

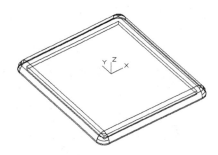
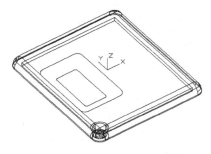

图 11-43　差集运算后创建圆角　　　　图 11-44　绘制矩形,创建圆柱体

15. 单击"建模"面板中的"拉伸" 🔲 按钮,拉伸两个矩形,拉伸大矩形的高度为 2,拉伸小矩形的高度为 7,得到凸台实体和挖方孔实体。

16. 利用"三维阵列"命令阵列 3 个圆柱体,如图 11-45 所示。

```
命令:3darray↙        (在命令行输入 3darray,按〈Enter〉键)
正在初始化… 已加载 3DARRAY。
选择对象:
指定对角点:      (用实线拾取框包围 3 个圆柱体)
找到 3 个
选择对象:↙      (按〈Enter〉键,结束选择对象)
输入阵列类型[矩形(R)/环形(P)] <矩形 >:R↙    (输入 R 按〈Enter〉键,选择"矩形"选项)
输人行数（---）<1 >:2↙    (输入行数 2,按〈Enter〉键)
输人列数（|||）<1 >:2↙    (输入列数 2,按〈Enter〉键)
输人层数（…）<1 >:1↙    (输入层数 1,按〈Enter〉键)
指定行间距（---）:102↙    (输入行间距 102,按〈Enter〉键)
指定列间距（|||）:90↙    (输入列间距 90,按〈Enter〉键)
```

17. 单击"实体编辑"面板中的"并集" ◎ 按钮,将平板实体与凸台实体、4 个大圆柱体合并。

18. 单击"实体编辑"面板中的"差集" ◎ 按钮,将合并后的三维实体与挖方孔实体、8 个小圆柱体做差集运算,挖出方孔和阶梯孔,如图 11-46 所示。

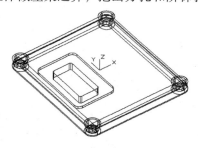
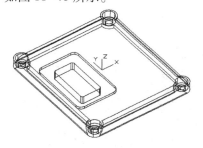

图 11-45　拉伸两个矩形　　　　图 11-46　将实体做布尔运算

19. 单击"修改"面板中的"圆角" 🔲 按钮，在凸台根部轮廓线处和实体底面凹坑轮廓线处创建圆角 *R*2，如图 11-47 所示。

20. 单击"视觉样式"面板中的"隐藏" 🔲 按钮，将三维实体显示为隐藏视觉样式。

21. 单击标题栏中的"打开" 🔲 按钮，打开图形文件"螺栓三维实体.dwg"。

22. 单击"坐标"面板中的"X" 🔲 按钮，将坐标系绕 X 轴旋转 -180°。

23. 按〈Ctrl + C〉键，将 M4 × 12 螺栓三维实体复制到剪贴板。

24. 在绘图区上方和功能区之间单击"箱盖三维实体.dwg"选项卡，将该图形切换为当前图形。按〈Ctrl + V〉键，在适当位置单击，将复制到剪贴板的图形粘贴到当前图形中，如图 11-48 所示。

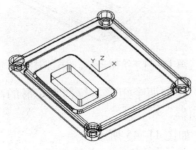

图 11-47　创建圆角

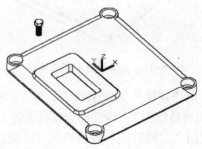

图 11-48　复制粘贴螺栓实体

25. 利用"复制"命令将螺栓三维实体复制到 4 个螺孔的位置，如图 11-49 所示。

命令:_copy　　　（单击"修改"面板中的"复制" 🔲 按钮）
选择对象:　　（单击螺栓三维实体）
找到 1 个
选择对象:✓　（按〈Enter〉键,结束选择对象）
指定基点或[位移(D)/模式(O)] <位移>:　　（捕捉螺栓三维实体头部端面倒角圆的圆心）
指定第二个点或 <使用第一个点作为位移>: -40 ,0,7 ✓（输入第二点的坐标,按〈Enter〉键）
指定第二个点或[退出(E)/放弃(U)] <退出>: -10,0,7 ✓（输入第二点的坐标,按〈Enter〉键）
指定第二个点或[退出(E)/放弃(U)] <退出>: -25,25,7 ✓（输入第二点的坐标,按〈Enter〉键）
指定第二个点或[退出(E)/放弃(U)] <退出>: -25, -25,7 ✓（输入第二点的坐标,按〈Enter〉键）
指定第二个点或[退出(E)/放弃(U)] <退出>:✓　　（按〈Enter〉键,结束"复制"命令）

26. 单击"修改"面板中的"删除" 🔲 按钮，将从剪贴板粘贴的螺栓实体删除。

27. 单击"实体编辑"面板中的"差集" 🔲 按钮，将创建的三维实体与 4 个复制的圆柱体做差集运算，挖出螺孔，得到箱盖三维实体，如图 11-50 所示。

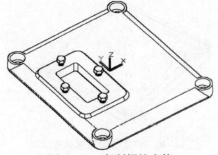

图 11-49　复制螺栓实体

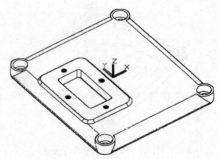

图 11-50　箱盖三维实体

28. 单击"模型视口"面板中"视口配置"下拉菜单中的"两个：垂直" ⊞按钮，创建两个垂直视口。

29. 在绘图区空白处右击，在弹出的快捷菜单中选择"缩放"选项，利用"实时缩放"命令，调整图形大小。

30. 在绘图区空白处右击，在弹出的快捷菜单中选择"平移"选项，利用"实时平移"命令调整图形位置。

31. 将光标移到绘图区右上角的"视口立方体"ViewCube 图标上，移动鼠标使该图标旋转，调整观察方向。

32. 设置渲染目标和渲染材质，并创建纯白色渲染视图。

33. 单击"渲染"面板中的"渲染" ⑤按钮，对两个视口中的箱盖三维实体进行渲染，如图 11-51 所示。

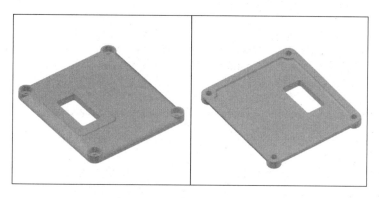

图 11-51　渲染箱盖三维实体

34. 单击标题栏中的"保存" 🖫按钮，保存创建的三维实体。

完成创建箱盖三维实体。

11.6　箱体三维实体

箱体零件图见第 6 章图 6-89，本节将创建箱体的三维实体。

绘图步骤

一、创建底座和箱体外壳三维实体

1. 单击标题栏中的"新建" ◻按钮，弹出"选择样板"对话框，在"打开"下拉列表中选择"无样板打开 – 公制（M）"选项，新建一个图形文件。

2. 单击标题栏中的"另存为" 🖫按钮，或单击界面左上角的浏览器按钮，在弹出的菜单中选择"另存为"选项，将图形保存为"箱体三维实体 . dwg"。

3. 单击"图层"面板中"图层特性管理器" 🗐按钮，在弹出的"图层特性管理器"对话框中创建"轮廓线"层，并将该图层设置为当前层，单击"确定"按钮。

4. 打开状态栏中的"对象捕捉" ◻按钮，利用"矩形"命令绘制 3 个带圆角的矩形，如图 11-52 所示。

命令:_rectang　　（单击"绘图"面板中的"矩形"□按钮）
指定第一个角点或[倒角(C)/标高(E)/圆角(F)/厚度(T)/宽度(W)]:F↙（输入 F 按〈Enter〉键,选择"圆角"选项）
指定矩形的圆角半径 <0.0000 > :8 ↙　　（输入圆角半径8,按〈Enter〉键）
指定第一个角点或[倒角(C)/标高(E)/圆角(F)/厚度(T)/宽度(W)]:(在适当位置单击)
指定另一个角点或[面积(A)/尺寸(D)/旋转(R)]:@ 116,142 ↙　　（输入另一角点相对于第一角点的坐标,按〈Enter〉键）

命令:_rectang　　（单击"绘图"面板中的"矩形"□按钮或按〈Enter〉键）
当前矩形模式:　圆角 = 8.0000
指定第一个角点或[倒角(C)/标高(E)/圆角(F)/厚度(T)/宽度(W)]:F↙（输入 F 按〈Enter〉键,选择"圆角"选项）
指定矩形的圆角半径 <8.0000 > :7 ↙　　（输入圆角半径7,按〈Enter〉键）
指定第一个角点或[倒角(C)/标高(E)/圆角(F)/厚度(T)/宽度(W)]:tt ↙　　（输入 tt 按〈Enter〉键,利用"追踪点捕捉"指定角点的位置）
指定临时对象追踪点:　　（捕捉矩形左侧边的中点）
指定第一个角点或[倒角(C)/标高(E)/圆角(F)/厚度(T)/宽度(W)]:52 ↙（沿 Y 轴负方向移动光标,出现追踪轨迹后输入追踪距离29,按〈Enter〉键）
指定另一个角点或[面积(A)/尺寸(D)/旋转(R)]:@ 116,104 ↙　　（输入另一角点相对于第一角点的坐标,按〈Enter〉键）

命令:_rectang　　（单击"绘图"面板中的"矩形"□按钮或按〈Enter〉键）
当前矩形模式:　圆角 = 7.0000
指定第一个角点或[倒角(C)/标高(E)/圆角(F)/厚度(T)/宽度(W)]:F↙（输入 F 按〈Enter〉键,选择"圆角"选项）
指定矩形的圆角半径 <7.0000 > :2 ↙　　（输入圆角半径2,按〈Enter〉键）
指定第一个角点或[倒角(C)/标高(E)/圆角(F)/厚度(T)/宽度(W)]:from ↙（输入 from 按〈Enter〉键利用"捕捉自"指定角点的位置）
基点:　　（捕捉大矩形左侧边的中点）
<偏移>:@7, -45 ↙　　（输入矩形角点相对于基点的坐标,按〈Enter〉键）
指定另一个角点或[面积(A)/尺寸(D)/旋转(R)]:@ 102,90 ↙（输入另一角点相对于第一角点的坐标,按〈Enter〉键）

5. 单击"建模"面板中的"拉伸"⬜按钮,拉伸 3 个矩形,拉伸大矩形的高度为 -9,得到底板实体。拉伸另外两个矩形的高度为 113,得到外壁实体和内壁实体。

6. 将光标移到绘图区右上角的"视口立方体"ViewCube 图标上,移动鼠标使该图标旋转,调整观察方向,如图 11-53 所示。

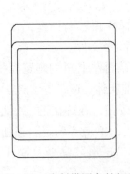

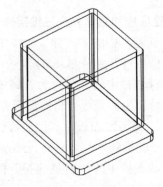

图 11-52　绘制带圆角的矩形　　　　　图 11-53　拉伸矩形

7. 单击"实体编辑"面板中的"并集" ◎按钮,将底板实体与外壁实体合并。

8. 单击"实体编辑"面板中的"差集" ◎按钮,将合并后的三维实体与内壁实体做差集运算,挖出箱体内腔。

9. 单击"坐标"面板中的"原点" ∠按钮,将坐标系原点移到底座底面轮廓线的中点处。

10. 利用"长方体"命令创建两个用于挖底座凹槽的长方体。

> 命令:_box　　　(单击"建模"面板中的"长方体"□按钮)
> 指定第一个角点或[中心(C)]:-35,0,0↙　　(输入第一角点的坐标,按〈Enter〉键)
> 指定其他角点或[立方体(C)/长度(L)]:@70,142,2↙　　(输入相对角点的坐标,按〈Enter〉键)
>
> 命令:_box　　　(单击"建模"面板中的"长方体"□按钮)
> 指定第一个角点或[中心(C)]:-58,23,0↙　　(输入第一角点的坐标,按〈Enter〉键)
> 指定其他角点或[立方体(C)/长度(L)]:@116,96,2↙　　(输入相对角点的坐标,按〈Enter〉键)

11. 单击"建模"面板中的"圆柱体"□按钮,以底座底面圆角的圆心为底面圆心,创建两个直径分别为 16 和 8.5,高度均为 11 的圆柱体。以箱体顶面圆角的圆心为底面圆心,创建半径为 7,高度均为 18 的圆柱体。

12. 单击"修改"面板中的"复制" ⊱按钮,将直径为 16 和 8.5 的两个圆柱体复制到底座底面的另外 3 个圆角的圆心处,将半径为 7 的圆柱体复制到箱体顶面圆角的圆心处,如图 11-54 所示。

13. 单击"实体编辑"面板中的"并集" ◎按钮,将底板和外壳实体与 4 个底面直径为 16 的圆柱体及 4 个底面半径为 7 的圆柱体合并。

14. 单击"实体编辑"面板中的"差集" ◎按钮,将合并后的三维实体与 4 个底面直径为 8.5 的圆柱体及两个长方体做差集运算,挖出底座固定孔和凹槽,如图 11-55 所示。

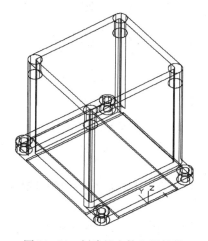　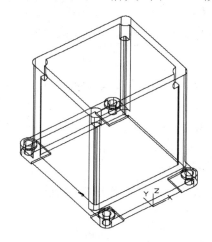

图 11-54　创建长方体和圆柱体　　　　图 11-55　挖底座固定孔和凹槽

15. 单击标题栏中的"打开" ▷按钮,打开图形文件"螺栓三维实体.dwg"。

16. 单击"坐标"面板中的"X" ⊾按钮,将坐标系绕 X 轴旋转 -180°。

17. 按〈Ctrl + C〉键,将 M6 螺栓三维实体复制到剪贴板。

18. 在绘图区上方和功能区之间单击"箱体三维实体.dwg"选项卡，将该图形切换为当前图形。按〈Ctrl + V〉键，在适当位置单击，将复制到剪贴板的图形粘贴到当前图形中。

19. 在命令行输入 Z 按〈Enter〉键，输入 W 按〈Enter〉键，利用"窗口缩放"命令将粘贴的螺栓实体放大显示。

20. 单击"建模"面板中的"圆柱体" 按钮，以螺栓的螺杆可见端面的圆心为底面圆心，创建半径为 2，高度为 -2 的圆柱体。

21. 利用"拉伸面"命令将圆柱体端面拉伸为圆锥体，如图 11-56 所示。

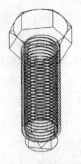

图 11-56　创建圆柱体并拉伸其端面

```
命令:_solidedit　　　（单击"实体编辑"面板中的"拉伸面" 按钮）
实体编辑自动检查： SOLIDCHECK = 1
输入实体编辑选项[面(F)/边(E)/体(B)/放弃(U)/退出(X)]＜退出＞:_face
输入面编辑选项[拉伸(E)/移动(M)/旋转(R)/偏移(O)/倾斜(T)/删除(D)/复制(C)/颜色
(L)/材质(A)/放弃(U)/退出(X)]＜退出＞:_extrude
选择面或[放弃(U)/删除(R)]：　　　（单击圆柱体可见端面的圆周）
找到 2 个面。　（圆柱面也被选中）
选择面或[放弃(U)/删除(R)/全部(ALL)]:R↙　　（输入 R 按〈Enter〉键,选择"删除"选项）
删除面或[放弃(U)/添加(A)/全部(ALL)]：　　　（单击圆柱面的任意一条素线）
找到 1 个面,已删除 1 个。
删除面或[放弃(U)/添加(A)/全部(ALL)]:↙　（按〈Enter〉键,结束选择删除面）
指定拉伸高度或[路径(P)]：-11↙　　（输入拉伸高度 -11,按〈Enter〉键）
指定拉伸的倾斜角度＜0＞:60↙　　（输入拉伸倾斜角度 60,按〈Enter〉键）
已开始实体校验。
已完成实体校验。
输入面编辑选项[拉伸(E)/移动(M)/旋转(R)/偏移(O)/倾斜(T)/删除(D)/复制(C)/颜色
(L)/材质(A)/放弃(U)/退出(X)]＜退出＞:↙　　　（按〈Enter〉键,结束"面编辑"命令）
实体编辑自动检查： SOLIDCHECK = 1
输入实体编辑选项[面(F)/边(E)/体(B)/放弃(U)/退出(X)]＜退出＞:↙　　　（按〈Enter〉
键,结束"实体编辑"命令）
```

22. 在命令行输入 Z 按〈Enter〉键，输入 P 按〈Enter〉键，利用"缩放上一个"命令返回到上一个显示窗口。

23. 单击"修改"面板中的"复制" 按钮，复制螺栓实体、拉伸后的圆柱体，复制的基点为被拉伸的圆柱体端面的圆心，第二点与箱体顶面 4 个圆角圆心的相对坐标为（@0，0，-12），如图 11-57 所示。

24. 单击"修改"面板中的"删除" 按钮，将粘贴的螺栓实体和与其同轴线的圆柱体（被拉伸）删除。

25. 单击"实体编辑"面板中的"差集" 按钮，将创建的箱体三维实体与螺栓实体及拉伸后的圆柱体做差集运算，在箱体顶面上挖出螺孔，创建出底座和箱体外壳三维实体，如图 11-58 所示。

二、创建蜗轮轴凸台三维实体

1. 单击"坐标"面板中的"X" 按钮，将坐标系绕 X 轴旋转 90°。

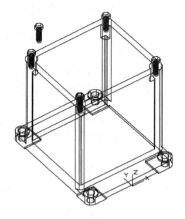

图 11-57 复制螺栓实体、拉伸后的圆柱体

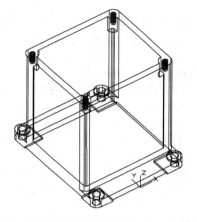

图 11-58 创建底座和箱体外壳三维实体

2. 利用"圆柱体"命令创建蜗轮轴前凸台及其内孔圆柱体，如图 11-59 所示。

> 命令:_cylinder （单击"建模"面板中的"圆柱体"⬜按钮）
> 指定底面的中心点或[三点(3P)/两点(2P)/切点、切点、半径(T)/椭圆(E)]:5,52,-19✓
> （输入底面的中心点的坐标,按〈Enter〉键）
> 指定底面半径或[直径(D)]<7.0000>:27✓ （输入底面半径27,按〈Enter〉键）
> 指定高度或[两点(2P)/轴端点(A)]<2.0000>:12✓ （输入圆柱体高度12,按〈Enter〉键）
>
> 命令:_cylinder （单击"建模"面板中的"圆柱体"⬜按钮或按〈Enter〉键）
> 指定底面的中心点或[三点(3P)/两点(2P)/切点、切点、半径(T)/椭圆(E)]: （捕捉底面半
> 径为27的圆柱体的可见端面的圆心）
> 指定底面半径或[直径(D)]<27.0000>:17.5✓ （输入底面半径17.5,按〈Enter〉键）
> 指定高度或[两点(2P)/轴端点(A)]<12.0000>:-19✓（输入圆柱体高度-19,按〈Enter〉键）

3. 单击"坐标"面板中的"原点" ⌊ 按钮，将坐标系原点移到底面半径为 27 的圆柱体的前端面处。

4. 利用"圆柱体"命令创建蜗轮轴后凸台及其内孔圆柱体，如图 11-60 所示。

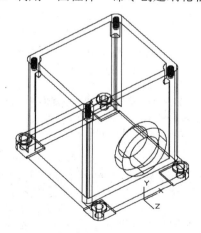

图 11-59 创建蜗轮轴前凸台及其内孔圆柱体

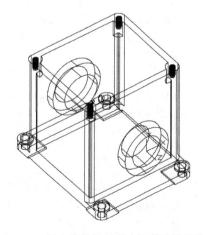

图 11-60 创建蜗轮轴后凸台及其内孔圆柱体

命令：_cylinder　　（单击"建模"面板中的"圆柱体"按钮）
指定底面的中心点或[三点(3P)/两点(2P)/切点、切点、半径(T)/椭圆(E)]:0,0, –116↙
（输入底面的中心点的坐标，按〈Enter〉键）
指定底面半径或[直径(D)]<17.5000>:29↙　　　（输入底面半径29，按〈Enter〉键）
指定高度或[两点(2P)/轴端点(A)]< –19.0000>: –9↙（输入圆柱体高度 –9，按〈Enter〉键）

命令：_cylinder　　（单击"建模"面板中的"圆柱体"按钮或按〈Enter〉键）
指定底面的中心点或[三点(3P)/两点(2P)/切点、切点、半径(T)/椭圆(E)]:　　　（捕捉底面半
径为29的圆柱体的外侧端面的圆心）
指定底面半径或[直径(D)]<29.0000>:20↙　　　（输入底面半径20，按〈Enter〉键）
指定高度或[两点(2P)/轴端点(A)]< –9.0000>:16↙　　（输入圆柱体高度16，按〈Enter〉键）

5. 单击"编辑实体"面板中的"并集"按钮，将箱体外壳实体与底面半径分别为27和
29的圆柱体合并。

6. 单击"编辑实体"面板中的"差集"按钮，将合并后的三维实体与底面半径分别为
17.5和20的圆柱体做差集运算，在蜗轮轴前后凸台上挖出通孔，如图11-60所示。

7. 单击标题栏中的"打开"按钮，打开图形文件"螺栓三维实体.dwg"。

8. 按〈Ctrl + C〉键，将M4螺栓三维实体复制到剪贴板。

9. 在绘图区上方和功能区之间单击"箱体三维实体.dwg"选项卡，将该图形切换为当
前图形。按〈Ctrl + V〉键，在适当位置单击，将复制到剪贴板的图形粘贴到当前图形中。

10. 单击标题栏中的"窗口"按钮，将粘贴的螺栓实体放大显示。

11. 单击"建模"面板中的"圆柱体"按钮，以螺栓的螺杆可见端面的圆心为底面圆
心，创建半径为2，高度为2的圆柱体。

12. 利用"拉伸面"命令将圆柱体端面拉伸为圆锥体。

命令：_solidedit　　（单击"实体编辑"面板中的"拉伸面"按钮）
实体编辑自动检查：SOLIDCHECK = 1
输入实体编辑选项[面(F)/边(E)/体(B)/放弃(U)/退出(X)]<退出>:_face
输入面编辑选项[拉伸(E)/移动(M)/旋转(R)/偏移(O)/倾斜(T)/删除(D)/复制(C)/颜色
(L)/材质(A)/放弃(U)/退出(X)]<退出>:_extrude
选择面或[放弃(U)/删除(R)]:　　（单击圆柱体可见端面的圆周）
找到2个面。　　（圆柱面也被选中）
选择面或[放弃(U)/删除(R)/全部(ALL)]:R↙　　（输入R按〈Enter〉键，选择"删除"选项）
删除面或[放弃(U)/添加(A)/全部(ALL)]:　　（单击圆柱面的任意一条素线）
找到1个面，已删除1个。
删除面或[放弃(U)/添加(A)/全部(ALL)]:↙　　（按〈Enter〉键，结束选择删除面）
指定拉伸高度或[路径(P)]: –10↙　　（输入拉伸高度 –10，按〈Enter〉键）
指定拉伸的倾斜角度<0>:60↙　　（输入拉伸倾斜角度60，按〈Enter〉键）
已开始实体校验。
已完成实体校验。
输入面编辑选项[拉伸(E)/移动(M)/旋转(R)/偏移(O)/倾斜(T)/删除(D)/复制(C)/颜色
(L)/材质(A)/放弃(U)/退出(X)]<退出>:↙　　（按〈Enter〉键，结束"面编辑"命令）
实体编辑自动检查：SOLIDCHECK = 1
输入实体编辑选项[面(F)/边(E)/体(B)/放弃(U)/退出(X)]<退出>:↙　　　　（按〈Enter〉
键，结束"实体编辑"命令）

13. 利用"三维镜像"命令创建螺栓实体及其拉伸后圆柱体的镜像，如图11-61所示。

命令:_mirror3d↙　　　（单击"修改"面板中的"三维镜像"％按钮）
选择对象:
指定对角点:　　　　（用拾取框包围螺栓实体及拉伸后圆柱体）
找到 2 个
选择对象:↙　　　（按〈Enter〉键,结束对象）
指定镜像平面（三点）的第一个点或［对象(O)/最近的(L)/Z 轴(Z)/视图(V)/XY 平面(XY)/
YZ 平面(YZ)/ZX 平面(ZX)/三点(3)］<三点>:XY↙　　　（输入 XY 按〈Enter〉键,选择"XY
平面"选项）
指定 XY 平面上的点<0,0,0>:　　　（在适当位置单击）
是否删除源对象?［是(Y)/否(N)］<否>:↙　　　（按〈Enter〉键,不删除源对象）

14. 在命令行输入 Z 按〈Enter〉键,输入 P 按〈Enter〉键,利用"缩放上一个"命令返回到上一个显示窗口。

15. 利用"复制"命令复制螺栓实体及拉伸后的圆柱体,如图 11-62 所示。

命令:_copy　　　（单击"修改"面板中的"复制"°□按钮）
选择对象:
指定对角点:　　　　（用拾取框包围头部朝向 Z 轴正方向的螺栓实体及拉伸后圆柱体）
找到 2 个
选择对象:↙　　　（按〈Enter〉键,结束对象）
当前设置:　复制模式＝多个
指定基点或［位移(D)/模式(O)］<位移>:　　　（捕捉被拉伸的圆柱体端面的圆心）
指定第二个点或<使用第一个点作为位移>:0,-22,-10↙（输入第二点的坐标,按〈Enter〉键）
指定第二个点或［退出(E)/放弃(U)］<退出>:↙（按〈Enter〉键,结束"复制"命令）

命令:_copy（单击"修改"面板中的"复制"°□按钮或按〈Enter〉键）
选择对象:
指定对角点:（用拾取框包围头部朝向 Z 轴负方向的螺栓实体及其拉伸后圆柱体）
找到 2 个
选择对象:↙　　　（按〈Enter〉键,结束对象）
当前设置:　复制模式＝多个
指定基点或［位移(D)/模式(O)］<位移>:　　　（捕捉被拉伸的圆柱体端面的圆心）
指定第二个点或<使用第一个点作为位移>:0,-24,-155↙（输入第二点的坐标,按〈Enter〉键）
指定第二个点或［退出(E)/放弃(U)］<退出>:↙　　　（按〈Enter〉键,结束"复制"命令）

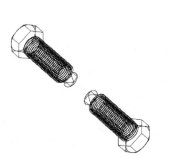

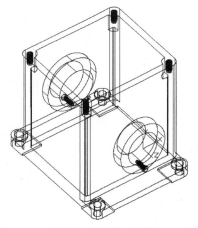

图 11-61　做螺栓实体及拉伸后圆柱体的镜像　　　图 11-62　复制螺栓实体及拉伸后圆柱体

16. 在命令行输入 3darray，按〈Enter〉键，利用"三维阵列"命令将复制的螺栓实体及拉伸后的圆柱体绕蜗轮轴孔的轴线即 Z 轴做环形阵列，阵列的数量为 3 个，如图 11-63 所示。

17. 单击"实体编辑"面板中的"差集" ⊙按钮，将已创建的箱体三维实体与螺栓实体及拉伸后的圆柱体做差集运算，在蜗轮轴前后凸台上挖出螺孔，如图 11-64 所示。

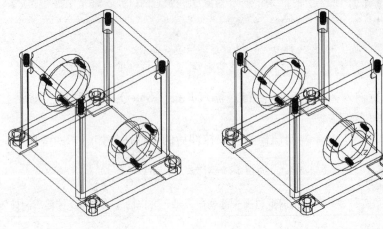

图 11-63 环形阵列   图 11-64 在蜗轮轴凸台上挖螺孔

三、创建蜗杆轴凸台和锥齿轮轴凸台三维实体

1. 单击"坐标"面板中的"原点" ⌐按钮，将坐标系原点移到箱体外壁左端面的上方轮廓线的中点处。

2. 单击"坐标"面板中的"Y" ⌐按钮，将坐标系绕 Y 轴旋转 -90°。

3. 单击标题栏中的"打开" ▱按钮，打开零件图"箱体.dwg"。

4. 按〈Ctrl + C〉键，将箱体零件图中 C 向视图的轮廓线及 B - B 局部剖视图中的部分轮廓线复制到剪贴板。

5. 在绘图区上方和功能区之间单击"箱体三维实体.dwg"选项卡，将该图形切换为当前图形。按〈Ctrl + V〉键，在适当位置单击，将复制到剪贴板的图形粘贴到当前图形中，如图 11-65 所示。

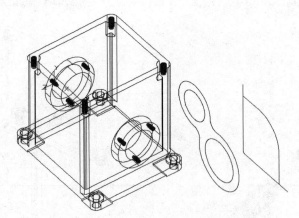

图 11-65 调整坐标系，复制粘贴图形

6. 单击"图层"面板中的"匹配" <img_1 />按钮，利用"图层匹配"命令将粘贴图中的轮廓线的图层修改为"轮廓线"层。

7. 单击"修改"面板中的"修剪" 按钮，修剪粘贴的局部剖视图中轮廓线，如图 11-66 所示。

8. 单击"绘图"面板中的"面域" 按钮，将修剪后的图形以及由圆弧围成的"8"形图形创建为面域。

9. 单击"修改"面板中的"三维旋转" 按钮，利用"三维旋转"命令，将由直线和圆弧围成的面域绕与 Y 轴平行的轮廓线旋转 180°，如图 11-67 所示。

 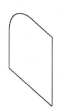

图 11-66　修剪图形　　　　图 11-67　旋转面域

10. 单击"修改"面板中的"三维移动" 按钮，将由直线和圆弧围成的面域与"8"形面域移到一起，使前者大圆弧的圆心与后者大圆弧的圆心重合，如图 11-68 所示。

11. 单击"建模"面板中的"拉伸" 按钮，拉伸"8"形面域和 ϕ35 的圆，拉伸高度为 16，得到蜗杆轴左凸台和锥齿轮凸台实体以及挖蜗杆轴左凸台通孔的圆柱体。

12. 单击"修改"面板中的"三维移动" 按钮，移动 ϕ48 的圆，使其圆心与锥齿轮凸台实体的可见端面重合，如图 11-69 所示。

13. 单击"建模"面板中的"拉伸" 按钮，拉伸由直线和圆弧围成的面域，拉伸高度为 16，得到锥齿轮轴内凸台实体。

14. 单击"建模"面板中的"拉伸" 按钮，拉伸 ϕ48 的圆，拉伸高度为 32，得到挖出锥齿轮轴左凸台通孔的圆柱体，如图 11-70 所示。

 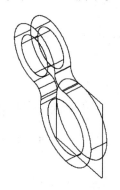 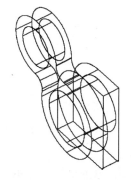

图 11-68　移动面域　　　　图 11-69　拉伸后移动面域　　　　图 11-70　拉伸面域

15. 单击"修改"面板中的"三维移动" 按钮，利用"三维移动"命令移动以上两个凸台实体和两个圆柱体，移动的基点为小圆柱体不可见的底面圆心，第二点的坐标为（-25，-30，-7）。

16. 单击"实体编辑"面板中的"并集" ◎按钮，将创建的箱体实体与两个凸台实体合并。

17. 单击"实体编辑"面板中的"差集" ◎按钮，将合并后的三维实体与两个圆柱体做差集运算，在蜗杆轴左凸台和锥齿轮凸台上挖出通孔，如图11-71所示。

18. 单击"坐标"面板中的"原点" ⌐按钮，将坐标系原点移到蜗杆轴左凸台端面的圆心处。

19. 利用"圆柱体"命令创建蜗杆轴右凸台及其内孔圆柱体，如图11-72所示。

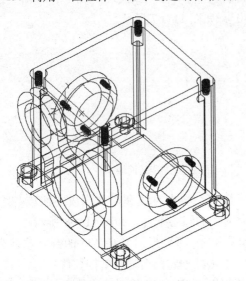

图11-71 移动实体并做布尔运算

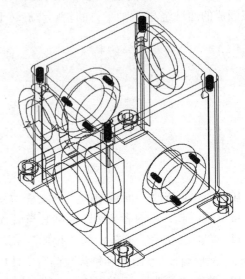

图11-72 调整坐标系，创建圆柱体

命令:_cylinder　　（单击"建模"面板中的"圆柱体" □按钮）
指定底面的中心点或[三点(3P)/两点(2P)/切点、切点、半径(T)/椭圆(E)]:0,0,-118✓
（输入底面的中心点的坐标,按〈Enter〉键）
指定底面半径或[直径(D)]<1.5000>:27✓　　（输入底面半径27,按〈Enter〉键）
指定高度或[两点(2P)/轴端点(A)]<-16.0000>:-9✓（输入圆柱体高度-9,按〈Enter〉键）

命令:_cylinder　　（单击"建模"面板中的"圆柱体" □按钮或按〈Enter〉键）
指定底面的中心点或[三点(3P)/两点(2P)/切点、切点、半径(T)/椭圆(E)]:　　（捕捉以上创建的圆柱体的右端面圆心）
指定底面半径或[直径(D)]<27.0000>:17.5✓　　（输入底面半径17.5,按〈Enter〉键）
指定高度或[两点(2P)/轴端点(A)]<-9.0000>:-16✓（输入圆柱体高度-16,按〈Enter〉键）

20. 单击"实体编辑"面板中的"并集" ◎按钮，将创建的箱体实体与直径为27的圆柱体合并。

21. 单击"实体编辑"面板中的"差集" ◎按钮，将合并后的三维实体与直径为17.5的圆柱体做差集运算，在蜗杆轴右凸台上挖出通孔，如图11-73所示。

22. 单击"修改"面板中的"三维旋转" ⊕按钮，利用"三维旋转"命令，将M4螺栓实体、拉伸后的圆柱体以及它们的镜像绕Y轴旋转90°，如图11-74所示。

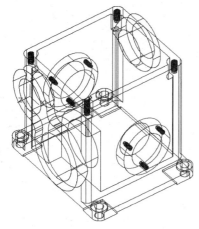

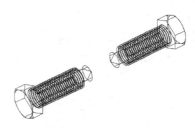

图 11-73　创建蜗杆轴右凸台及其通孔　　　图 11-74　旋转螺栓实体及拉伸后的圆柱体

23. 单击"修改"面板中的"复制" 按钮，利用"复制"命令复制头部朝向 Z 轴正方向的螺栓实体及拉伸后的圆柱体，复制的基点为被拉伸的圆柱体端面的圆心，第二点的坐标为（22＜136.4）。

24. 单击"修改"面板中的"三维移动" 按钮，利用"三维移动"命令移动头部朝向 Z 轴正方向的螺栓实体及拉伸后的圆柱体，移动的基点为被拉伸的圆柱体端面的圆心，第二点的坐标为（90＜－46.24）。

25. 单击"修改"面板中的"三维移动" 按钮，利用"三维移动"命令移动头部朝向 Z 轴负方向的螺栓实体及拉伸后的圆柱体，移动的基点为被拉伸的圆柱体端面的圆心，第二点的坐标为（0，－22，－124），如图 11-75 所示。

26. 在命令行输入 3darray，按〈Enter〉键，利用"三维阵列"命令将位于蜗杆轴凸台上的螺栓实体及拉伸后的圆柱体绕蜗杆轴孔的轴线即 Z 轴做环形阵列，阵列的数量为 3 个。

27. 在命令行输入 3darray，按〈Enter〉键，利用"三维阵列"命令将位于锥齿轮轴凸台上的螺栓实体及拉伸后的圆柱体绕锥齿轮轴孔的轴线做环形阵列，阵列的数量为 3 个。

28. 单击"实体编辑"面板中的"差集" 按钮，将箱体三维实体与阵列后得到的三维实体做差集运算，在蜗杆轴左凸台和锥齿轮轴凸台上挖出螺孔，如图 11-76 所示。

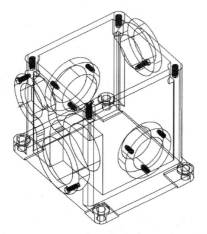

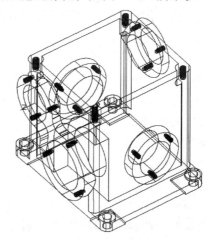

图 11-75　复制移动螺栓实体及拉伸后的圆柱体　　　图 11-76　三维阵列

四、创建油标和螺塞凸台三维实体

1. 将光标移到绘图区右上角的"视口立方体"ViewCube 图标上，移动鼠标使该图标旋转，调整观察方向，如图 11-77 所示。

2. 单击"坐标"面板中的"原点" ⌐ 按钮，将坐标系原点移到箱体外壁右端面的上方轮廓线的中点处。

3. 单击"建模"面板中的"圆柱体" ◻ 按钮，利用"圆柱体"命令创建底面半径为 15、高度为 5 的圆柱体。

4. 利用"长方体"命令创建长方体，如图 11-78 所示。

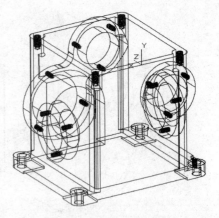

图 11-77　调整观察方向

命令:_box　　（单击"建模"面板中的"长方体" ◻ 按钮）
指定第一个角点或[中心(C)]:　　（捕捉底面半径为 15 的圆柱体的可见端面的圆心）
指定其他角点或[立方体(C)/长度(L)]:@30,27,5 ↙（输入另一个角点的坐标，按〈Enter〉键）

5. 单击"实体编辑"面板中的"并集" ◉ 按钮，将圆柱体与长方体合并，得到油标孔和螺塞孔内凸台实体，如图 11-79 所示。

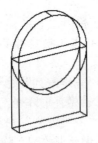

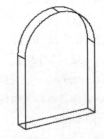

图 11-78　创建圆柱体和长方体　　　　图 11-79　合并圆柱体和长方体

6. 单击"修改"面板中的"三维移动" ⊕ 按钮，利用"三维移动"命令移动油标孔和螺塞孔内凸台实体，移动的基点为该实体可见端面中水平轮廓线的中点，第二点为箱体内腔底面轮廓线的中点。

7. 单击"建模"面板中的"圆柱体" ◻ 按钮，利用"圆柱体"命令创建 3 个底面直径分别为 20、22 和 14 的圆柱体，如图 11-81 所示，这 3 个圆柱体用于挖油标孔和螺塞垫片孔。其中直径为 20 的圆柱体的底面圆心为油标孔和螺塞孔内凸台的端面圆心，高度为 -11；直径为 22 的圆柱体的底面圆心为直径为 20 圆柱体的端面圆心，高度为 -1；直径为 22 的圆柱体的底面圆心的坐标为 (0, -104, 0)，高度为 1。

8. 单击"实体编辑"面板中的"并集" ◉ 按钮，将创建的箱体实体与油标孔和螺塞孔内凸台实体合并，如图 11-80 所示。

9. 单击"实体编辑"面板中的"差集" ◉ 按钮，将合并后的三维实体与 3 个圆柱体做差集运算，挖出油标通孔和螺塞垫片孔，如图 11-81 所示。

10. 单击标题栏中的"打开" ▱ 按钮，打开图形文件"螺栓三维实体.dwg"。

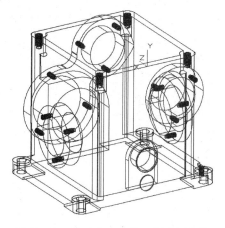

图 11-80　移动凸台实体、创建圆柱体

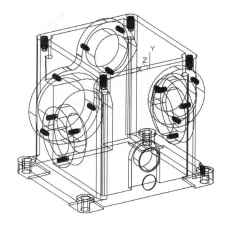

图 11-81　将实体做布尔运算

11. 按〈Ctrl + C〉键，将 M10 螺栓三维实体复制到剪贴板。

12. 在绘图区上方和功能区之间单击"箱体三维实体.dwg"选项卡，将该图形切换为当前图形。按〈Ctrl + V〉键，在适当位置单击，将复制到剪贴板的图形粘贴到当前图形中。

13. 单击"修改"面板中的"移动"⊕按钮，利用"三维移动"命令移动粘贴的螺栓实体，使其轴线与螺塞垫片孔的轴线重合，如图 11-82 所示。

14. 单击"实体编辑"面板中的"差集"◎按钮，将创建的箱体三维实体与螺栓实体做差集运算，在油标孔和螺塞孔内凸台上挖出螺孔，如图 11-83 所示。

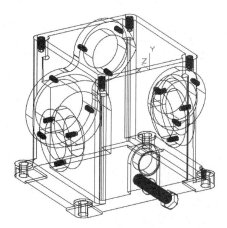

图 11-82　复制粘贴、移动螺栓实体

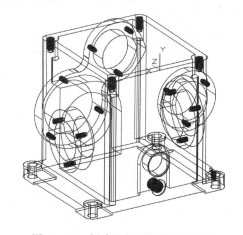

图 11-83　创建油标和螺塞凸台实体

五、完成创建箱体三维实体

1. 在命令行输入 Z 按〈Enter〉键，输入 P 按〈Enter〉键，利用"缩放上一个"命令返回到上一个显示窗口。

2. 单击"修改"面板中的"圆角"○按钮，在各个凸台根部轮廓线处和箱体内外壁底面轮廓线处创建圆角 $R2$，如图 11-84 所示。

3. 单击"视觉样式"面板中的"隐藏"◎按钮，将三维实体显示为隐藏视觉样式，如图 11-85 所示。

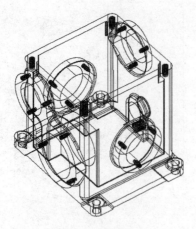

图 11-84　创建圆角

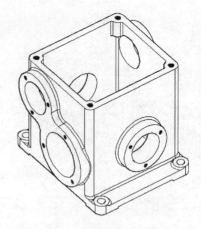

图 11-85　箱体三维实体

4. 单击"模型视口"面板中"视口配置"下拉菜单中的"两个：垂直" 按钮，创建两个垂直视口。

5. 在绘图区空白处右击，在弹出的快捷菜单中选择"缩放"选项，利用"实时缩放"命令调整图形大小。

6. 在绘图区空白处右击，在弹出的快捷菜单中选择"平移"选项，利用"实时平移"命令调整图形位置。

7. 将光标移到绘图区右上角的"视口立方体"ViewCube 图标上，移动鼠标使该图标旋转，调整观察方向。

8. 设置渲染目标、创建并应用新材质、创建纯白色渲染视图。

9. 单击"渲染"面板中的"渲染" 按钮，对两个视口的箱体三维实体进行渲染，如图 11-86 所示。

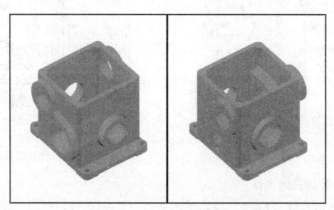

图 11-86　渲染箱体三维实体

10. 单击标题栏中的"保存" 按钮，保存创建的三维实体。

完成创建箱体三维实体。

本科精品教材推荐

AutoCAD 2014 实用教程 第 4 版

书号：978-7-111-43594-5　　　　定价：39.90 元

作者：邹玉堂　　　　配套资源：电子教案

推荐简言：

★在每一个命令、术语或提示第一次出现时，都给出了对应的英文翻译，以便于使用英文版的读者参考。

★结合 GB/T 18229-2000《CAD 工程制图规则》的要求，介绍使用 AutoCAD 2014 绘制符合我国国家标准要求的工程图样的方法和绘图技巧。

★结构严谨，文笔流畅，内容由浅入深、讲解循序渐进，绘图方法简捷实用。

AutoCAD 2016 中文版 机械绘图实例教程

书号：978-7-111-52375-8　　　　定价：46.00 元

作者：张永茂　　　　配套资源：电子教案

推荐简言：

★本书通过大量实例详细介绍了 AutoCAD 2016 中文版各种命令的操作方法以及利用 AutoCAD 2016 进行机械绘图，即绘制零件图、装配图、轴测图和三维造型的方法和技巧。

★本书中每个实例均附有二维平面图和相应的三维实体图，为读者看图提供了方便。复杂的实例中还附有操作流程，便于读者对照操作。

AutoCAD 2016 工程制图 第 5 版

书号：978-7-111-53238-5　　　　定价：45.00 元

作者：江洪　　　　配套资源：电子教案

推荐简言：

★本书将画法几何、工程制图和计算机应用结合起来，在进行知识点讲解的同时，列举了大量的实例，培养读者的空间想象能力。

★用具体的实例讲述 AutoCAD 的功能及绘图技巧，读者可以边学边操作，轻松学习，在实践中掌握 AutoCAD 2016 的使用方法和技巧。

SolidWorks 2015 基础教程 第 5 版

书号：978-7-111-52858-6　　　　定价：49.00 元

作者：江洪　　　　配套资源：素材光盘

推荐简言：

★ 本书用图表和实例生动地讲述了 SolidWorks 的常用功能。结合具体的实例，将重要的知识点嵌入，使读者可以循序渐进、随学随用，边看边操作，动眼、动脑、动手，符合教育心理学和学习规律。

★ 本书许多实例来源于工程实际，具有一定的代表性和技巧性。符合时代精神，体现了创新教育常用的扩散思维方法：一题多解及精讲多练。

UG NX 8.0 基础与实例教程

书号：978-7-111-47745-7　　　　定价：45.00 元

作者：高玉新　　　　配套资源：素材光盘

推荐简言：

★本书在内容编排上做到简而精，为使读者迅速掌握 UG 软件的基本功能，书中每个章节中的重要命令均配以实例进行讲解，而且对较抽象和操作步骤较繁琐的命令均有具体的步骤操作过程，使读者能够较快的掌握软件基本的操作技巧，提高建模效率。

★本书附带学习光盘，包含书中实例的源文件及结果文件，方便读者系统、全面的学习。

MATLAB 8.5 基础教程

书号：978-7-111-53210-1　　　　定价：48.00 元

作者：杨德平　　　　配套资源：电子课件

推荐简言：

★本书内容全面，详细介绍 MATLAB 平台具有的数学计算、算法研究、科学和工程绘图、数据分析及可视化、系统建模及仿真、应用软件开发等功能。

★本文叙述简明扼要，深入浅出，利用精心设计选取的例题及日常生活相关的案例，讲解 MATLAB 的具体操作方法。

精品教材推荐目录

序号	书号	书名	作者	定价	配套资源
1	978-7-111-53238-5	AutoCAD 2016 工程制图（第 5 版）	江 洪	45.00	电子教案 素材文件
2	978-7-111-52375-8	AutoCAD 2016 中文版机械绘图实例教程	张永茂	46..00	电子教案 素材文件
3	978-7-111-43594-5	AutoCAD 2014 实用教程(第 4 版)	邹玉堂	39.90	电子教案
4	978-7-111-40440-8	AutoCAD 2013 工程制图(第 4 版)	江 洪	39.00	电子教案 素材文件
5	978-7-111-48130-0	AutoCAD 2012 中文版应用教程	王 靖	39.90	电子教案 素材文件
6	978-7-111-52858-6	SolidWorks 2015 基础教程（第 5 版）	江 洪	49.00	素材文件 配光盘
7	978-7-111-47243-8	SolidWorks 2014 三维设计及应用教程	曹 茹	49.00	电子教案 素材文件
8	978-7-111- 52966-8	SolidWorks 2014 机械设计基础与实例教程	叶 鹏	49.00	电子教案 素材文件
9	978-7-111-37142-7	Solidworks 2011 基础教程(第 4 版)	江 洪	44.00	素材文件 配光盘
10	978-7-111-48622-0	Creo 2.0 基础教程	颜兵兵	45.00	素材文件 配光盘
11	978-7-111-32398-3	Pro/ENGINEER 5.0 基础教程	江 洪	39.00	配光盘
12	978-7-111-46643-7	UG NX 9.0 中文版基础与实例教程	李 兵	49.00	电子教案 配光盘
13	978-7-111-47745-7	UG NX 8.0 基础与实例教程	高玉新	45.00	电子教案 配光盘
14	978-7-111-40030-1	UG NX 8.0 模具设计教程	高玉新	45.00	电子教案 配光盘
15	978-7-111-31505-6	UG NX 7.0 基础教程(第 4 版)	江 洪	36.00	配光盘
16	978-7-111-56138-5	CATIA V5 基础教程（第 2 版）	江 洪	49.00	素材文件
17	978-7-111- 53210-1	MATLAB 8.5 基础教程	杨德平	45.00	电子教案 素材文件
18	978-7-111-52482-3	MATLAB 基础与实践教程 （第 2 版）	刘 超	45.00	电子教案 素材文件
19	978-7-111-44475-6	MATLAB 建模与仿真应用教程 (第 2 版)	王中鲜	36.00	电子教案 素材文件
20	978-7-111-41818-4	ANSYS 基础与实例教程	张洪信	49.90	电子教案 配光盘